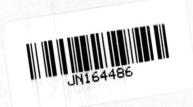

ゼロからはじめる

PID制御

熊谷英樹 著
Kumagai Hideki

日刊工業新聞社

はじめに

PID 制御は自動制御の基本で、自動制御の分野では古典制御と言われています。とはいえ、古くて使われなくなったわけでなく、温度制御や速度制御、水位制御などに現代でもよく利用されています。

古典制御といっても、初心者が、PID 制御理論や PID システムの構築方法を勉強しようとするとかなり高いハードルがあることがわかります。

せめて PID 制御の基礎だけでもわかりたいと思っても、制御工学の本は数式ばかりで、初心者にとっては、なかなか理解するのは難しいものです。

本書は、PID 制御の勉強を始めようとしている人のための入門書です。初心者でなくても、一度勉強してみたが、難しくてあきらめたという人に、もう一度手に取って試してもらいたいと思って執筆しました。

本書で想定している対象者は、たとえば次のような人たちです。

・今まで自動制御とは無縁だったが、急に工場で温度制御をしなくてはならなくなった。
・どのように PID 制御の設定をすれば、温度や速度を一定にする制御ができるのか知りたい。
・PID 制御器を使うと、なぜ温度や水位が一定になるか知りたい。
・温度調節器を装置につけたが、温度がなかなか安定しないので困っている。
・サーボモータを購入したがパラメータの設定ができない。
・自動制御の勉強をゼロからはじめたい。
・ラプラス変換の使い方を知りたい。
・MATLAB Simulink を使って PID 制御をシミュレーションしてみたい。
・PID 制御装置を自作したいが何をすればよいのかわからない。
・PID 制御で何ができるのか知りたい。

これらに類する人たちには是非本書を御一読いただきたいと思います。

この本を手に取っている人の多くは、自動制御を初歩から学ぼうと思いるものの、マスターするにはかなり高いハードルがあることを知っている人たちなのかもしれません。

PID 制御を理解するには、PID 制御の概念をイメージでとらえられるようにすることが必要です。

そこで本書では、読みやすさと制御理論のイメージによる理解を大切にしています。

長い単元は読みにくいので、重要なテーマごとに見出しをつけて、1つひとつのトピックを短い頁数にすることで、コアになる知識を短時間で得られるように工夫しました。また、絵や図表を数多く使って、具体的な例を示すことで、わかりやすい解説になるようにしてあります。

本書は、できるだけ絵で見て概念がわかるように工夫しました。解説も、初心者でも理解できるように身近な例を挙げて平易な文章を使って説明しています。また、図や絵で示すのが難しい PID 制御の結果は、シミュレーションを使って、具体的な計算結果をグラフや数値で表示するようにして、どのように変化したのかを目で見てわかるようにしてあります。

初心者の方には第1章から順に読んでいただくと、PID 制御の概念を無理なく理解してもらえるようにしてあります。一方、読者のレベルや知りたい技術内容によって、どの章からでも読みはじめてもらえるようになっています。また技術書として使いやすくするために、章の中の単元も1つひとつが完結しているので、目次や索引から知りたい単元を探し出して抜き読みしていただくこともできます。本書の構成と概要は次の頁で紹介します。

本書の構成

本書は以下のような構成になっています。

第1章 PID制御のイメージをおさえる

どのような制御対象にPID制御が適用できるのか、また、PID制御を適用したらどのようなこと実現できるのかという、PID制御の基本的なイメージを身につけます。PID制御では1つの出力しか制御できません。

第2章 PID制御のつくり方

PID制御の仕組みと動作原理を解説しています。比例制御、積分制御、微分制御の概念と、それぞれの制御の実際の働きについて、やさしく説明しています。

第3章 オペアンプを使ったPID制御

PID制御回路を6つの基本要素に分解して考える方法を説明します。さらにそのPID制御の回路要素をオペアンプを使ったハードウエアで構成します。PID装置をオペアンプで実現する方法を解説します。

第4章 LT Spice回路シミュレータを使ったPID制御の動作検証

電子回路のシミュレーションができるLT Spice回路シミュレータを使って、RLC回路などの電気回路の応答特性を解析します。1次遅れ系や2次遅れ系のステップ応答をシミュレーションして応答特性を理解します。また、2次遅れ系の制御対象をPID制御した時の挙動をシミュレーションで解析します。

第5章 ラプラス変換して微分方程式を簡単に解く

PID制御の制御対象を微分方程式で表現すれば、ラプラス変換を使って簡単に応答特性を知ることができるようになります。ラプラス変換表とラプラス定理表を使って微分方程式を解く方法を学んで、制御対象の応答を解析する力をつけます。

第6章 制御対象の特性

制御対象は物理現象ですから、その多くは微分方程式で表すことができます。物理現象を微分方程式にして、伝達関数を求めて動作特性を解析します。

第7章 *s*領域におけるPID制御

制御対象をラプラス変換して、s領域の伝達関数を導き出して、ブロック線図を使ったPID制御の解析方法について解説します。また、1次遅れ系と2次遅れ系についてのPID制御の応答特性と、外乱の影響について議論します。

第8章 MATLABによるPID制御のシミュレーション

MATLAB Simulinkを使って、1次遅れ系や2次遅れ系のPID制御のシミュレーションを行う方法を解説します。理論で得られた結果とシミュレーション結果を比較します。

第9章 コンピュータを使ったPID制御

コンピュータを使ったPID制御のプログラム構造を学びます。具体例として、C言語を使ったPID制御プログラムのつくり方と、微分積分のプログラミング方法を説明します。また、PLCを使ったPID制御プログラムのつくり方について解説します。

さらに、コラムで、簡単な制御対象のパラメータ同定の方法や、PID制御の最適なパラメータの選定方法について言及します。

本書をご活用いただき、読者諸賢の問題解決や技術力向上にお役立ていただければ幸いです。

2018年3月　著者記す。

目次

第1章　PID制御のイメージをおさえる

「解説」

第2章　PID制御のつくり方

「PID制御の手順」

第3章　オペアンプを使ったPID制御

「オペアンプ」

第4章 LT Spice回路シミュレータを使ったPID制御の動作検証

「シミュレーションの手順」

「シミュレーションの応用」

第5章 ラプラス変換して微分方程式を簡単に解く

「解説」

第6章 制御対象の特性

「解説」

第7章　s 領域における PID 制御

「解説」

第8章　MATLAB による PID 制御のシミュレーション

「シミュレーション」

第9章　コンピュータを使った PID 制御

「解説」

コラム

第1章 PID制御のイメージをおさえる

PID 制御は簡単に自動制御ができる優れた制御方法ですが、PID で制御できる対象は限られています。本章ではまず、どのような制御対象に PID 制御が適用できるのか、また、PID 制御を適用したらどのようなことが実現できるのか、という PID 制御の基本的なイメージを身につけます。日常生活の中に適用できる PID 制御の例をあげて説明します。

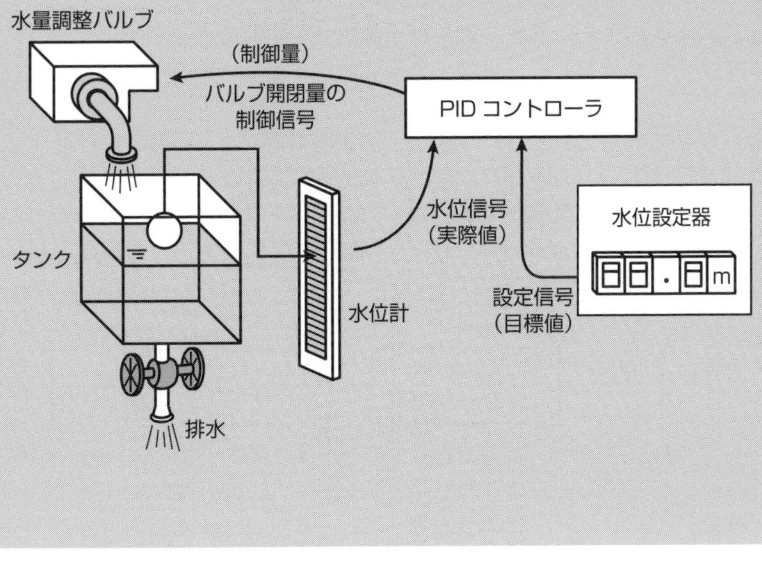

解説（その1）入力と出力を考えればPID制御がイメージできる

注目点
PID制御のおもしろいところは、シャワーの温度調節に使われるPID制御理論が、そのまま高速道路で自動車が一定速度で走る制御装置にも適用できたりするところです。PID制御理論は、さまざまな制御対象に応用できる一般化された手法なのです。

PID制御が使われているところを考えてみると、1つのツマミで温度を素早く好みの温度にしたり、ベルトコンベアを設定した一定速度で駆動するようなところに使われています。

PID制御の例として、シャワーの温度を一定にする制御や、魔法瓶の湯温を一定にする制御、お風呂の水位を一定にする制御、モータの速度を一定にする制御などがあげられます。

シャワーの設定温度を39℃に設定したのに、使い始めは冷水だったり熱湯が出たりして、しばらくすると一定の温度になることを経験したことがあると思います。場合によっては、冷水から適温になっても、そのまま温度が上昇し続けて、いったん触われないくらい熱くなってから適温に戻るという現象を起こすこともあったことでしょう。

この湯温を快適に使えるようにする装置を考えると、その装置は、蛇口から出るお湯の温度を一定にする装置であり、できるだけ早く設定した温度になるように自動的に制御されていることが望ましいということになります。

一方、冷水から適温になった後で、さらに温度が上昇して熱湯が出るといったことが起こると火傷の危険があるので、行き過ぎがないように制御されるべきです。

冷水を短時間で適温まで上げるにはどんどん熱を加える必要がありますが、適温になったときに急に熱源を冷ますことができなければ、温度はそのまま上がり続けます。かといって、はじめから熱を少しずつ与えるのではなかなか適温になりません。

この熱源をどのように制御すればもっとも快適な温度調節になるのか、ということがPID制御のテーマなのです。このような問題を解決するためにPID制御理論があります。

PIDで制御する対象は、温度や速度あるいは水位のように、変化する要素が1つだけのものです。つまりお湯の温度の場合では、制御する対象は水温だけです。その水温を変化させるために、ヒータの熱量をコントロールすることと、実際の温度を測定することの2つの物理量を使って制御します。

PIDコントローラからみると、ヒータの熱量はPIDの出力であり、検出した温度はPIDの入力になります。自動車の速度なら、PIDコントローラの出力でアクセルを動かし、速度センサで検出した信号が入力になります。水位制御のときには、PIDコントローラの出力は水道のバルブの開閉を行い、水位センサの信号がPIDコントローラへの入力になります。この制御の様子は**図1-1-1**のように描くことができます。

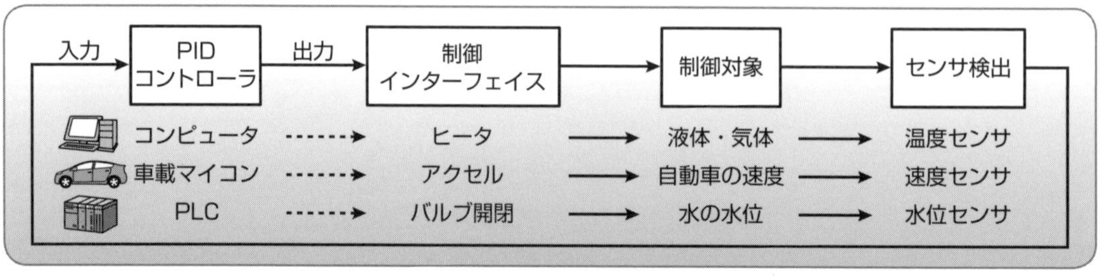

図1-1-1　PID制御器の入力と出力

解説（その2） PID制御では出力1点しか制御できない

注目点 PID制御はPIDコントローラに制御対象からの実際値と、人がPIDコントローラに与える目標値の2点の入力を接続します。PIDコントローラからの出力の1点を制御対象の駆動源に接続して、制御対象をコントロールします。

(1) シャワーの温度制御

PID制御は制御対象への出力が1点、制御対象から制御装置への入力が1点となっている制御対象に使います。

たとえば**図1-2-1**のシャワーの温度制御を見てみましょう。目的は湯温ですから、シャワーの出口の温度を計るセンサ信号がPIDコントローラへの入力になります。

一方、シャワーから出る温度は熱湯と水の混ざり具合を調節するバルブで行っているとすると、バルブの開閉の制御信号がPIDコントローラからの出力です。

制御装置にはもう1つ、制御の目標となる温度設定値の入力が必要です。すなわちシャワーを使う人が設定する温度入力が必要です。そして測定したシャワー温度を設定温度と比較して、バルブの開き具合を調節する仕組みがこのPID制御になるわけです。

これをイメージにすると**図1-2-2**のようになります。

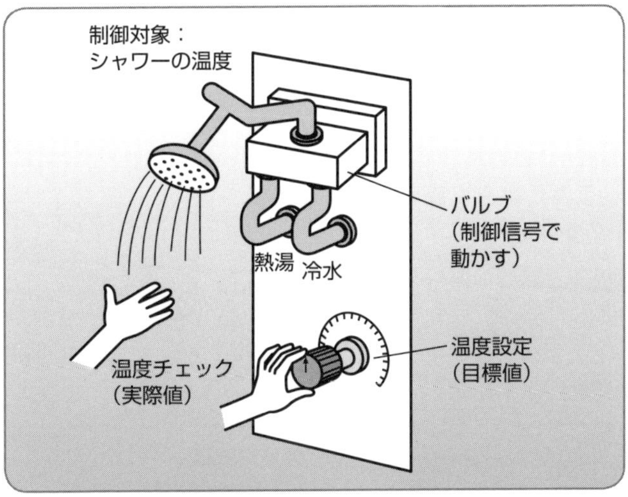

図1-2-1　シャワーの温度制御

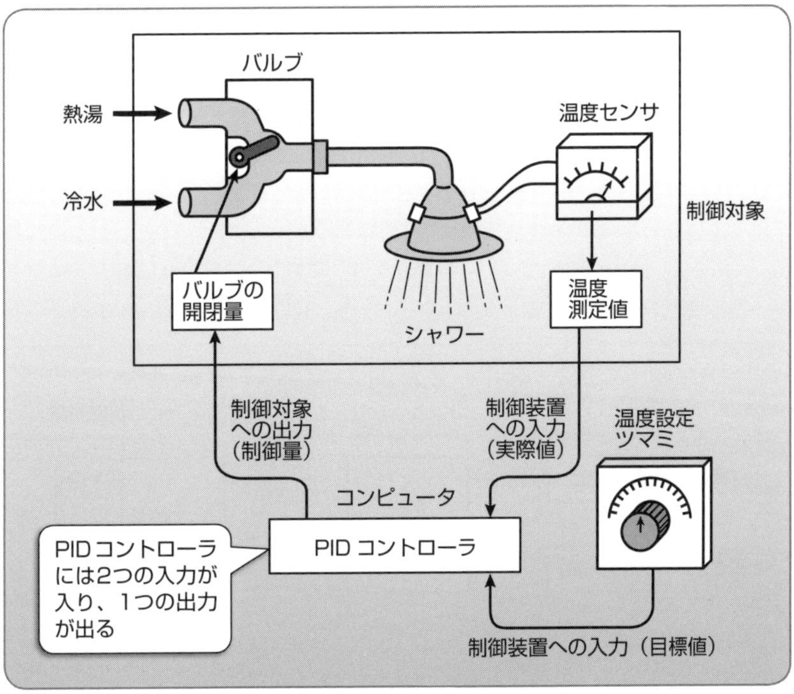

図1-2-2　シャワー温度の制御

図 1-2-2 の装置の目的は、設定された温度と温度センサの計測値が同じになるようにすることです。また、温度設定ツマミを回したら、その温度と同じ温度に素早く変化するようにすることです。

制御装置側から見ると、入力は温度の測定値（実際値）と温度設定値（目標値）の 2 点になり、出力はバルブへの制御出力（制御量）が 1 点ということになります。

(2)　電気ポットの温度制御

図 1-2-3 は、ヒータを使った電気ポットの PID 制御です。この装置は**図 1-2-4** のようになっていると考えられます。

電気ポットの目的は早くお湯がわくことと、わいたお湯を設定された温度に保つことです。温度が下がると温度入力が低くなるのでヒータ制御信号に出力を出す必要があります。

この仕組みを流れ図にすると**図 1-2-5** のようになります。

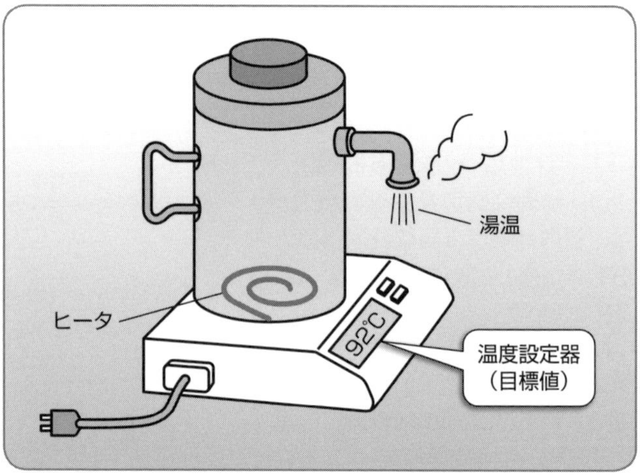

図 1-2-3　電気ポットの温度制御

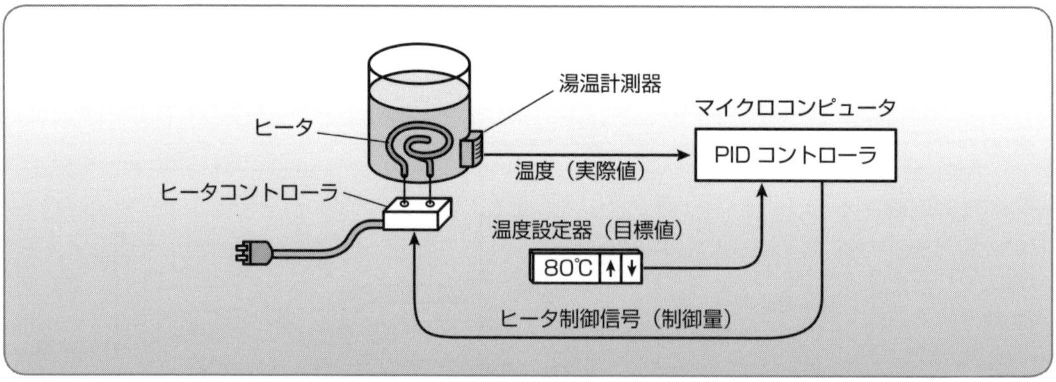

図 1-2-4　電気ポットの PID 制御

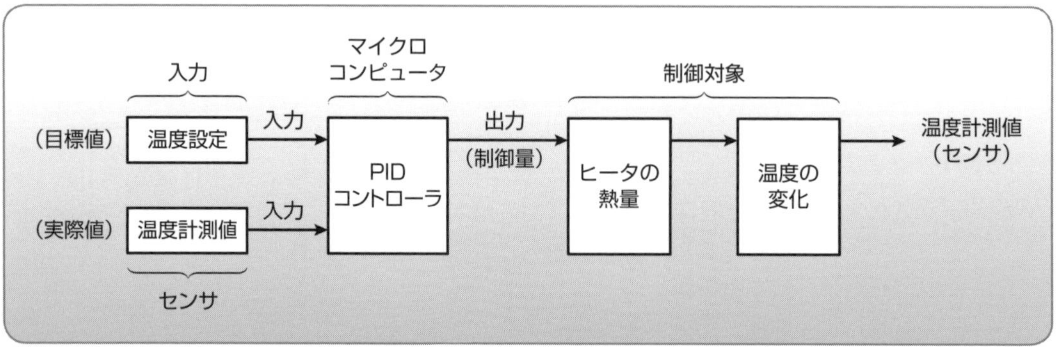

図 1-2-5　PID コントローラの 2 つの入力と 1 つの出力

解説（その3） 水位制御には電気制御できる給水バルブを使う

注目点 PID 制御では、PID コントローラの制御出力によってコントロールしたい物理量を変化させることができるようにしなければなりません。水位制御であれば、給水量を PID コントローラで電気制御できるバルブを付けておくようにします。

図 1-3-1 は、水位を一定に保つようにした給水タンクです。排水弁を開けてタンクの下から排水すると、フロートが下がって水位計が変化します。その変化をとらえて水量調整バルブ内臓の給水器からタンクに水を供給します。

図 1-3-2 は、この給水タンクの水位制御を PID 制御するイメージです。

計測した水位が PID コントローラへの入力になります。給水器の水量調整バルブは PID コントローラからの出力で制御します。

水を使う人が排水弁を開けると水位が下がるので、下がった水位に応じて給水器のバルブの開度を変化させる出力（制御量）をコントロールします。

この装置の目的は設定された水位を常に一定に保つことです。たくさん排水したときには給水バルブを大きく開けて、たくさんの水を入れなければなりません。

水位がどの程度下がったのかは水位設定器の設定信号（目標値）と水位信号（実際値）を比較すれば、わかります。

この 2 つの信号の差がどのように変化するのかを見ながら制御量を上手に調節するのが **PID 制御**です。

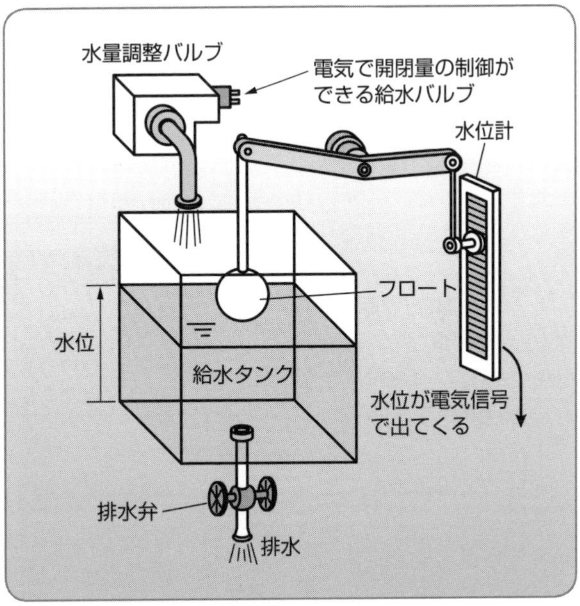

図 1-3-1　給水タンクの水位制御

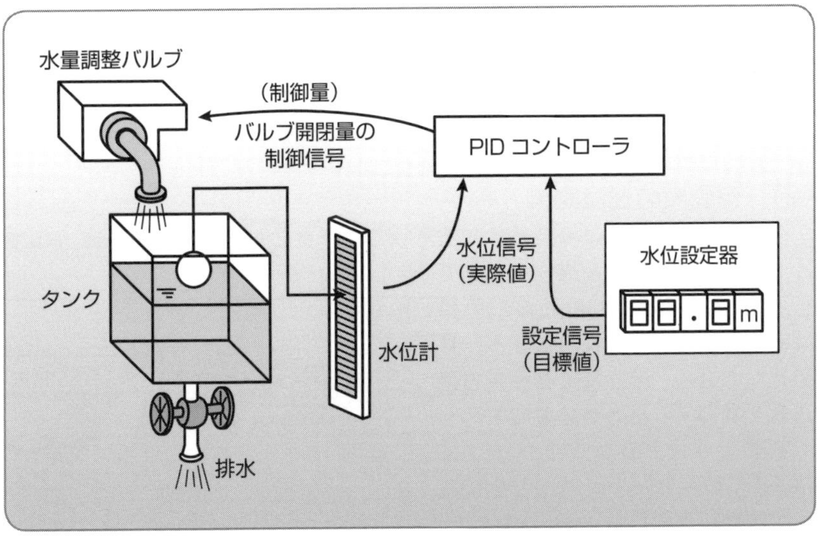

図 1-3-2　タンク水位の PID 制御

解説（その4）速度をPID制御するなら速度を検出する

注目点　自動車やコンベアの速度などを一定に保つ PID 制御を行うには、最終の目標である速度を検出しなければなりません。そのためにはタコジェネレータなどの速度を電気信号に変換するセンサが必要です。

(1)　ベルトコンベアの速度制御

図 1-4-1 のベルトコンベアの速度制御では、目標速度を決めて、コンベアモータの回転速度が目標速度と一致するようにモータに与えるエネルギーを制御します。

モータの回転速度はモータに付けて、タコジェネレータが発生する電圧を見れば速度がわかるようにします。

速度設定器はポテンショメータを使い、ダイヤルを回すと目標速度設定値の電圧が上下するようにしておきます。

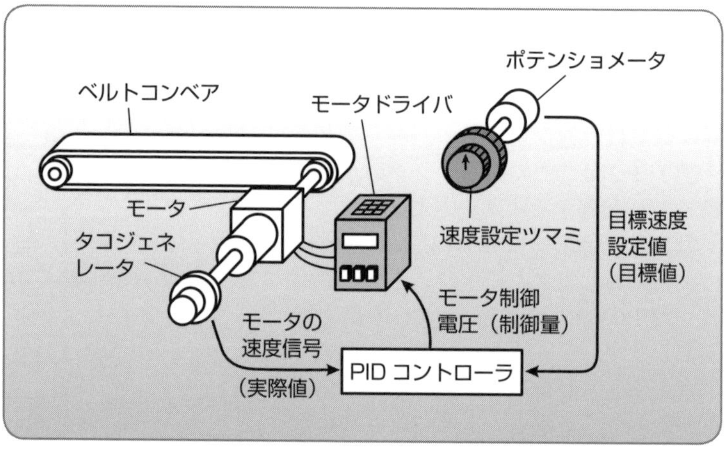

図 1-4-1　ベルトコンベアの速度制御

PID コントローラでは、目標速度設定値の電圧とモータの速度信号の電圧が等しくなるように、モータに与える制御電圧をコントロールします。ベルトコンベアに重いものが乗せられて摩擦や慣性が変化しても、同じ速度でコンベアを回さなくてはなりません。もし、単に一定の制御電圧をモータドライバに与えただけでは、重い荷物がコンベアに乗せられるとコンベアの速度は遅くなってしまいます。コンベアの速度が遅くなったときは、コンベアの制御電圧を大きくしなくてはならないのです。このために、PID コントローラは速度設定値とモータの速度信号を常に比較して、その差が大きくなったときに、モータに与える制御電圧を大きくするようにコントロールします。

(2)　自動車の速度制御

図 1-4-2 の自動車の場合には、上り坂ではアクセルを強く踏み、下り坂では弱める必要があるわけです。そのアクセル操作を自動で行って一定速度で走らせるためには、自動車の現在速度の信号と、目標速度の信号、そしてアクセルの踏込みを制御する出力が必要です。

このように PID コントローラには、2 つの入力と 1 つの出力を接続して制御します。

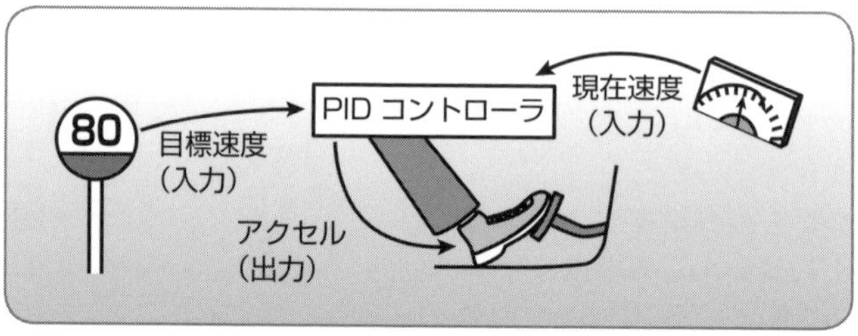

図 1-4-2　自動車の PID コントロール

第2章
PID制御のつくり方

PID制御は目標値から実際値の差である偏差を使った制御方法です。本章では、まず、PID制御の基本となる比例制御について、その仕組みと動作原理を解説します。そして、比例制御に積分制御や微分制御を追加する方法とその概念を説明し、それぞれの制御の実際の働きについて議論します。

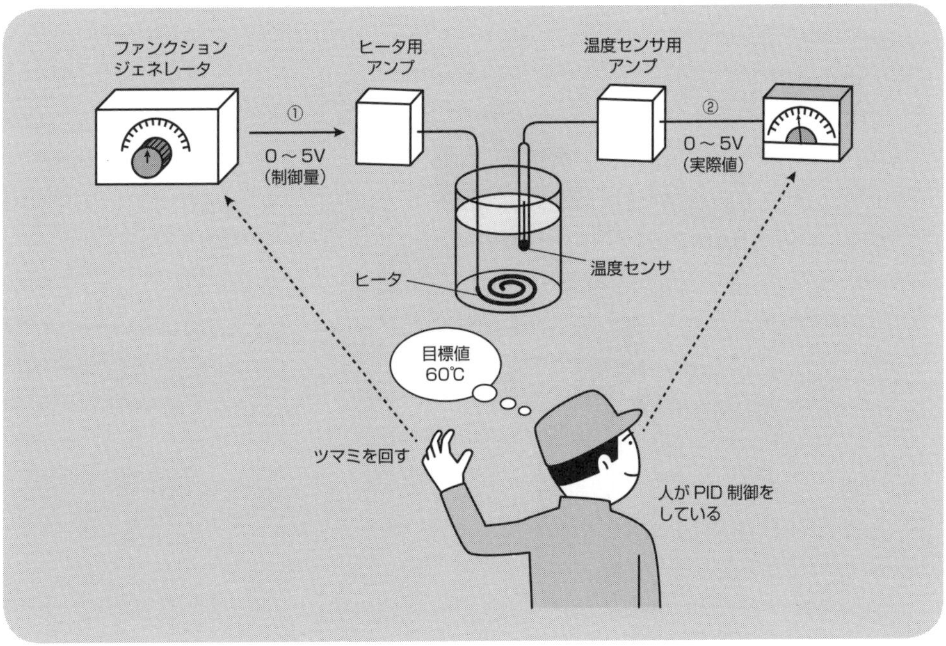

PID制御の手順(その1)　PID制御に必要な入出力を電気信号に変換する

注目点

電気ポットの湯わかしを例にして、PID制御をするための制御信号を電気信号に変換して電気回路でコントロールできるようにする手順を考えてみましょう。

ヒータの温度を決めるために使う信号は、目標値の信号と湯温のセンサ信号です。この2つの入力信号を使ってヒータに与える制御量を決定します。これを図で示すと**図2-1-1**のようになります。

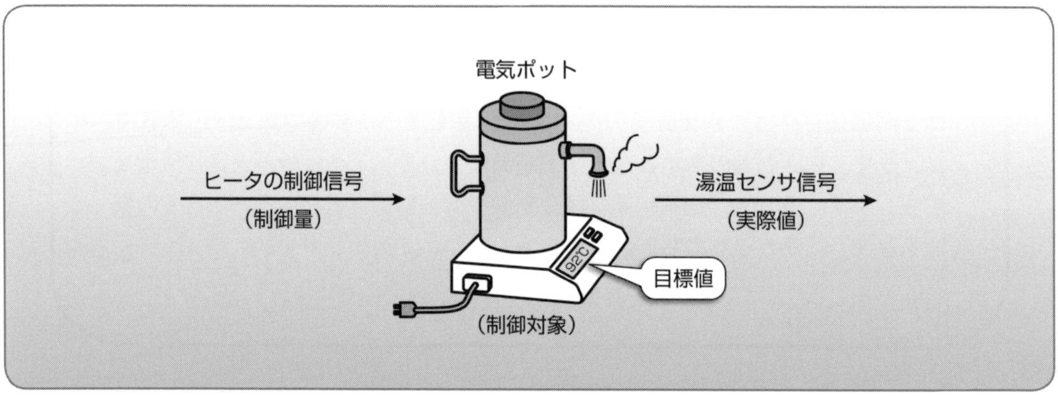

図2-1-1　制御対象は1入力1出力

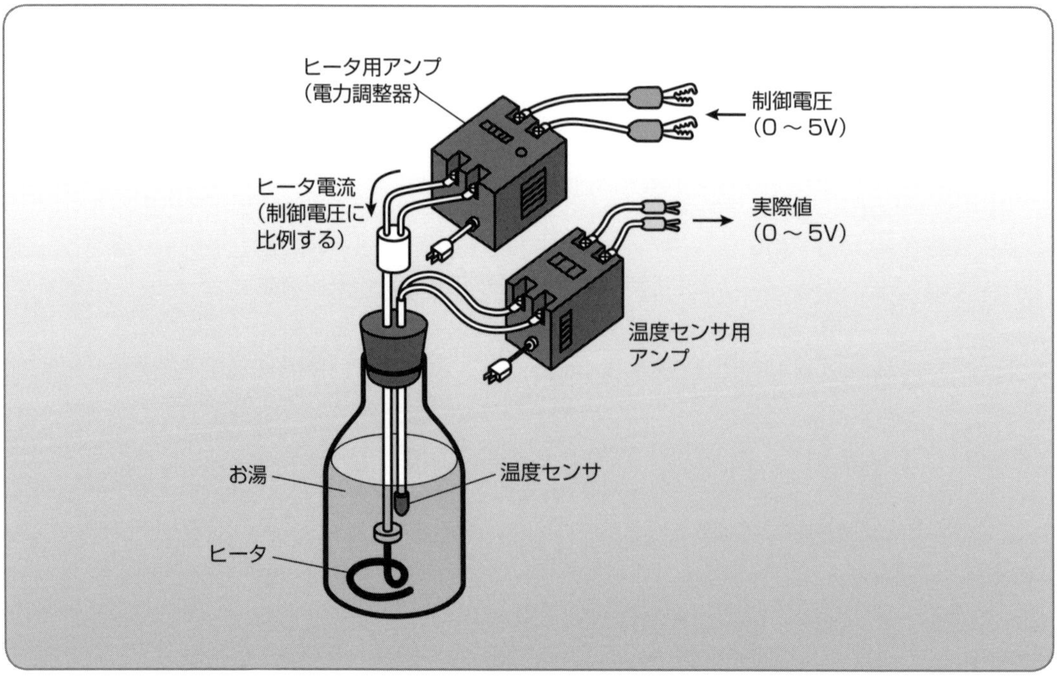

図2-1-2　電気ポットの湯温を調節する実験装置例

PID 制御をするときには、この電気ポットを電気で制御するので、ポットへの制御量とセンサからの実際値を電気量で取り扱えるようにしなければなりません。

そこで**図 2-1-2** のような実験装置をつくってみましょう。、ヒータにヒータ用アンプを付けてアンプの制御電圧入力として 0〜5V を印加すると、ヒータの出力が 0〜最大まで変化するようにします。

また、湯温を測定するための温度センサを付けて、湯温の 0〜100 ℃の変化に対して 0〜5V の電圧が出るようにしておきます。

この関係をグラフで表わしたときに、**図 2-1-3**、**図 2-1-4** のように比例関係になるようにしておきます。

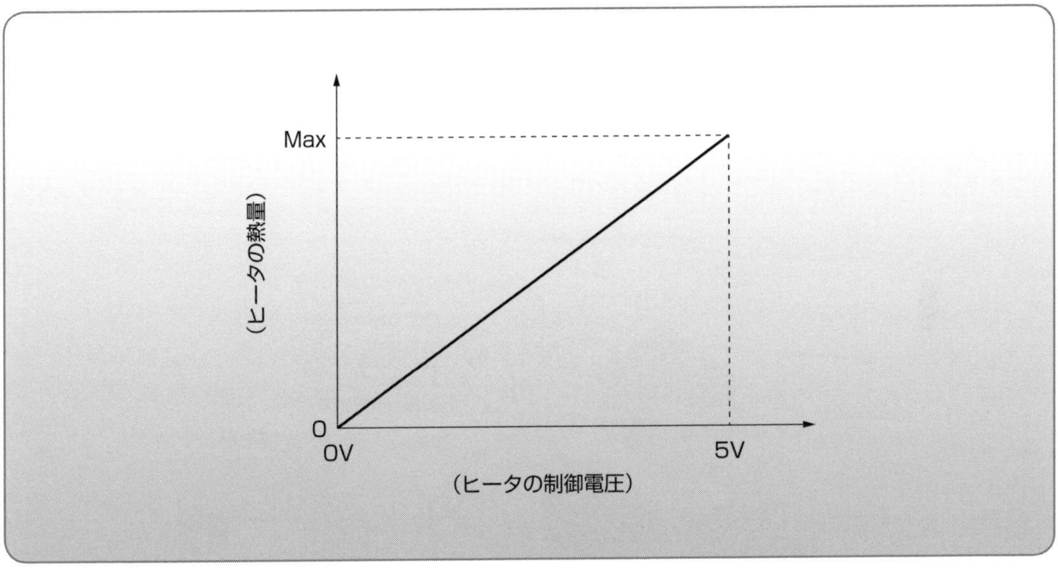

図 2-1-3 ヒータの制御量とヒータの熱量

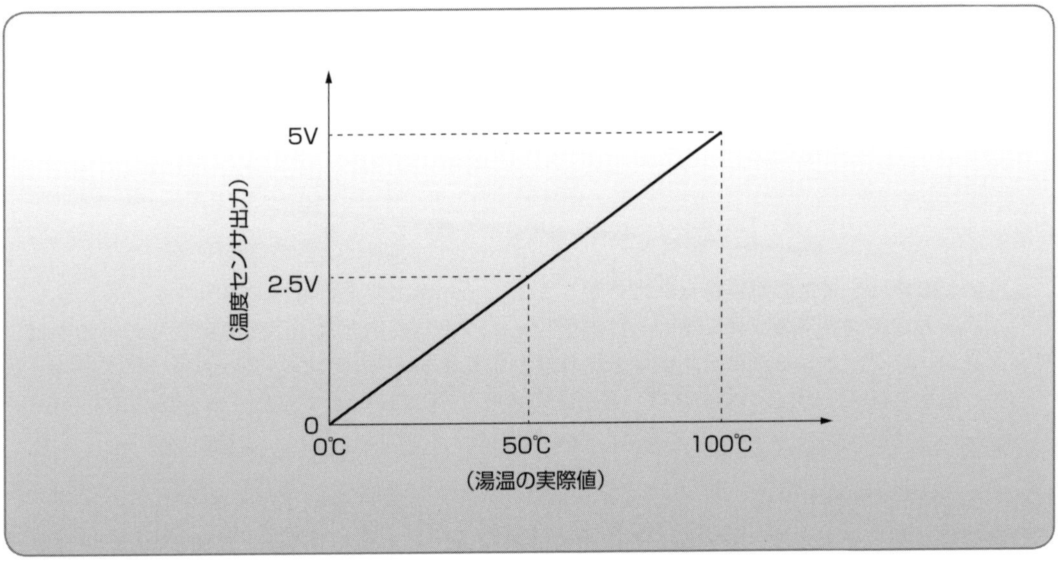

図 2-1-4 温度センサの出力と実際値

PID 制御の手順(その2)

PID 制御をする前に人が操作して制御可能か確かめる

注目点

「手順（その 1)」でつくった信号を使って本当に制御できるかどうかを確かめるために、まず目と手を使って制御してみます。温度センサ用アンプから出力される 0〜5V の実際値の電圧をテスタで測ればお湯の温度がわかります。一方、ヒータ用アンプの制御電圧の端子に、ファンクションジェネレータでつくった 0〜5V の電圧を与えると、ヒータに流れる電流を制御できるようにしておきます。

(1)　電圧計の目視計測

人が制御するためには、湯温の電圧やヒータに与えている制御電圧を人が読めるようにしなければならないので、テスタとファンクションジェネレータを**図 2-2-1** のように接続して、人の手で実験できるようにします。

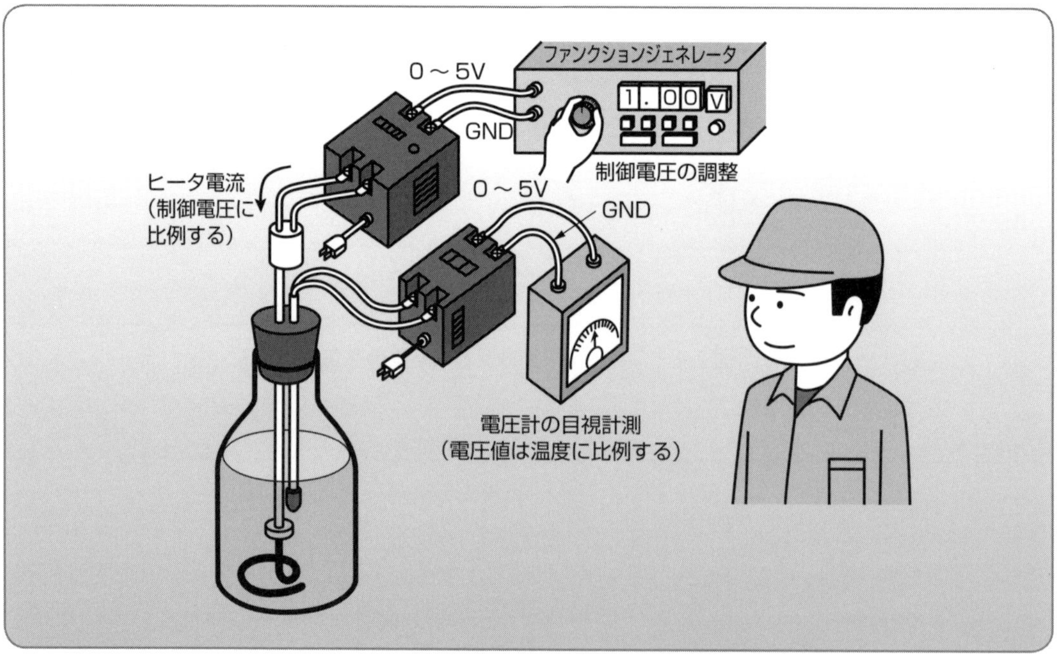

図 2-2-1　お湯の温度を手で調節する実験

温度の実際値はテスタの電圧を見ればわかります。ヒータに流す電流は、ファンクションジェネレータの出力電圧調整用のツマミを回して調整します。実際の出力電圧が何 V になっているかは、ファンクションジェネレータの電圧表示を見ればわかります。

お湯の温度を 60℃にするのであれば、電圧計のメモリが 3V になるまでヒータを温めます。もし、3V を超えていたら、ヒータの電流を切るために制御電圧を 0V にします。

(2)　温度調節は難しい

実際に実験をしてみると、なかなか温度調節は難しいことがわかります。温度が 60 ℃（実際電圧が 3V）よりも低いときに制御電圧を最大（5V）にしてヒータを一番強くして水を温めてみます。

この場合、ヒータの電流が最大なので、すぐに60℃までは上昇します。そして、温度が60℃になったところでヒータの制御電圧を 0V にしてみます。

ところが、すぐには温度上昇は止まらず、実際値は、3.0V → 3.3V → 3.4V → 3.5V と徐々に上がっていってしまいます。この場合、ヒータの電流を最大にしたので温度は急激に上昇し、その影響が残るらしいということがわかります。

そこで、今度はヒータの電流を小さくして少しずつ温めることにします。制御電圧 1V にして、ヒータの最大能力の 20 %の電流を流してみます。すると、60 ℃までにかなりの時間がかかります。同じく、実際値が 3V になったところで制御電圧を 0V にしたところ、実際値は 3.2V くらいまでしかオーバーしなくなりました。

そのあと、ヒータの電流をゼロにしたままお湯がさめて 60 ℃ (3V) に戻るまで待ちますが、ちょうど 3V まで戻ってからヒータを入れたのでは遅過ぎで、逆に、3.0V → 2.9V → 2.8V となって 3V よりも下がっていってしまいます。今度はヒータと水が温まるまでに時間がかかるのが原因のようです。

このように考えると、どうも、この水とヒータの装置には、時間遅れの要素があることがわかります。制御電圧を変化したときに、すぐに水温が変化すればこのような問題はないはずですが、実際の水温は**図 2-2-2** のように、時間的に少し遅れて変化するらしく、そのために、ちょうど 60 ℃で保持するように制御することが難しいということのようです。

一方、人がこのポットを制御するには、温度の実際値の入力を観測できる機能と、ファンクションジェネレータを使って自由に制御出力を変えられる機能の 2 つがあれば充分であることがわかります。

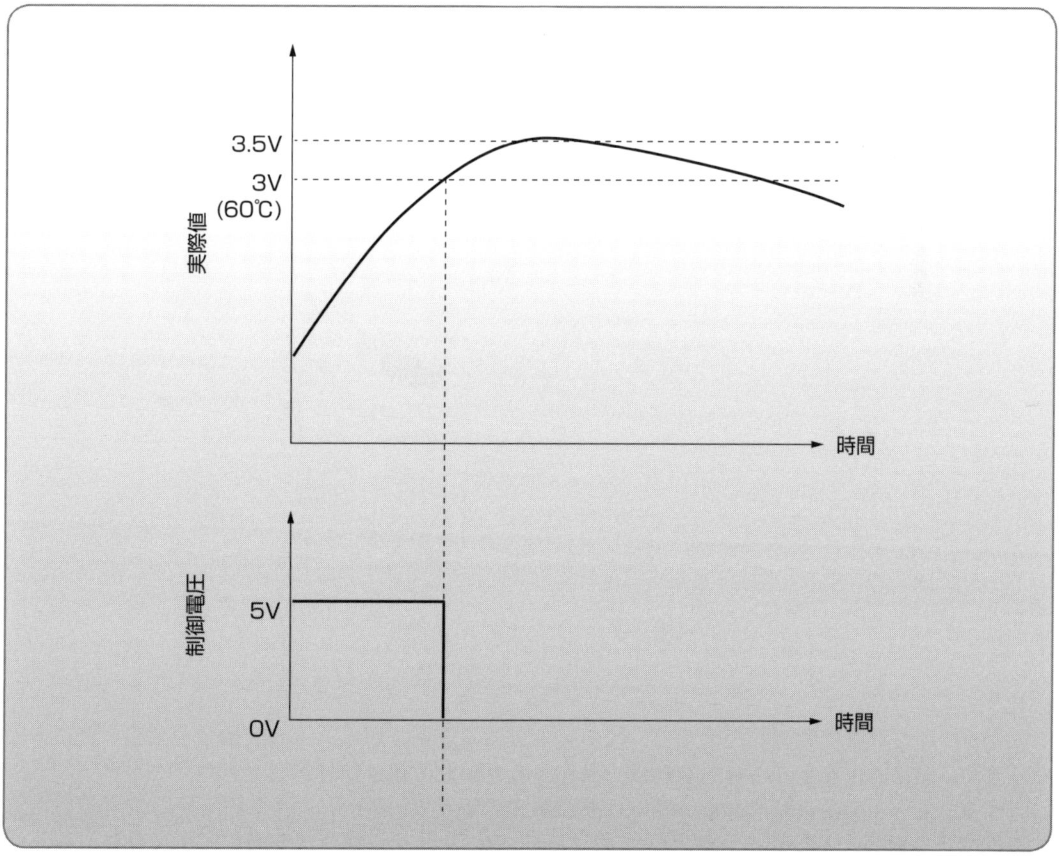

図 2-2-2 制御電圧とお湯の温度の変化

PID 制御の手順(その3)　PID 制御は目標値と実際値の差を使って制御する

注目点　人が上手に温度制御をするときには、目標値と実際値を比較して制御量を決めているといえます。目標値と実際値の差をゼロにすることが PID 制御の目的です。どのようにすれば差が早くゼロになるか考えてみます。

(1)　電気ポットの構造

この電気ポットの装置の構造を簡略化したイメージで書いてみると、**図 2-3-1** のようになっています。

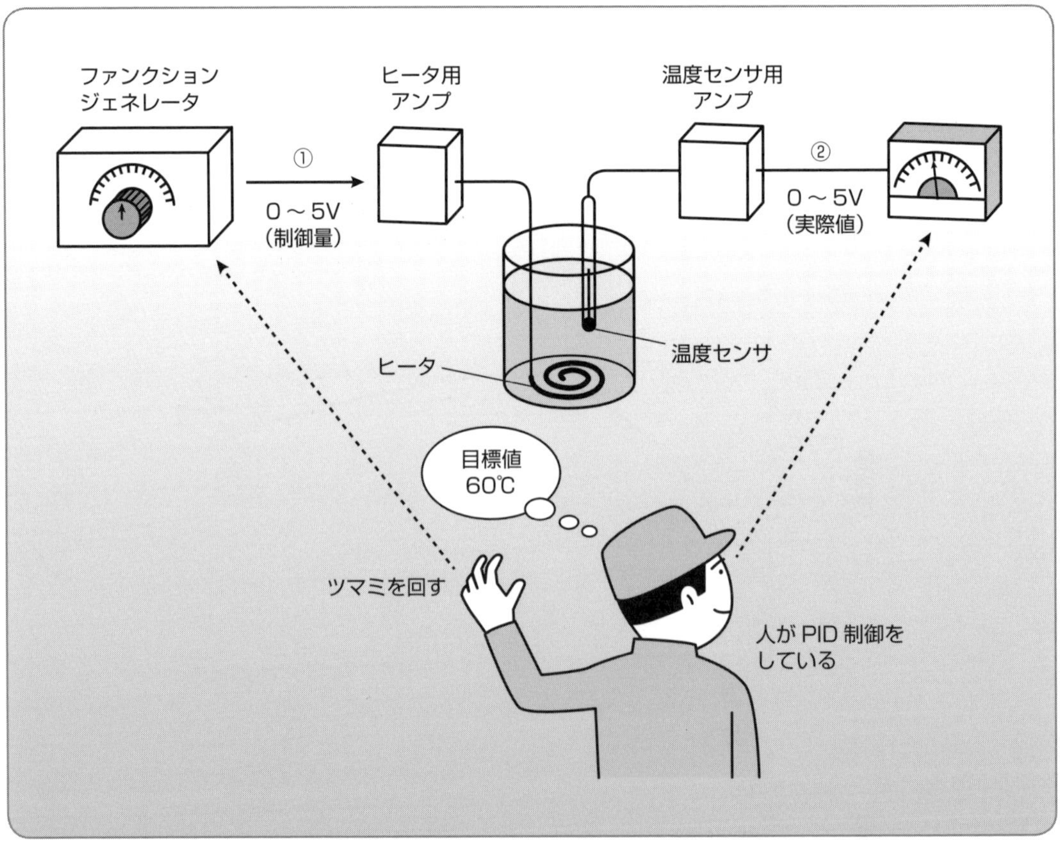

図 2-3-1　人による PID 制御

人がツマミを回して制御した例では、図中②の実際値を見ながら、①の制御量を調整したことになります。お湯の温度上昇の時間遅れは、操作する人の勘に頼って対応しました。

ここで、もう 1 つ注目してもらいたいことがあります。

それは、当然のことなのですが、操作する人が 60 ℃という最終の目標値を頭に入れておかないと制御ができないということです。

この目標値とは何かを考えてみます。たとえば、自転車で下り坂道を降りてきたときに、交差点のちょうど手前で止まるには、坂の途中からブレーキをかけ始めて、交差点の手前数メートルではずいぶんゆっくりとした速度になるように制御するでしょう。ヒータの制御もこれと同じで、目標値の 3V に近づくのをじっと監視していて、その近くになったら徐々にヒータを弱くする必要があるわけです。

実際値が 1V のときは、ヒータの制御電圧は最高に上げておきますが、2.5V になったらそろそろ絞り込まないといけないでしょう。さらに 2.8V になったら、ほとんどヒータには電流を流さない方が良いかもしれません。

(2) 人はどのように制御しているのか

このように、目標値に近づいたときに制御量を小さくするという操作をしなくては上手に制御できません。それでは、人はどのようにしてこの操作を行っているのでしょうか。

人が制御するときには、目標値と実際値の差を取って目標値に近づいたということを認識しているといえます。

すなわち、(目標値) − (実際値) という差（偏差）を制御の目安にしている、といってよいと思います。

この様子を図に表わしたものが**図 2-3-2** です。

この装置を実際に使ってみると、人はヒータの制御量を決めるのに (目標値) − (実際値) の値を直接使っているだけでなく、その差の縮まり方や、開き方の速さ、さらに長時間経過しても変化が見られないときの対応というような、状況に応じて制御量を調整するようになります。

人に代わって、このような調整を自動で行うように計算する仕組みをもたせたものが PID 制御なのです。

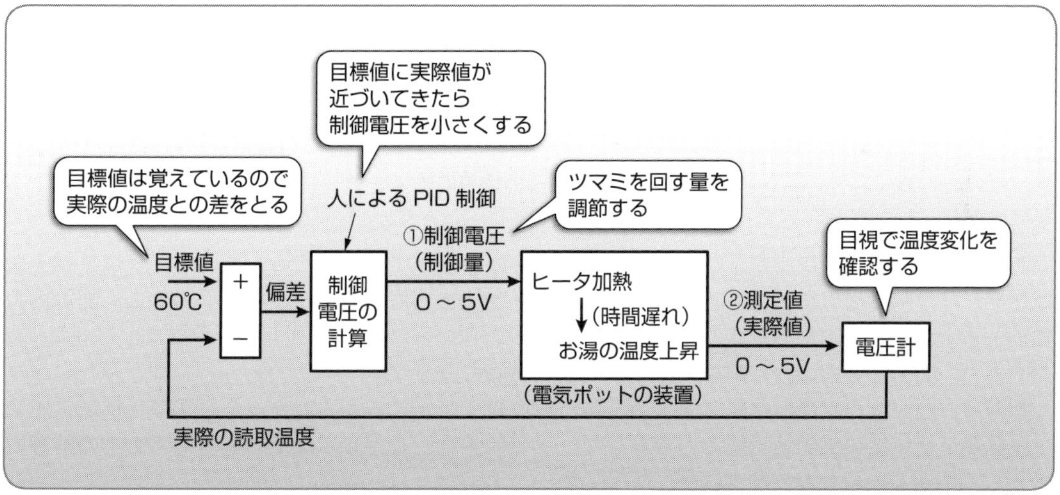

図 2-3-2 電気ポットの実験装置の構造

ここがポイント：偏差

目標値−実際値の差のことを「偏差」と呼んでいます。偏差や偏差の変化は PID 制御の制御量を決めるために使われます。

PID 制御の手順(その4)　偏差の大きさで制御量を決めれば比例制御になる

注目点　目標値から実際値を引いた差を「偏差」といいます。PID 制御の目的は実際値を目標値に近づけることです。偏差が大きくなったときに制御量を大きくして、偏差が小さくなったら制御量を小さくすれば、次第に偏差がゼロに近づいていきます。

(1)　偏差をゼロに近づける

電気ポットのお湯を 60 ℃に保つためには、実際値が目標値と同じ値になっていなければいけません。PID 制御では、（目標値）－（実際値）の値を「**偏差**」と呼び、この偏差をできるだけゼロに近づけた状態にすることが PID 制御の目的であるといえます。

偏差のイメージを**図 2-4-1** に示します。この制御を行うには、④の偏差電圧を見ながらこれをゼロにするように、①の制御電圧を操作することになるわけです。

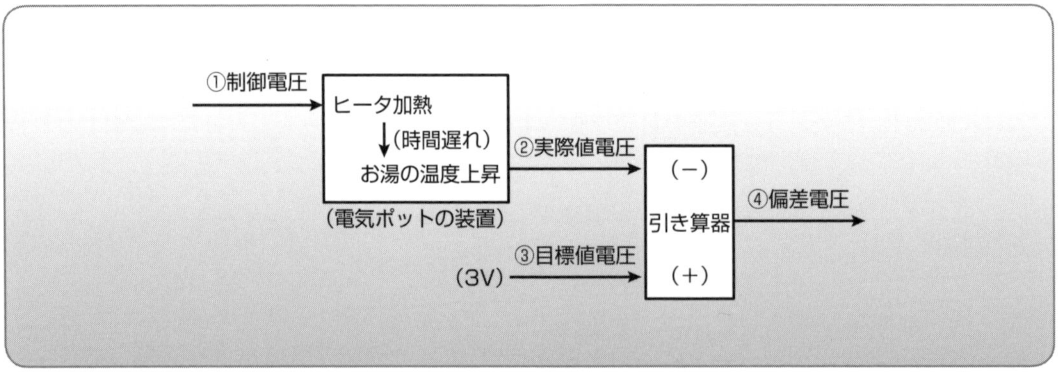

図 2-4-1　PID 制御の偏差のイメージ

この装置を上手に制御する１つの方法として、目標値より実際値がずっと低いとき（偏差が大きいとき）には制御出力を大きくして、その偏差が小さくなったら（目標値に近づいたら）制御出力を小さくするように制御することが良さそうです。

そこで、**図 2-4-2** のように制御装置を構成しなおしてみます。

制御は、図中②の実際値電圧（温度測定値）を取得するところから始まって、③の目標値電圧から減算器を使い②の実際値電圧を引き算して、④の偏差電圧を得ます。その偏差電圧を①の制御電圧として使うようにしてみます。

このようにしておくと、②の実際値電圧が、③の目標値電圧に近づいてくると、④の偏差電圧が小さくなるので、①の制御電圧が低くなって、ヒータに流れる電流が小さくなるような制御になります。

(2)　信号の流れを実験装置で構成してみる

図 2-4-3 は、この信号の流れを実際の実験装置で構成したものです。ファンクションジェネレータは電圧出力モードにして、出力電圧を 3V に固定します。これが目標値電圧③になります。

次に、温度センサ用アンプのグランドをファンクションジェネレータの電圧出力と同じグランドに接続します。こうすることで、目標値の電圧と実際値の電圧②が同じグランドをもつので、両者

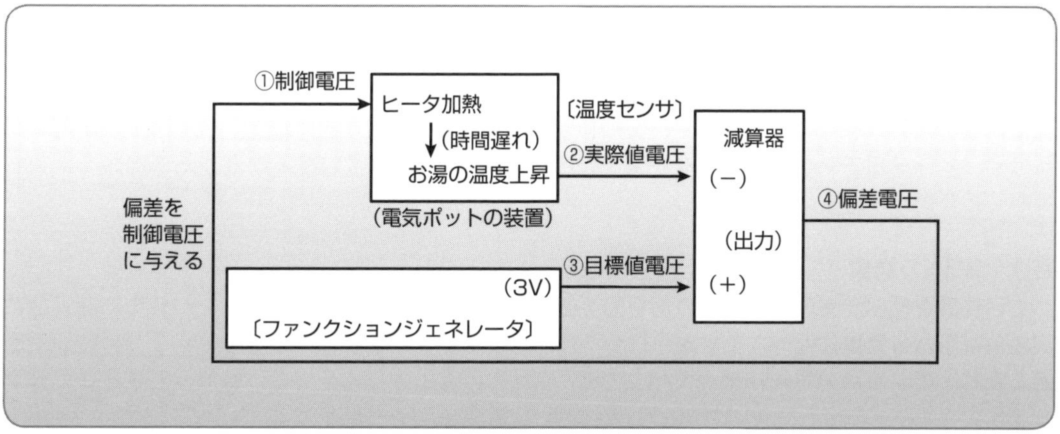

図 2-4-2　偏差電圧を制御電圧に与える

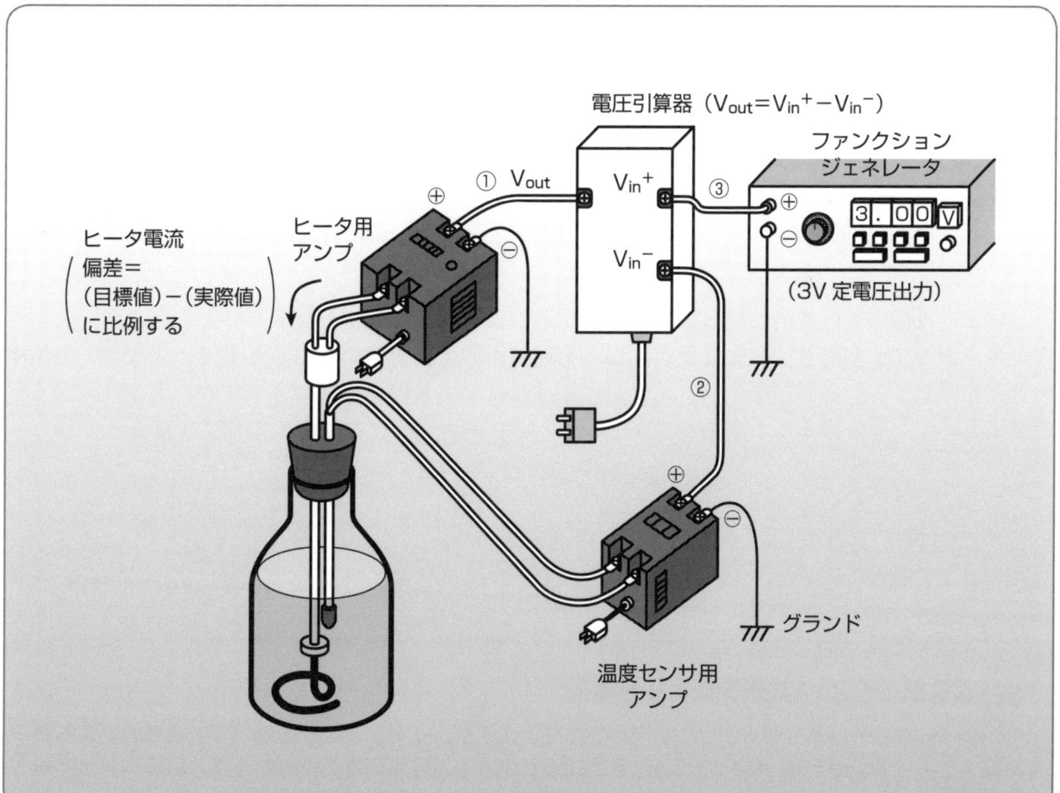

図 2-4-3　偏差をつくって制御電圧としてヒータを制御する

の電圧レベルが同じになります。実際値の電圧と目標値の電圧の差が偏差④ですから、その偏差がヒータの制御電圧①になるように電圧減算器を接続します。

すなわち、実際値を電圧減算器のマイナス側 Vin^- に、目標値をプラス側 Vin^+ に接続して電圧引算器の出力 Vout が偏差になるようにします。このようにすると、温度の実際値が 3V よりも低いときに、ヒータには偏差に比例したエネルギーが与えられることになります。

ただし、図には載せていませんが、実際値が 3V 以上になったときにはプラスマイナスが逆になるので、ヒータ用アンプを破損しないように、逆電圧のときは 0V にするなど、外部回路を工夫しておく必要があります。

(3)　実験の結果

この装置を使って実験した結果の例を**図 2-2-4** に示します。時間が経過するにつれて、漸近的に実際値電圧は目標値に近づきますが、近づくにつれてヒータの温度が下がるので、十分に時間が経過した状態で、実際値電圧は破線で示した 3V の目標値電圧より若干小さい値でとどまることになります。

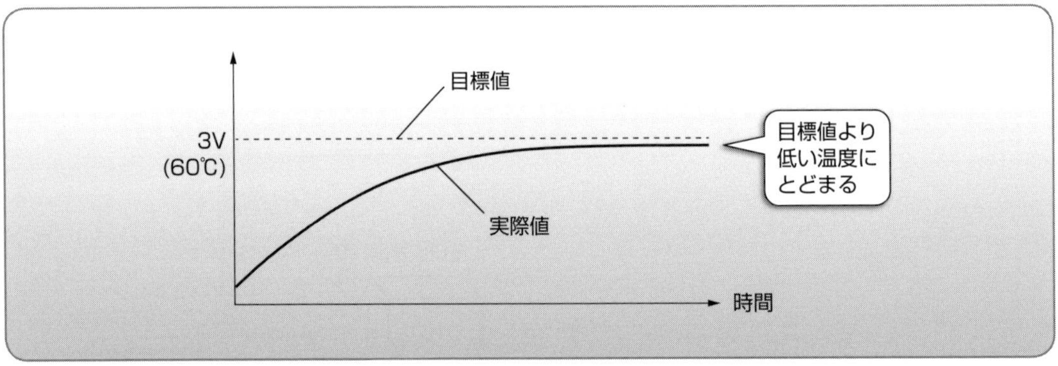

図 2-2-4　偏差を直接用いた制御による温度の変化（目標値：3V）

このように偏差を直接的に使って制御量にする制御方法を「**比例制御**」と呼んでいます。ここでは偏差をそのまま制御量にしましたが、偏差を何倍かして制御量にすることもできます。この倍率のことを「**ゲイン**」と呼びます。ゲインが大きければ早く目標値に近づきますが、あまり大きくし過ぎると安定しなくなることがあります。

ここがポイント：比例制御と定常偏差

制御のしはじめは温度が上がったり下がったりしますが、十分に時間が経過して、最終的に落ち着いたところでも偏差が残っているとき、その残った偏差を「**定常偏差**」と呼びます。目標値と実際値が完全に一致していれば、定常偏差はゼロであるといいます。

PID 制御の目的は、実際値を理想的な特性で目標値に近づけること（応答性が良いこと）と、最終的に落ち着いた状態で目標値と実際値が一致していること（定常偏差がないこと）という 2 つの目的があることがわかります。

PID制御の手順(その5)

ブロック線図による制御システムの表現

注目点

制御システム全体がどのようになっているのかを表現するにはブロック線図を使います。

(1)　PID制御とブロック線図

「手順（その4）」で説明した制御方法は、PID制御の中でももっとも単純な「比例制御」と呼ばれるもので、PID制御の中のP制御に当たります。PIDのPはProportional（比例）の頭文字のPのことです。

電気ポットの実験結果からも明らかなように、ここで紹介した比例制御では、目標値として設定した温度に近づくことはあっても、目標値より少し低い温度にしかならないといった問題があります。すなわち、定常偏差が残っている状態になっているわけです。

また、場合によってはオーバーシュート（行き過ぎ量）が出て、60℃に設定したのに、一時的に100℃になってしまい火傷をしたなどという問題が残っているかもしれません。

あるいは、この制御方法よりももっと早く目標値に近づくように、応答性を良くする方法はないのかなどという要求が出ることでしょう。

PID制御では、いま問題にした定常偏差、オーバーシュート、応答性といった要素をいかに上手にコントロールすることができるかがカギになります。PID制御とは「理想的な曲線で目標値に近づいて、最終的に目標値に一致させる」ことを目的としているのです。

このような問題を議論するためには、どのような制御システムになっているのかを的確に表現することが必要です。

PID制御でシステムの状態を表わすのには、ブロック線図を使います。

(2)　電気ポットの比例制御のブロック線図

電気ポットの実験装置を、自動制御の分野で一般的に利用されているブロック線図という形で表現してみると**図2-5-1**のように描くことができます。ブロック線図における減算器は○で表現されています。○は、加え合わせる点を意味していて、＋と－の表示によって、入力した値を＋にするか－にするかを指定して、加え合わせるという印になります。この場合、④＝③－②ということになります。

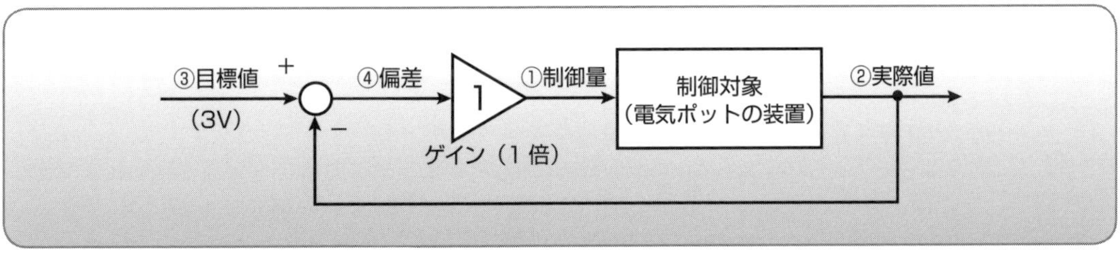

図2-5-1　電気ポットのブロック線図

また、図中④の偏差と①の制御量の間にゲインを示す三角のマークがあって、この中に1という文字が書いてあります。この数字は、入力を何倍かにする倍率を意味しています。ここでは1なので、④の偏差を1倍して①の制御量としているということになります。この場合は1倍なので、三角の部分はなくても同じことになります。

PID制御の手順(その6)　比例制御のゲインを調節する

注目点　比例ゲインの大小によって、制御量や実際値がどのように変化するかを考えてみましょう。

(1)　P制御のブロック線図

PID制御の中の比例演算だけを行なうP制御のブロック線図は、**図2-6-1**のようになります。このときのゲインK_pと制御量の電圧の関係を求めたものが**表2-6-1**です。偏差が小さくても、ゲインが大きければ制御量を大きくできるので、より目標値に近づけることができるように見えます。

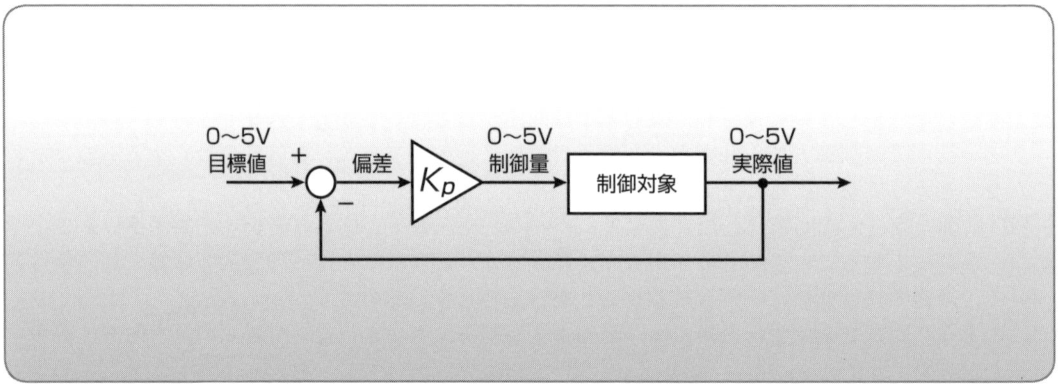

図2-6-1　P制御のブロック線図

この表では目標値は3V（60℃）に設定してあります。このとき、実際値が60℃に近づくと、ゲインK_pの値によって制御量の電圧がどのように変化するのかを示してあります。

制御量の電圧がヒータに与えるエネルギー量に相当すると考えると、水が気化熱や周囲の気温によって失うエネルギーよりも、ヒータが与えるエネルギー量が小さくなると、それ以上が温度が上がらないことになります。

仮にその失うエネルギー量に相当する制御量の電圧が0.2Vとしてみると、この表の中の制御量が0.2Vよりも小さいところでは、水温はそこから上昇しないことになります。

すなわち、表の白く抜いた数値の部分は時間が経過しても、それ以上湯温が上昇しないことを示しています。

すると、$K_p=0.5$のときは50℃～60℃の間にとどまり、$K_p=1$のときは56℃よりも高くはならないことになります。Kp＝2にすると、58℃まで上昇させることができ、ゲインK_pを8まで上げると59.5℃までは上昇する見込みがあります。しかしながら、いずれの場合にも60℃に達することはないことがわかります。

比例制御ではゲインを大きくすると、実際値を目標値に近づけることができるようになりますが、偏差を0にすることはできません。

このように長い時間が経過しても残ってしまう偏差のことを定常偏差と呼びます。

表 2-6-1 ゲイン K_p 値と制御量

目標値	実際値	偏差	制御量					
			K_p=0.5	K_p=1	K_p=2	K_p=3	K_p=4	K_p=8
3V（60℃）	1V（20℃）	2V	1V	2V	4V	（5V）	（5V）	（5V）
3V（60℃）	2V（40℃）	1V	0.5V	1V	2V	3V	（5V）	（5V）
3V（60℃）	2.5V（50℃）	0.5V	0.25V	0.5V	1V	1.5V	2V	4V
3V（60℃）	2.8V（56℃）	0.2V	0.1V	0.2V	0.4V	0.6V	0.8V	1.6V
3V（60℃）	2.9V（58℃）	0.1V	0.05V	0.1V	0.2V	0.3V	0.4V	0.8V
3V（60℃）	2.95V（59℃）	0.05V	0.025V	0.05V	0.1V	0.15V	0.2V	0.4V
3V（60℃）	2.975V（59.5℃）	0.025V	0.0125V	0.025V	0.05V	0.075V	0.1V	0.2V

（ ）は最大値を超えるので 5V になる

(2) 比例制御のゲインを大きくする

次に、比例制御のゲインを大きくした場合を考えてみましょう。単純にゲインを K_p＝10 とか K_p＝20 とかの大きな値にすれば、目標値に向かって速く温度が上がることが予想されます。しかしながら、あまりゲインを大きくしたときには、ひょっとすると一気に温度が上がり過ぎて、目標値を超えてしまうこともあるかもしれません。

たとえば、K_p＝100 にしてみれば、湯温が 59℃になったときでもヒータの制御量は最大値の 5V が印加されることになるので、60℃を超えてオーバーシュートが出ることも容易に想像がつきます。

ゲインを大きくすれば、ほんの少しの偏差に対しても大きく反応することになるわけです。すなわちゲインを大きくすれば、実際値が目標値よりほんの少ししか小さくなくても、その偏差を何倍にもして制御量とすることができるのです。

逆にゲインを大きく過ぎると、目標値を超えてしまうことが起こり、少しでも行き過ぎが発生すると、急激に制御量が大きなマイナスの値になるので、振動的になるかもしれないと予想できます。

ここがポイント：ゲインを変えると特性が変わる

ゲインを大きくすると定常偏差は減少しますが、行き過ぎ量が大きくなったり、振動的になることがあります。

また、ゲインを小さくすると、行き過ぎ量は小さくなりますが、目標値に到達する時間が長くなったり、定常偏差が大きくなってしまうことがあります。

PID制御の手順(その7)　積分制御（I制御）を使えば定常偏差をなくすことができる

注目点　比例制御だけでは定常偏差が残ってしまいます。充分に時間が経過したときに、実際値を目標値と一致させるには積分制御を追加してPI制御にします。

（1）　比例制御で残る定常偏差

図2-7-1は、電気ポットの比例制御を少し具体的にブロック線図の形で表現したものです。

目標値はファンクションジェネレータで3Vに固定しています。温度センサの信号を電圧変換した実際値を引算器に入れて、目標値の3Vから実際値を引算して偏差電圧をつくっています。偏差に比例ゲインK_p=1を掛けたものを制御量としてヒータアンプに印加しています。

ポットの中のお湯が失うエネルギーに相当する、ヒータへの制御量の電圧が0.2Vであるとしてみます。0.2Vよりも小さければ湯温が低下し、大きければ上昇するということになります。

この0.2Vのことを「**限界制御量**」と呼ぶことにします。一般に限界制御量は湯温や気温などの制御対象の状態によって変化しますが、ここでは説明を容易にするため0.2Vに固定されているものとして話を進めます。目標値60℃、ゲインK_p=1の比例制御を開始してから、十分に時間が経過して定常状態になると実際値はほぼ58℃になります（**図2-7-2**）。

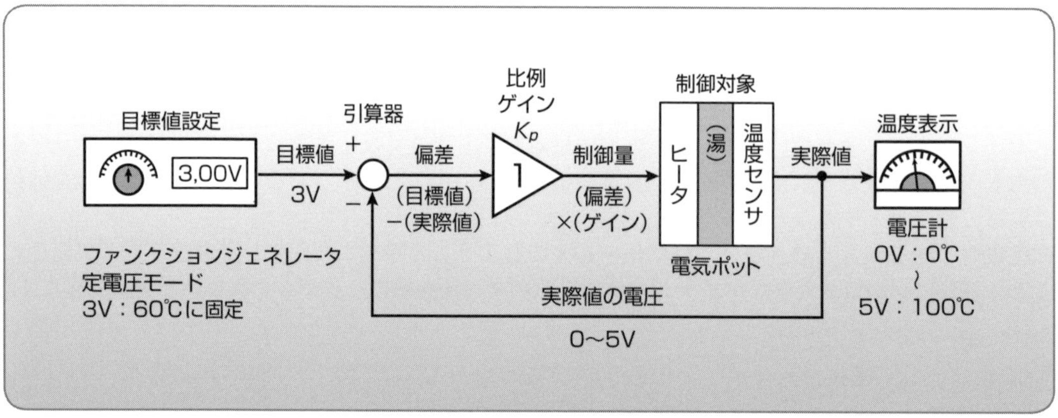

図2-7-1　電気ポットのP制御

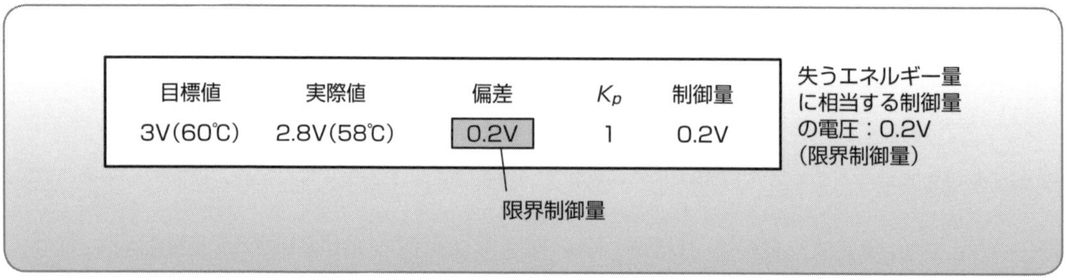

目標値	実際値	偏差	K_p	制御量
3V(60℃)	2.8V(58℃)	0.2V	1	0.2V

図2-7-2　定常的に限界制御量に相当する58℃までしか上がらない

(2) 定常偏差を消すための人の操作

もしこのポットの制御を比例制御の代りに人が操作していたらどのようにするか考えてみます。

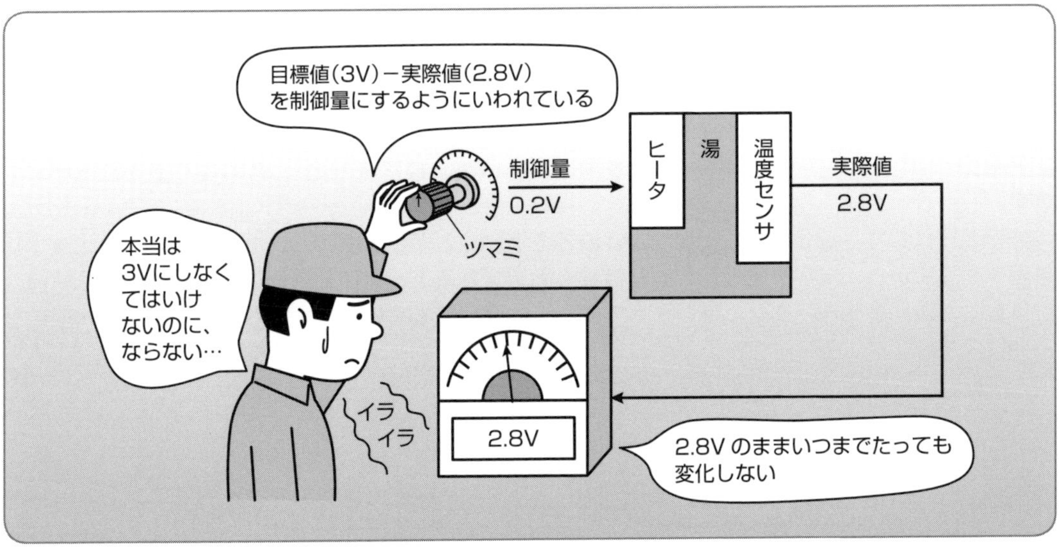

図 2-7-3 人が操作したとき

この人は、ヒータの制御量を**図 2-7-3** のように目標値－実際値に設定するようにいわれているので、ヒータへの制御量は 0.2V のままにしています。

一方で目標値は 3V と知っているので、いつまで経っても 2.8V のままになっていることに段々とイライラ感が積ってくるでしょう。そのうちに耐え切れなくなると、ツマミを回して制御量を大きくして温度を上げようとすることでしょう。このイライラ感による制御量の調整がちょうど積分制御に似ています。

偏差が残ったままの状態では、イライラ感が時間とともに大きくなってきます。少しツマミを回しても温度が上がらなければ、さらにツマミを回して制御量を大きくすることでしょう。このように、いつまでも偏差が残っているときに、時間の経過とともに制御量を増やしていき、目標値に近づけていくような制御を「**積分制御**」と呼んでいます。

(3) 積分制御の仕組み

積分制御とは、偏差を時間の経過とともに足し込んで制御量に加算するものです。言いかえると「偏差を時間積分して制御量に加算する」ということになります。積分制御は、積分の Integrate の頭文字をとって「**I**《アイ》**制御**」と呼んでいます。I 制御は P 制御と一緒に使うので「PI 制御」になります。

たとえば 1 分ごとに誤差を足し込んだものを積分値として扱うことにしてみます。0 分のときの積分値が 0 だったとして、1 分後に 0.2V の偏差が残っていれば積分値は 0.2V になります。これと比例制御分の 0.2V を足して、0.4V が 1 分後の制御量になります（比例ゲインを 1 とすると P 制御による制御量は偏差と等しくなるので 0.2V です）。

制御量を 0.4V にしたことで、限界制御量を超えるので温度が上昇します。もし、2 分後に実際値が 2.9V になっているとすると偏差は 0.1 ですから、前の 0.4V に足し込んで積分値は 0.5V になります。さらに比例分の 0.1V を加えると 0.6V ということになります。

制御量を 0.6V にしたことで湯温はさらに上昇します。次に 3.1V まで実際値が上がってしまったとすると、今度は偏差が－0.1V とマイナスになるので積分値は小さくなります。

0.6V に積分の－0.1V を足し、比例制御分の－0.1V をさらに加えると、0.4V ということになります。次の 1 分後にまだ温度が下っていなければ、さらに 0.2V 下がって 0.2V の制御量がヒータに与えられます。0.2V は限界制御量ですから、0.2V では湯温は上らないので、そのまま温度は変化しなくなります。

この様子をグラフにしたものが**図 2-7-4** です。0 分以前は比例制御をしていたものとします。0 分に積分制御をはじめたとすると、制御量は 1 分後に 0.4V、2 分後に 0.6V となり、3 分後に 0.4V、4 分後には 0.2V になります。

図 2-7-5 は、そのときの湯温の実際値の変化です。0 分以前は比例制御だけなので目標値の 3V より 0.2V 低い 2.8V に留まっています。比例制御は残したまま積分制御分を計算して合算すると、3 分後にいったん 60 ℃である 3V を越えますが、その後、目標値の 3V に落ちつくようになっています。

このようにして、積分制御によって定常偏差を消すことができるようになります。定常状態では偏差が 0 ですから、定常常態のときの制御量を考えてみると、比例制御分は 0 になり、積分制御の計算値しか残りません。また、偏差が 0 ですから、積分値もそのまま変化しない安定した状態になるわけです。

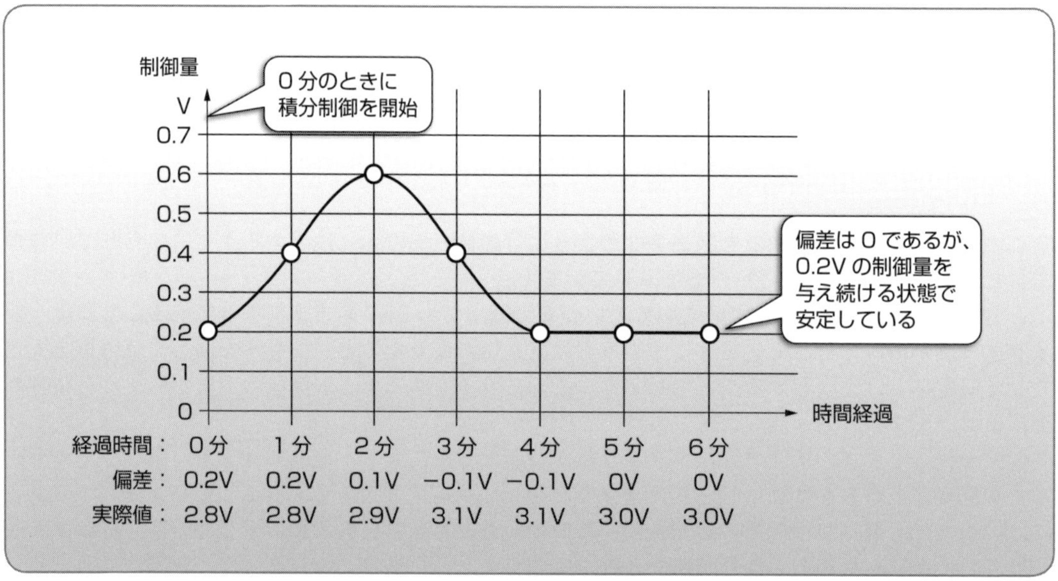

図 2-7-4　PI 制御による制御量の変化のイメージ

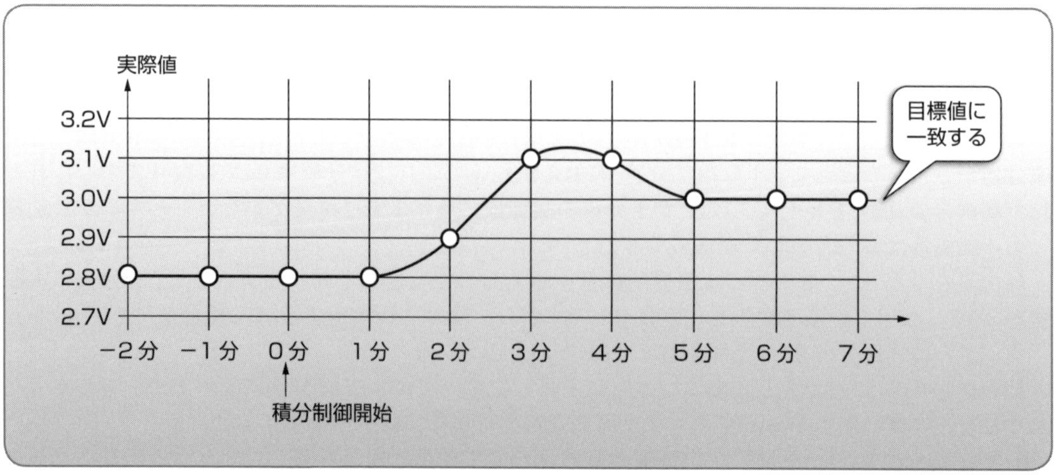

図 2-7-5　PI 制御による実際値の変化のイメージ

PID制御の手順(その8)

PI制御のブロック線図をつくる

注目点

積分制御は偏差を時間積分して、比例制御の制御量と合算します。この様子をブロック線図にしてみます。

「手順（その7）」で説明したように、積分処理は時間とともに偏差を足し込むことでつくります。ここでできた積分制御量と比例制御の制御量を合算してヒータの制御量にするので、この2つを加算器に入れて足し込みます。その様子を**図2-8-1**に示します。

積分処理にもゲインをかけて積分制御の効果を調整します。積分ゲインをK_iとすると、図2-8-1は**図2-8-2**のようになります。PI制御の全体のブロック線図は**図2-8-3**のようになります。

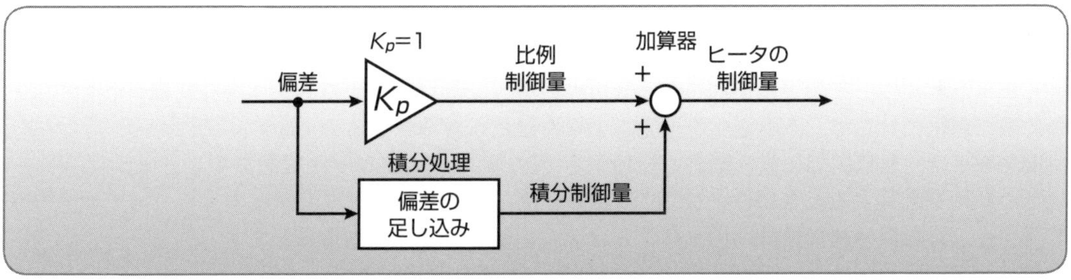

図2-8-1　偏差から積分処理をする

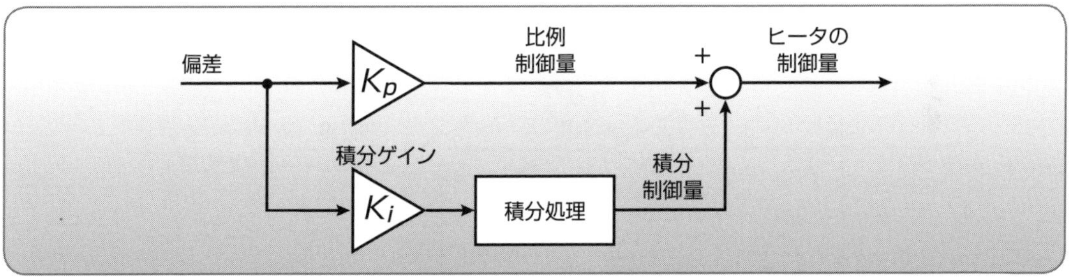

図2-8-2　積分ゲインの追加

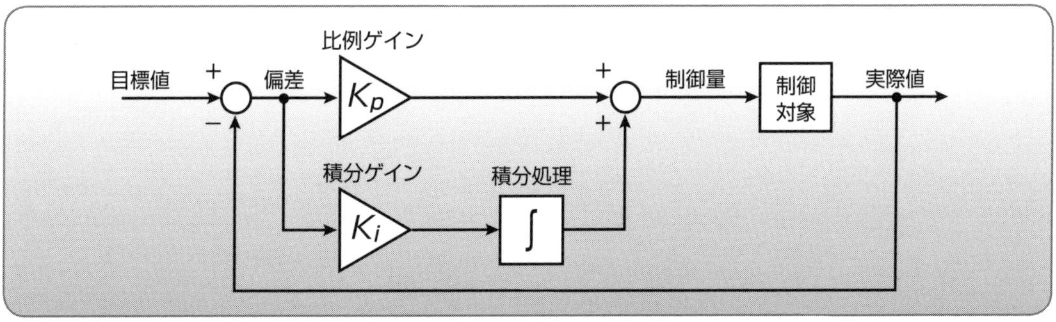

図2-8-3　PI制御のブロック線図

PID 制御の手順(その9)　微分制御は偏差の急激な変化を調整する

注目点　偏差の変化の傾きを使って、振動的な動きを抑えるために微分制御を使います。
微分制御は D 制御と呼ばれます。

比例ゲインや積分ゲインを大きくし過ぎてしまったときなどに、行き過ぎ量が大きくなって振動的になってしまうことがあります。微分制御は、そのような急激な偏差の変化を抑制するような作用があります。あるいは、外部からの影響で偏差が急激に大きくなったときに、早く目標値に近づけるような作用もあります。

微分制御は、少し前の偏差の値と現在の偏差の値を比較して、偏差が急激に変化していたらその偏差を小さくするように作用します。この微分制御をどのように実現するのかを説明します。

偏差の現在値と少し前の時刻の偏差の値を比較すれば、変化の度合いがわかります。現在の偏差の値から少し前の偏差を引き算して差をとって、それを時間で割れば傾きが出ます。その傾きが大きくなったときに、その変化を打ち消す側に出力をコントロールするのが「**微分制御**」です。偏差の急激な変化に対して、その変化を抑えるようなはたらきをさせるのです。

図 2-9-1 に、比例制御に微分制御を追加する「PD 制御」のブロック線図を示します。

この制御を計算するときには、１つ前の偏差を保存しておいて次の偏差との差をとって傾きを求めます。求めた微分制御量は比例制御量と合算して制御対象の制御量にします。

微分制御に微分ゲイン K_d を掛けて微分制御量の影響を調整します。

微分制御は Derivative（導関数）の頭文字をとって「**D 制御**」と呼ばれます。

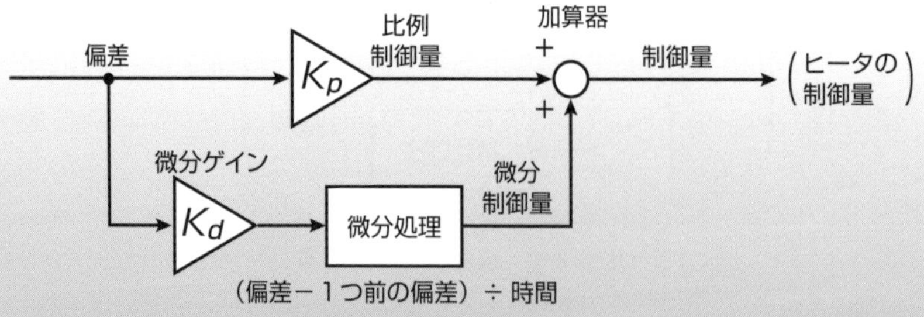

図 2-9-1　比例制御に微分制御を追加する（PD 制御）

PID制御の手順(その10)

微分制御の計算方法

注目点

PD制御を例にして、微分制御がどのように働くのか計算方法を見ながら考えていきます。

(1) PD制御のブロック線図

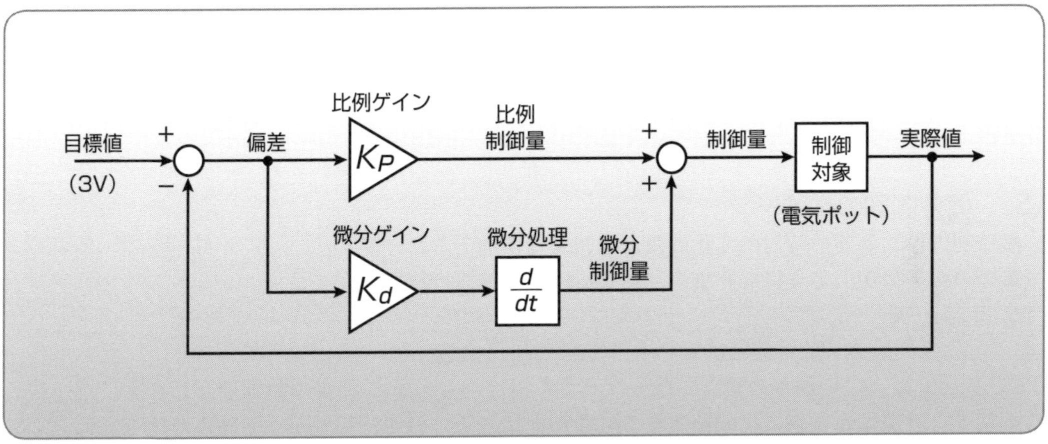

図2-10-1　PD制御のブロック線図

一般に微分制御を使うときには、比例制御と組み合せてPD制御にします。PD制御のブロック線図は**図2-10-1**のようになります。

比例制御部では現在の偏差をKp倍して比例制御量にしています。微分制御量は、現在の偏差と1つ前の偏差の差をとって傾きを計算します。微分の制御量には微分ゲインK_pが掛かっています。

(2) 微分制御量の計算

たとえば、目標値を3.0として、0.1秒間の間に、実際値が2.0から1.8に直線的に急激に下がったとします。すると、偏差は、「目標値−実際値」なので、偏差は1から1.2に増えたことになります。この場合、現在の偏差である1.2から0.1秒前の偏差1.0を引き算して、0.2とします。これを0.1秒で割り算すると2.0という傾きが出ます。この傾きである2.0を比例制御量の1.2に加えれば制御量は3.2となり、制御量を大きくすることができます。さらに、その次の0.1秒が経過したときに同じ計算を繰り返します。ただし、この説明では比例制御のゲインK_pを1としています。すなわち、比例制御による制御量は偏差の値を1倍したものになるわけです。

(3) 微分ゲイン

逆に目標値が3.0のときに、実際値が2.0から2.2に0.1秒間で急激に上がったとしてみましょう。すなわち偏差が1.0から0.8に0.1秒間で変化したとしてみます。すると、現在の偏差は0.8で、これから1つ前の偏差1.0を引き算して、−0.2になります。これを0.1秒で割ると、−2.0という数字になります。微分制御は偏差が速く変化する場合にそれを抑さえるようにはたらくことになります。

ここで、比例制御のゲインを1とすると、比例制御の制御量は 0.8 になっています。これに微分制御の制御量 −2.0 を加えるので、制御量は −1.2 となります。これだと、目標値より実際値がかなり低いにもかかわらず、さらに実際値を下げるように働いてしまいます。このように微分制御の効果が大き過ぎる場合には、微分ゲイン K_d を追加して微分制御の効果を調節します。たとえば $Kd=0.1$ とすれば、先述の微分制御の制御量は −0.2 になるので、比例制御量 0.8 に −0.2 を加えて、制御量は 0.6 になり、目標値にゆるやかに近づいて行くことになります。

このように微分制御のゲインをあまり大きくし過ぎると、まだ目標値に到達していないにもかかわらず、目標値から離れる方向に制御量を変化させてしまうようなことも起きるので、微分ゲインの調節には注意が必要です。

(4)　実際値が目標値を超えたときの微分制御

実際値が目標値を行き過ぎたときには、偏差の微分はどのように影響するのでしょうか。

目標値を 3.0 として、0.1 秒の間に実際値が 3.0 から 3.2 に上がったときを考えてみましょう。

偏差の現在値は、3.0 − 3.2 = −0.2 となります。0.1 秒前の偏差の値は 0 でした。したがって、偏差の −0.2 を変化に要した時間の 0.1 秒で割ると、−2.0 となるので、微分による効果は現在値の上昇を抑える方向にはたらくことがわかります。

(5)　微分制御のイメージ

微分制御は、偏差の時間の変化の傾きを制御量に加えることです。

偏差の傾きは次のようになります。

偏差の傾き＝(現在の偏差－1つ前の偏差)÷時間

PD 制御では、この偏差の傾きに微分ゲインを掛けたものを D 制御の制御量とします。ただし、この傾きを計算するときに、分母となる時間が非常に短いので、わずかな偏差の変化でも大きく制御量を変化させることになり、安定しづらい面もあります。このため、あまりに急激な変化には対応しないようにするなどの計算上の工夫がされることがあります。

ここでつくった D 制御の制御量に、P 制御の制御量を加算したものが PD 制御の制御量になります。P 制御の制御量は、偏差の現在値に比例ゲイン K_p を掛けたものです。K_p を 1 とすると、P 制御の制御量は偏差の現在値と同じ値になります。

ここがポイント：PD 制御の流れ

PD 制御は、P 制御と D 制御でつくった制御量を足し合せて制御対象に与えて、実際値を目標値に近づける制御方法です。この仕組みを図で表現すると次のようになります。

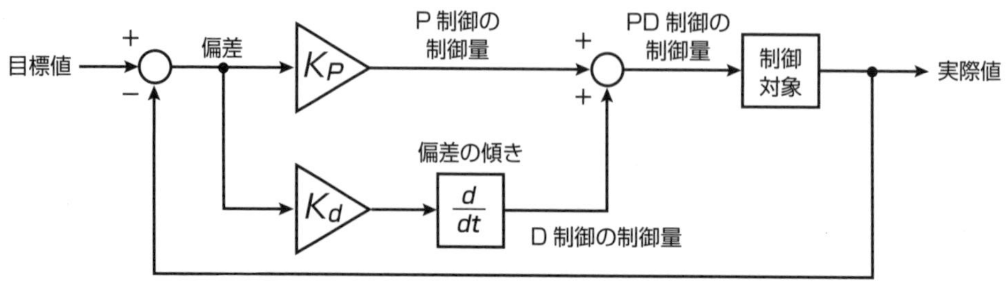

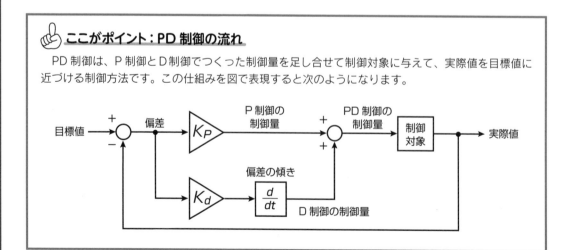

PID 制御の手順(その 11)

比例(P)と積分(I)と微分(D)の制御量を合算してPID制御をつくる

注目点

目標値と実際値の差である偏差を使って PID の 3 つの機能をもった制御量をつくる方法が PID 制御です。PID 制御のブロック線図をつくってみます。

(1)　PID 制御のブロック線図

PID 制御は、偏差を使って、比例の制御量と、積分の制御量と、微分の制御量をそれぞれ独立してつくってから合算したものを制御対象の制御量にする制御方法です。

PID の 3 つの効果をブロック線図に組み込んでみると、**図 2-11-1** のようになります。

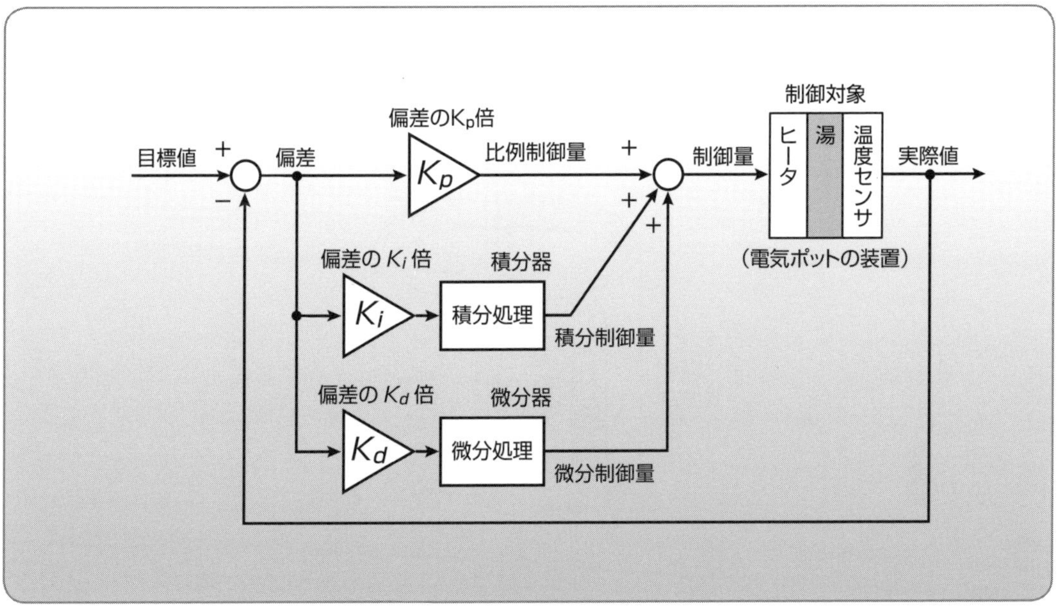

図 2-11-1　PID 制御装置のブロック線図

偏差から制御量を操作する比例制御の部分を一番上の段に描きます。比例制御の効果を大きくしたり小さくしたりするために偏差を単純に K_p 倍して制御量にするのが比例制御です。比例ゲイン K_p は正の実数です。

積分の機能をもつブロックを 2 段目にもってきます。積分器と記述したのは積分の効果をもたらす機能をもったブロックです。偏差が残っていたら時間の経過とともに徐々に制御量を大きくする作用があります。積分器の前には偏差を Ki 倍する増幅器を置いて、積分の効果を調節するようにしてあります。積分ゲイン K_i は正の実数です。

そして 3 段目には微分器を置きます。微分器は、現在の偏差から少し前の偏差を差し引いて経過した時間で割ったものであり、偏差の傾きに相当します。微分器の効果を調節するために、微分器に入る偏差を何倍にするかを増幅器の Kd の値によって決定できるようにしてあります。微分ゲイン K_d は正の実数です。

そして、偏差の積分をした制御量と微分した制御量を比例制御量に加えることで、積分の効果と微分の効果を比例制御に追加することができます。このような比例制御（P 制御）、積分制御（I 制御）、微分制御（D 制御）の効果を使って構成した制御器は「**PID 制御器**」または「**PID コントローラ**」と呼ばれています。

(2)　PID 制御を組み込むと目標値だけを設定すればよくなる

PID 制御器を組み込むと、電気ポットの完成品は**図 2-11-2** のようになります。使う人がツマミで目標値だけを設定すれば、あとは自動的に水温をコントロールしてくれるのです。

このため電気ポットの操作部には目標値を設定するツマミしかありません。PID 制御は電気ポット内部で行っているので外からの操作は必要ないのです。

水銀温度計は使用者が目で見て、実際の温度を確かめるために付けてあります。決して、使用者が温度を見ながら設定用のツマミを操作するためにあるのではありません。

PID 制御器を組み込んだ装置は目標値を設定するだけで、あとは自動的に目標値と同じ状態になるように制御してくれるようになります。

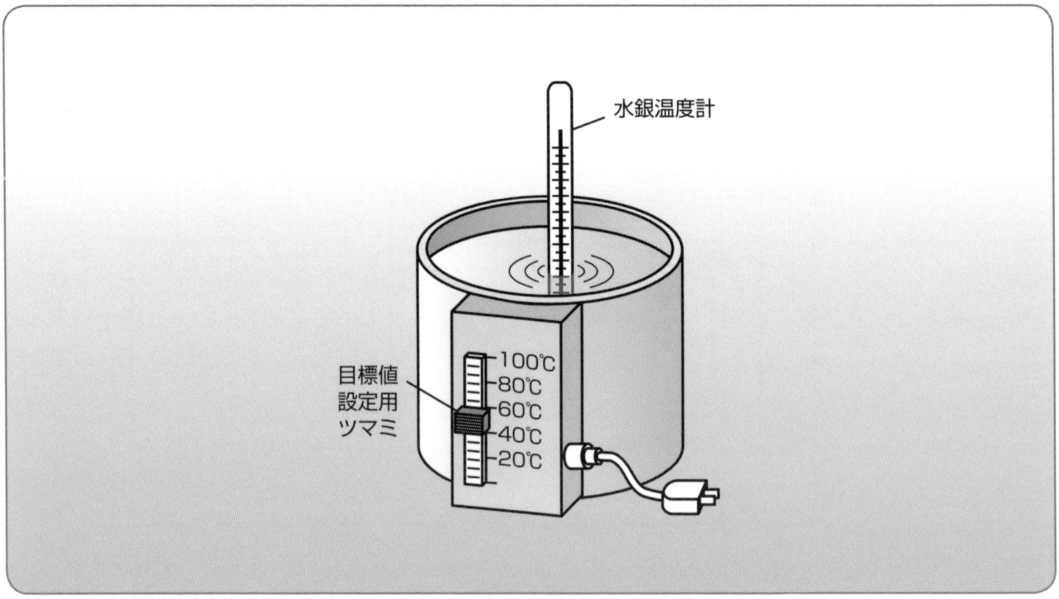

図 2-11-2　PID 制御を組み込んだ電気ポット

(3)　PID 制御器のパラメータ調整

図 2-11-1 を見るとわかるように、PID 制御器の制御特性を調節するパラメータは、K_p、K_i、K_d の 3 つだけです。しかも、この 3 つの値は任意の値に設定することができます。PID 制御器が最適な状態で働くようにするために、K_p、K_i、K_d の 3 つのパラメータの値を調整することを PID 制御のパラメータ調整と呼んでいます。

PID パラメータの最適設定の方法は巻末のコラムを参照してください。

第3章 オペアンプを使ったPID制御

オペアンプのようなアナログ制御器を使ってPID制御回路を構成するためには、PID制御回路を6つの基本要素に分解して考えます。
本章ではオペアンプの機能と使い方を説明して、PID制御の回路要素をオペアンプを使って構成する方法を学びます。実際にオペアンプを使ったPID制御回路を実現する方法を解説します。

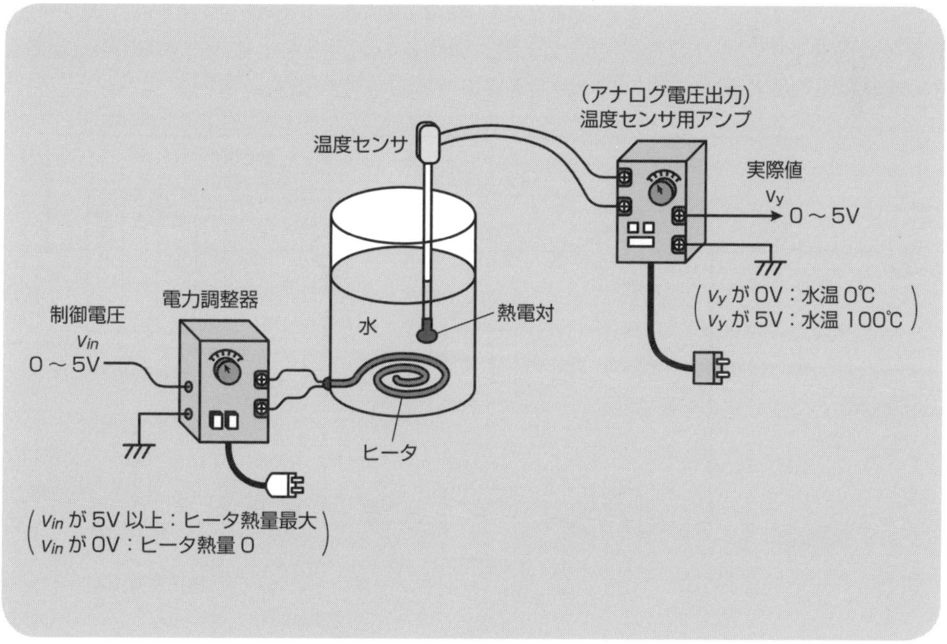

オペアンプ（その1）　PID制御に必要な演算回路

注目点　PID制御を電気回路で構成するときに必要となる電気回路の要素を、ブロック線図を使って考えてみます。

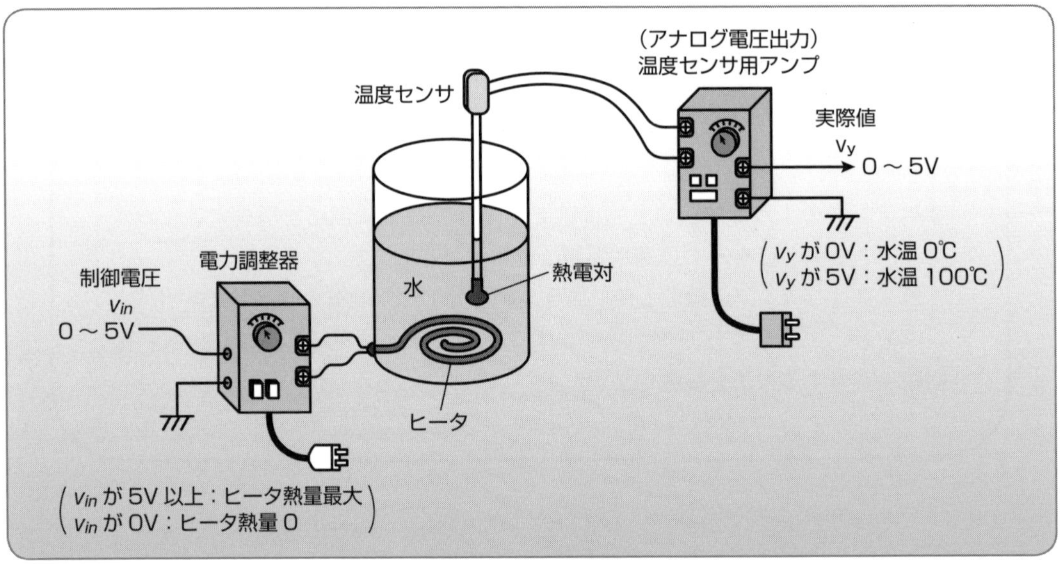

図 3-1-1　制御対象

制御対象は**図 3-1-1** のようになっていて、電力調整器の入力として0～5Vの電圧 v_{in} を与えるとヒータの熱量は0～最大までコントロールできるようになっています。

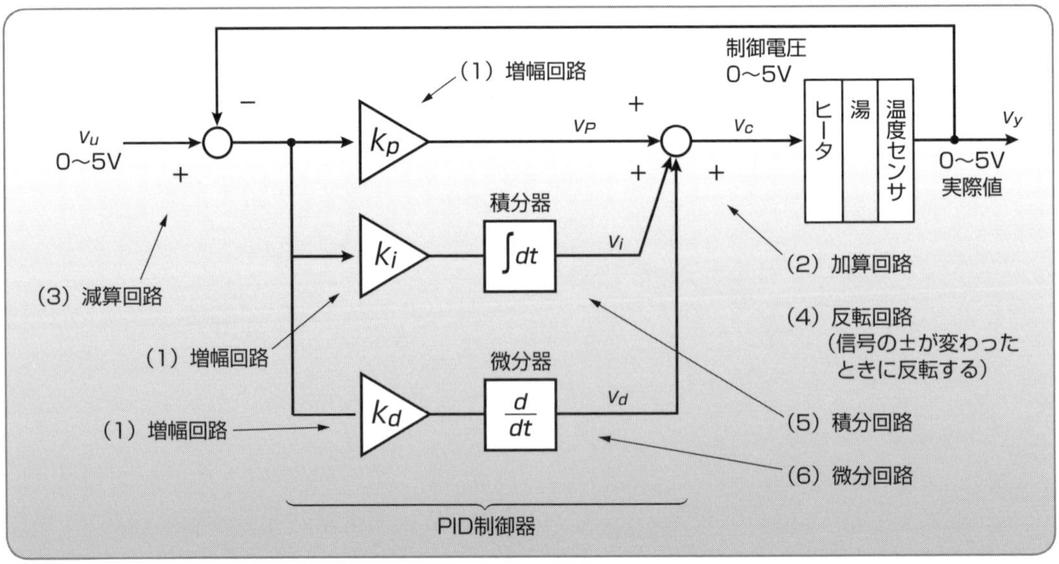

図 3-1-2　PID制御のブロック線図

電気ポットには熱電対の温度センサが入っていて、温度センサ用アンプに組み込まれています。水温は 0°～100 ℃が 0～5V の電圧に変換されて v_y として出力されます。

制御対象から出るセンサの出力電圧が実際値です。ヒータに与える電圧 v_{in} は PID 制御回路から出た制御電圧です。

この制御対象に PID 制御器をつけたものが**図 3-1-2** です。PID 制御器は図に示したように、(1)増幅回路、(2)加算回路、(3)減算回路、(4)反転回路、(5)積分回路、(6)微分回路の 6 つの演算回路を使ってつくることができます。

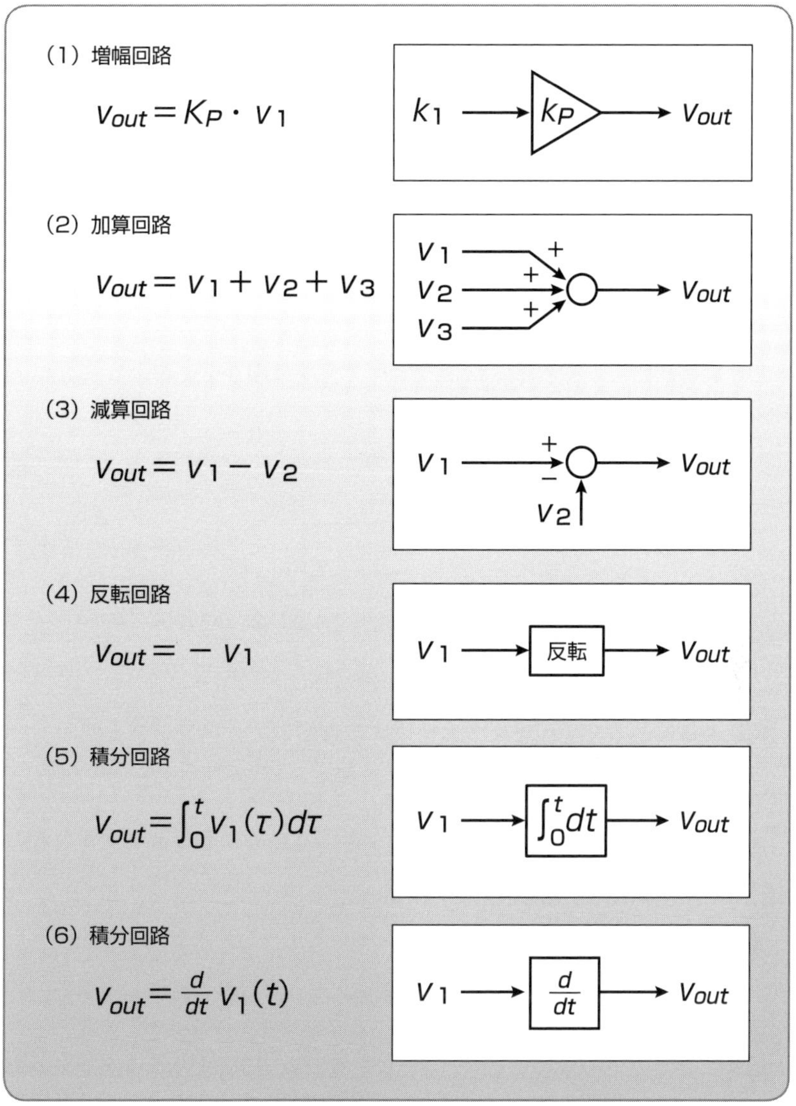

図 3-1-3 PID 制御回路をつくる 6 つの演算回路

制御対象に与える制御量 Vi は電圧で、実際値も電圧ですから、この制御対象は電圧で制御できます。そこで、PID 制御器も電圧制御回路でつくれば、図 3-1-2 全体を電気回路で構成できるようになります。

この 6 つの演算回路を抜き出してまとめたものが**図 3-1-3** です。この 6 つの演算回路をつくるのにオペアンプを使う方法があります。

オペアンプはアナログ演算器になるので、オペアンプで構成した PID 制御装置はアナログ電気回路になります。

この 6 つの電気回路の構造をオペアンプを使ってつくる方法を学べば、この PID 制御をオペアンプを使った電子回路で構成できそうだということがわかります。

ここがポイント：PID の制御要素

PID の制御は、(1) 増幅回路、(2) 加算回路、(3) 減算回路、(4) 反転回路、(5) 積分回路、(6) 微分回路の 6 つの要素で成り立っています。

オペアンプ（その2）　PID制御器としてのオペアンプの特性

注目点　PID制御器を、オペアンプでつくるときに必要なオペアンプの特性を解説します。

PID制御回路をつくるときに使うオペアンプは**図3-2-1**のように3つの端子をもっていて、入力が2点、出力が1点になっています。

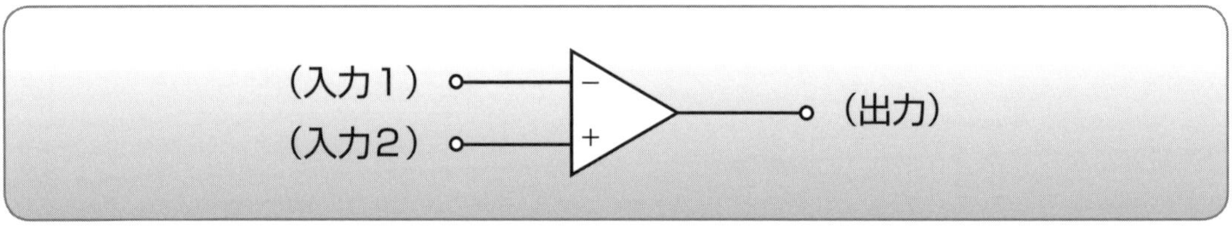

図3-2-1　オペアンプ

PID制御器としてオペアンプを使用する理由は、オペアンプを使ってPIDのブロック線図に描かれている（1）増幅器、（2）加算器、（3）減算器、（4）反転器、（5）積分器、（6）微分器の6つの回路要素を構成できるからです。

オペアンプを使った6つの回路要素を考えるためにもっとも重要なものは次の特性です。

オペアンプの特性①

オペアンプの入力インピーダンスは∞とみなせるので、入力端子からオペアンプに電流は流れ込まない。

図3-2-2のようにオペアンプの＋入力端子をグランド（GND）に接続して、v_0から−入力端子に抵抗R_fで負帰還を与え、入力抵抗R_sを接続した回路を考えてみます。

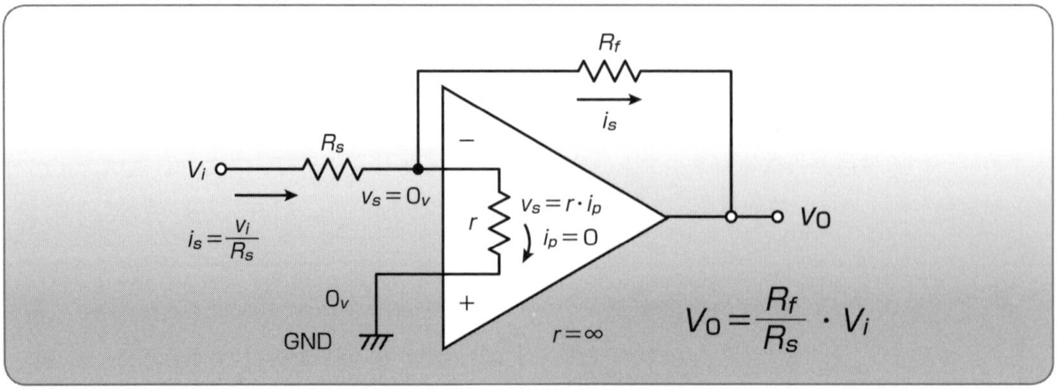

図3-2-2　オペアンプの負帰還回路

オペアンプの－のと＋の入力端子は、内部で∞の大きさの抵抗で接続されていると考えているので、電流 i_p は 0 になります。
$v_s = r \times i_p$ ですが、i_p が 0 なので v_s は 0V になります。

v_i の電圧によってオペアンプ側に流れる電流 i_s は $i_s = \frac{v_i}{R_s}$ となります。この i_s はオペアンプ内に流れ込めないので、R_f を流れることになります。そこで、この v_0 には $R_f \times i_s$ の電圧が立つことになります。このとき $v_s = 0$V なので、v_0 はマイナスになり、結局、次のようになります。

$$\begin{aligned} v_0 &= v_s - R_f \times i_s \\ &= -R_f \cdot i_s \\ &= -R_f \cdot \frac{v_i}{R_s} \\ &= -\frac{R_f}{R_s} \cdot v_i \end{aligned}$$

この計算の結果 v_0 は v_i を $\frac{R_f}{R_s}$ 倍して反転した電圧になることがわかります。そこで、図 3-2-2 の回路は 6 つの演算器のうちの (1) の増幅器として使えることになります。さらに $R_s = R_f$ とすることで、(4) の反転器として利用できることもできます。
図 3-2-2 のオペアンプの出力 v_0 を何らかの負荷に接続したときに、v_0 の電圧が変化したのでは増幅器として役立ちません。オペアンプが PID 制御回路に利用できる理由は、次のようなもう 1 つの重要な特性をオペアンプが備えているからです。

オペアンプの特性②

オペアンプの出力インピーダンスは 0 とみなせるので、出力信号電圧は出力端子に接続される負荷の影響を受けない。

これは v_0 をどのようなものに接続しても出力として、$v_0 = -\frac{R_f}{R_s} v_i$ の電圧が v_0 に出力されることを意味しています。したがって v_0 は v_i の $-\frac{R_f}{R_s}$ 倍になる反転増幅回路として扱うことができるのです。

これと同じ考え方で、PID 制御に必要な 6 つの演算回路要素をオペアンプを使ってつくれば、オペアンプを使った PID 制御器を構成できるようになります。

ここがポイント

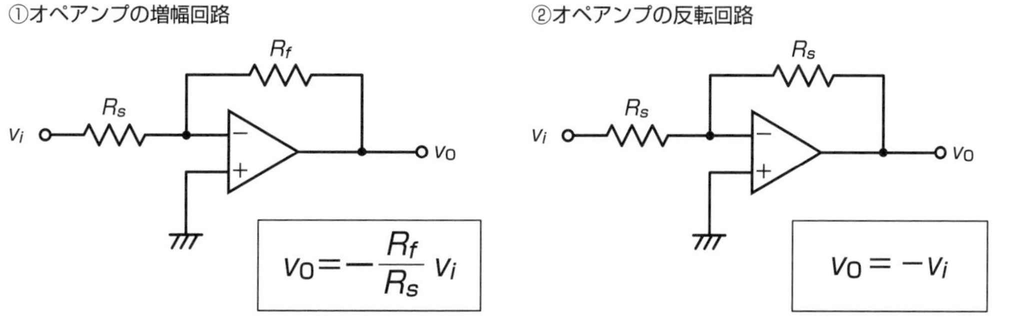

①オペアンプの増幅回路

②オペアンプの反転回路

オペアンプ（その３）　オペアンプを使った演算回路

注目点　PID 制御のブロック図をオペアンプで構成するために、必要な６つの回路を具体的につくってみます。

PID 制御回路に使われる（1）増幅回路、（2）加算回路、（3）減算回路、（4）反転回路、（5）積分回路、（6）微分回路の６つの演算回路をオペアンプを使って構成しましょう。

いずれもオペアンプの負帰還回路の構造を使って構成ができるので、入力電圧に対する出力電圧の変化という形で回路の特性を表現します。

（1）　増幅回路（反転）

増幅回路は、入力電圧 v_i を何倍かにして v_0 として出力する回路です。

図 3-3-1 は v_i の電圧を $-\frac{R_f}{R_s}$ 倍して v_0 として出力する電圧増幅回路です。

$$v_0 = -\frac{R_f}{R_s} v_i$$

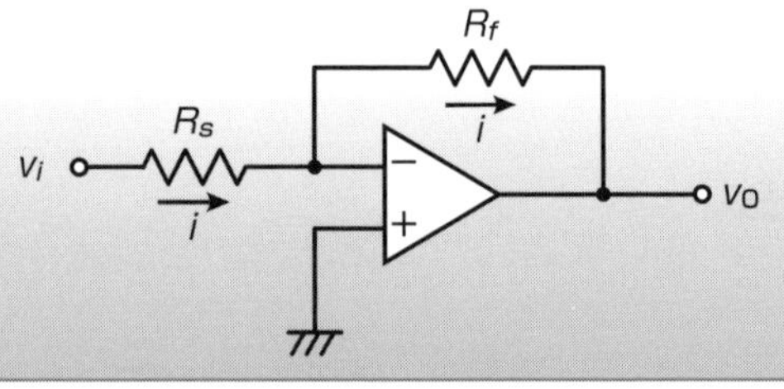

図 3-3-1　増幅回路（反転）

増幅回路の計算　$i = \frac{v_i}{R_s}$　　$v_0 = -R_f \cdot i = -\frac{R_f}{R_s} \cdot v_i$

（2）　加算回路（反転）

加算回路は、複数の電圧入力を加算して出力電圧 v_0 として出力するものです。**図 3-3-2** は v_1、v_2、v_3 の３つの電圧を足し合わせた電圧が v_0 として出力される回路になっています。

$$v_0 = -(v_1 + v_2 + v_3)$$

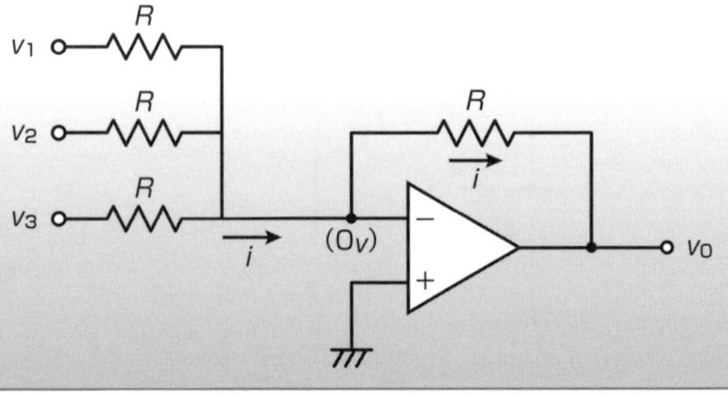

図 3-3-2　加算回路（反転）

加算回路の計算

$$i=\frac{v_1}{R}+\frac{v_2}{R}+\frac{v_3}{R}$$

$$v_0=-R\cdot i=-R\left(\frac{v_1}{R}+\frac{v_2}{R}+\frac{v_3}{R}\right)=-(v_1+v_2+v_3)$$

(3)　減算回路

減算回路は、オペアンプの＋側に接続した電圧から、－側に接続した電圧を引算した結果を v_0 として出力するものです。**図 3-3-3** は2つの電圧入力 $v_{i1}-v_{i2}$ の減算をする回路です。

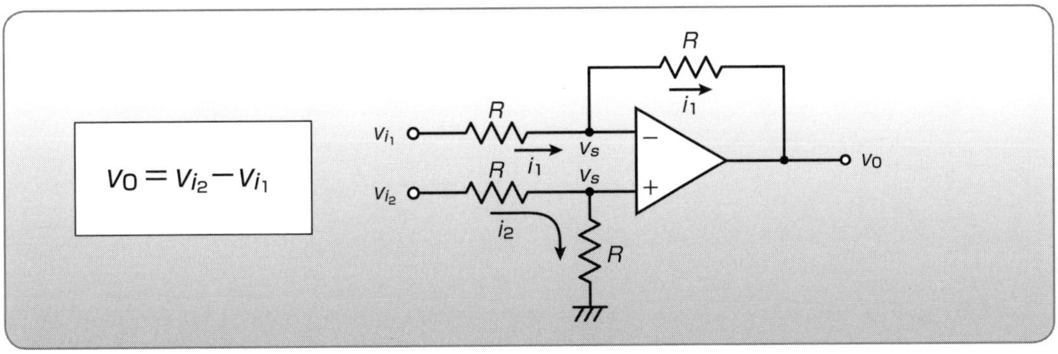

図 3-3-3　減算回路

減算回路の計算

$$v_{i_2}=2v_s$$

$$v_{i_1}-v_s=R\cdot i_1$$

$$v_0=v_s-R\cdot i_1=v_s-(v_{i_1}-v_s)=\frac{1}{2}v_{i_2}-v_{i_1}+\frac{1}{2}v_{i_2}=v_{i_2}-v_{i_1}$$

(4)　反転回路

反転回路は、マイナスの電圧を反転してプラスに反転します。逆にプラス電圧であればマイナスに反転します。

反転回路は（1）の増幅回路（反転）の増幅率を1にしたものと考えられるので、**図 3-3-4** のようになります。

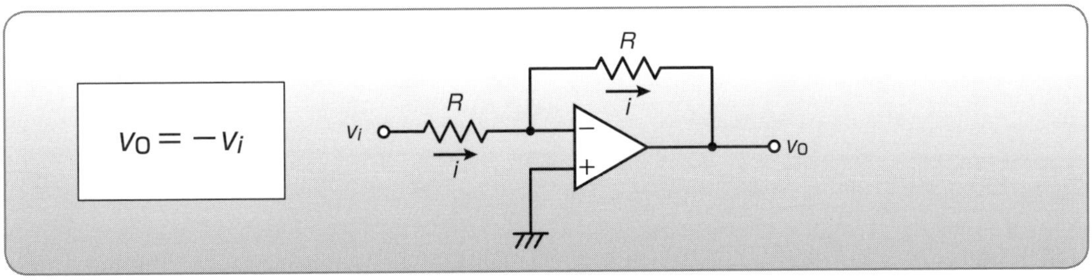

図 3-3-4　反転回路

反転回路の計算　$i=\frac{v_i}{R}$　　$v_0=-R\cdot i=-\frac{R}{R}v_i=-v_i$

(5)　積分回路（反転・増幅）

積分回路は入力電圧を時間積分した結果を出力端子 v_0 から出力するものです。電圧×時間の面積に相当する電圧が出力されます。

$v_O = -\dfrac{1}{R \cdot C}\int_0^T v_i(t)dt$

特に$R \times C = 1$とすると$v_O = -\int_0^T v_i(t)dt$

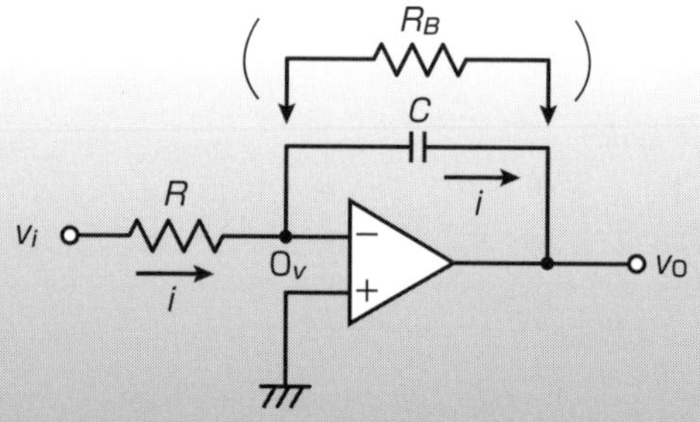

図 3-3-5　積分回路

図 3-3-5 では、出力 v_0 が積分をはじめた時間 $t=0$ から計算時点 $t=T$ までの間の $v_i(t)$ の積分量になります。積分量は反転しているのでマイナスがついています。

周波数が小さくなって C のインピーダンスが上がると C の両端が開放されたようになり、v_0 の動作が不安定なるので、これをおさえるために C と並列に抵抗 R_B を入れて、R_B の値よりもインピーダンスが上がらないようにすることがあります。R_B を入れたときの積分に有効な周波数帯は

$\boldsymbol{\dfrac{1}{2\pi R_B C}}$〔**Hz**〕～$\boldsymbol{\dfrac{1}{2\pi RC}}$〔**Hz**〕 となります。

$\dfrac{1}{2\pi R_B C}$〔Hz〕より低い周波数になると、$v_0 = -\dfrac{R_B}{R}v_i$ となり反転増幅器と同じ動作になるので注意します。

(6)　微分回路（反転・増幅）

微分回路は、入力電圧の変化の度合いを v_0 として出力するものです。出力される電圧は入力電圧の時間変化の傾きに相当します。

$v_O = -C \cdot R \cdot \dfrac{d}{dt}v_i(t)$

特に$R \times C = 1$とすると$v_O = -\dfrac{d}{dt}v_i(t)$

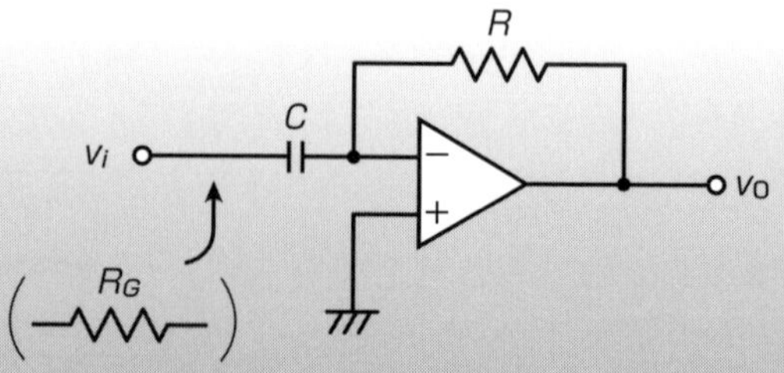

図 3-3-6　微分回路

図 3-3-6 は、v_i を時間微分した電圧が出力 v_0 として得られます。

周波数が高くなって C のインピーダンスが下がり 0 に近づくと不安定になることがあるので、これを抑えるために、C と直列に抵抗 R_G を入れて、R_G よりもインピーダンスが下がらないようにすることがあります。R_G を入れることにより、周波数が $\dfrac{1}{2\pi R_G C}$〔Hz〕より高い周波数に対しては $v_0 = -\dfrac{R}{R_G}v_i$ となり、反転増幅器と同じ動作になるので注意します。

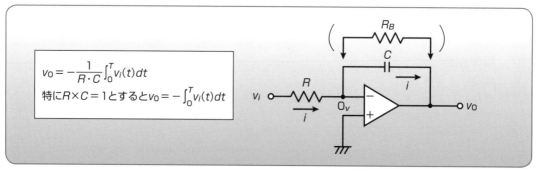

オペアンプ（その4）　オペアンプを使えばPID制御回路ができる

注目点

PID制御のブロック線図に使われる6つの回路要素を使って、PID制御回路をオペアンプで構成してみます。

PID制御を構成する6つの回路要素をまとめて示したのが**表3-4-1**です。

表3-4-1　PID制御を構成する6つのオペアンプ回路要素

回路番号	名称	回路	特性
(1)	増幅（反転）	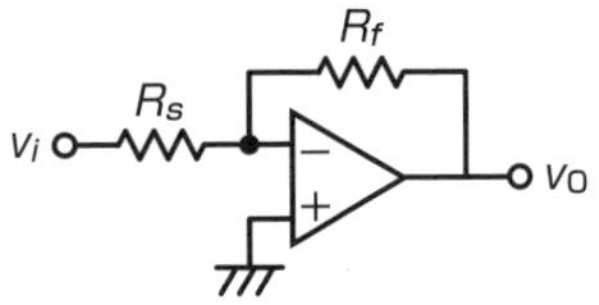	$v_0=-\frac{R_f}{R_s}v_i$
(2)	加算（反転）	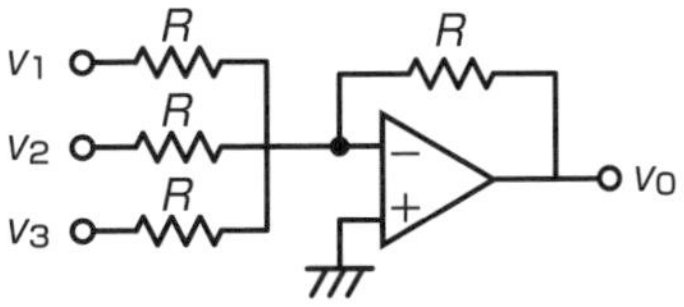	$v_0=-(v_1+v_2+v_3)$
(3)	減算	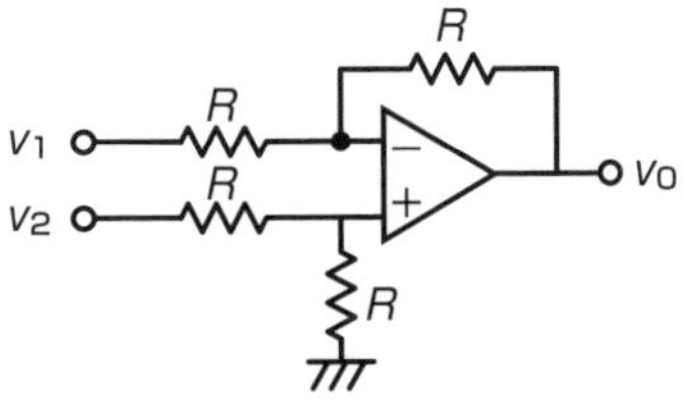	$v_0=v_2-v_1$
(4)	反転	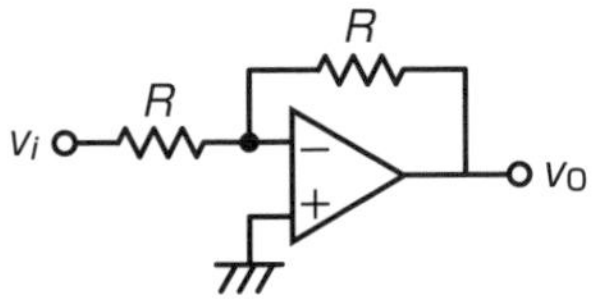	$v_0=-v_i$
(5)	増幅積分（反転）	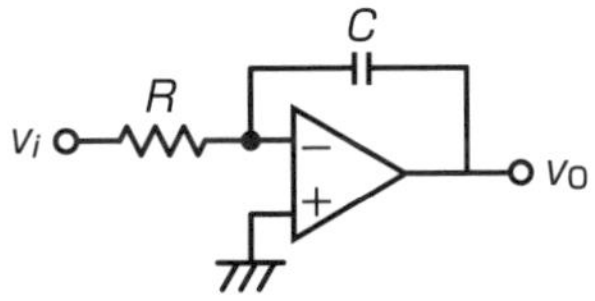	$v_0=-\frac{1}{CR}\int_0^T v_i dt$
(6)	増幅微分（反転）	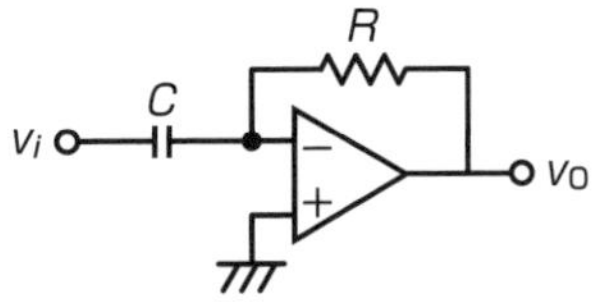	$v_0=-CR\frac{d}{dt}v_i$

次ページの**図3-4-1**は、表3-4-1の6つの回路が使えるようにPID制御のブロック図を書き直したものです。図中に回路番号(1)〜(6)が記載されています。

オペアンプを使ってPID制御回路を構成するためには、図3-4-1のようにオペアンプ回路(1)～(6)を配置することになります。

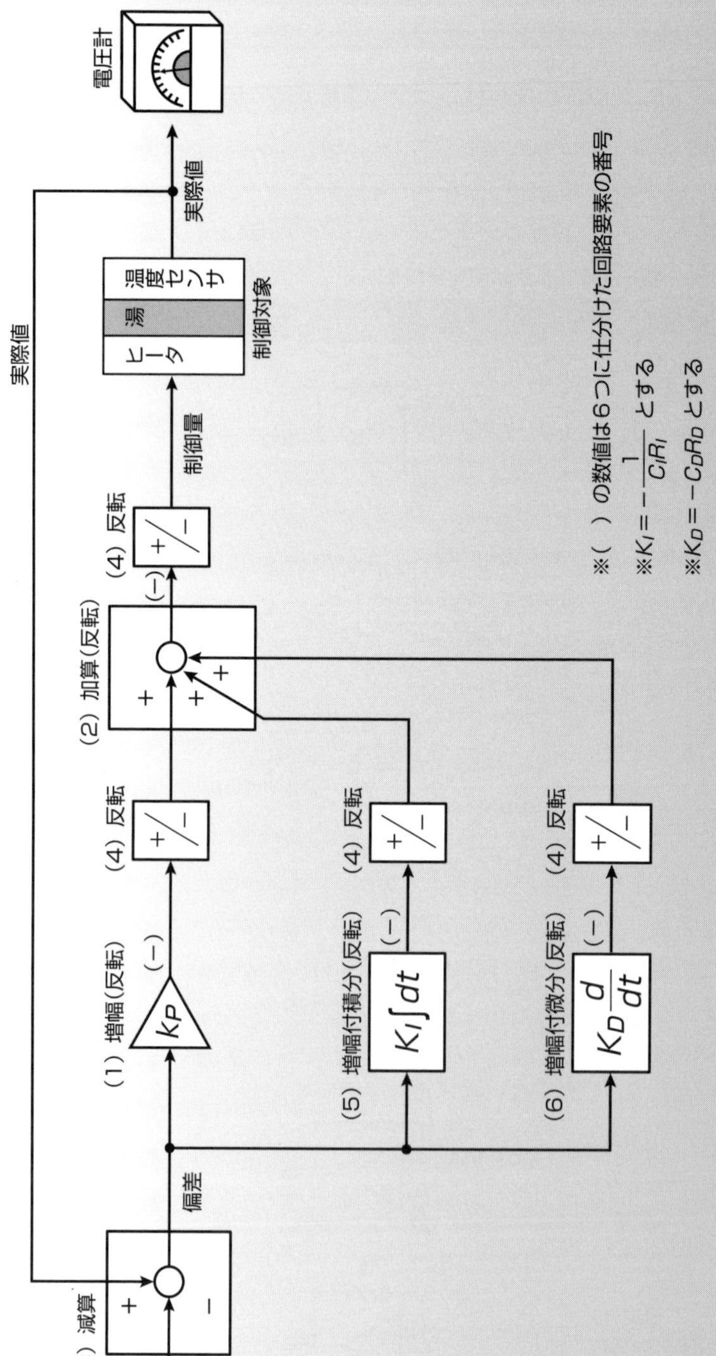

図3-4-1　オペアンプで構成するときのPID制御のブロック線図

図3-4-1のブロック線図に表3-4-1の各回路要素を当てはめるとPID制御回路をオペアンプで構成する形にすることができます。その結果、**図3-4-2**のように電気ポットのPID制御回路をオペアンプを使って書くことができます。

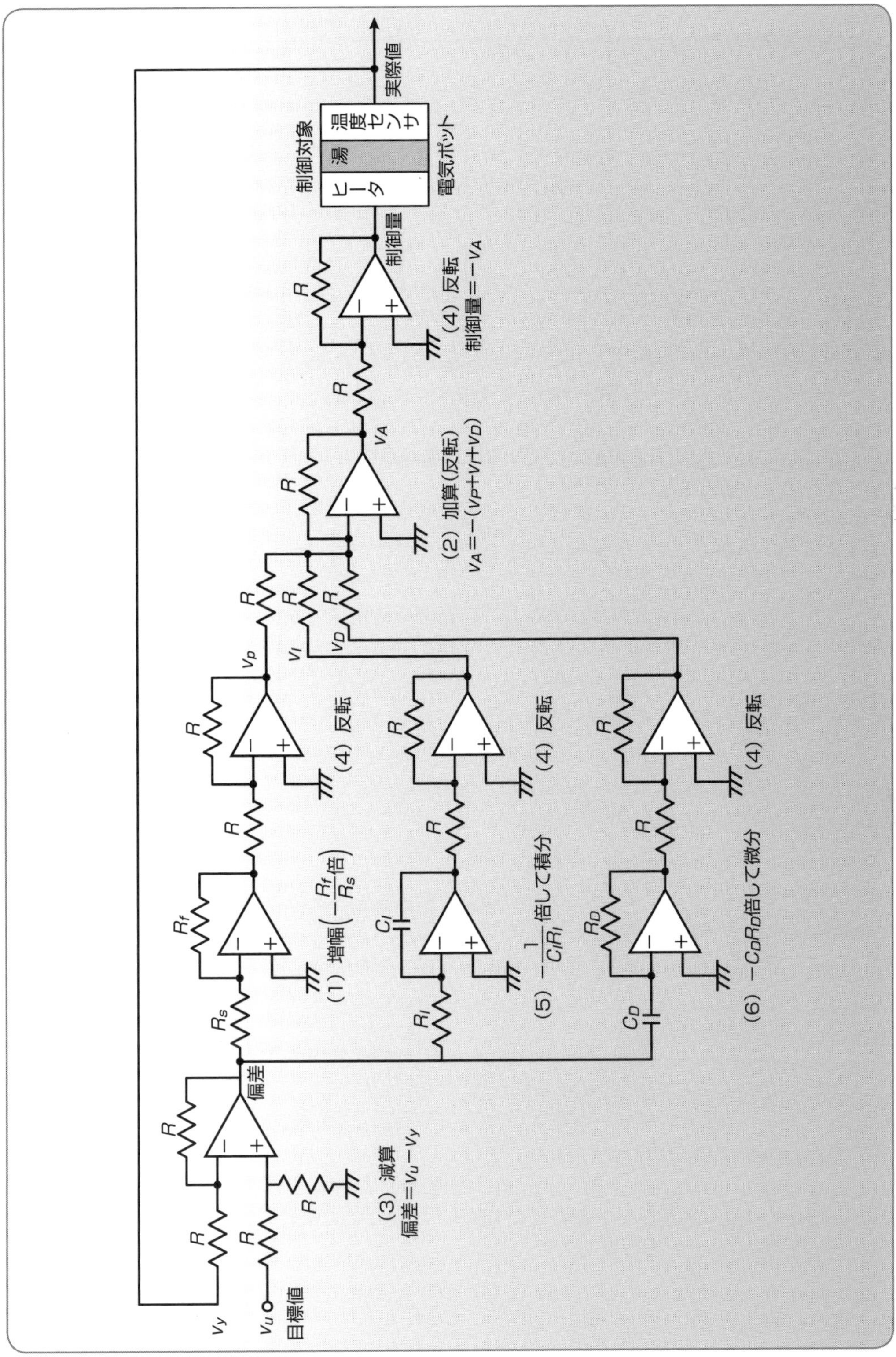

図3-4-2 オペアンプで構成したPID制御回路

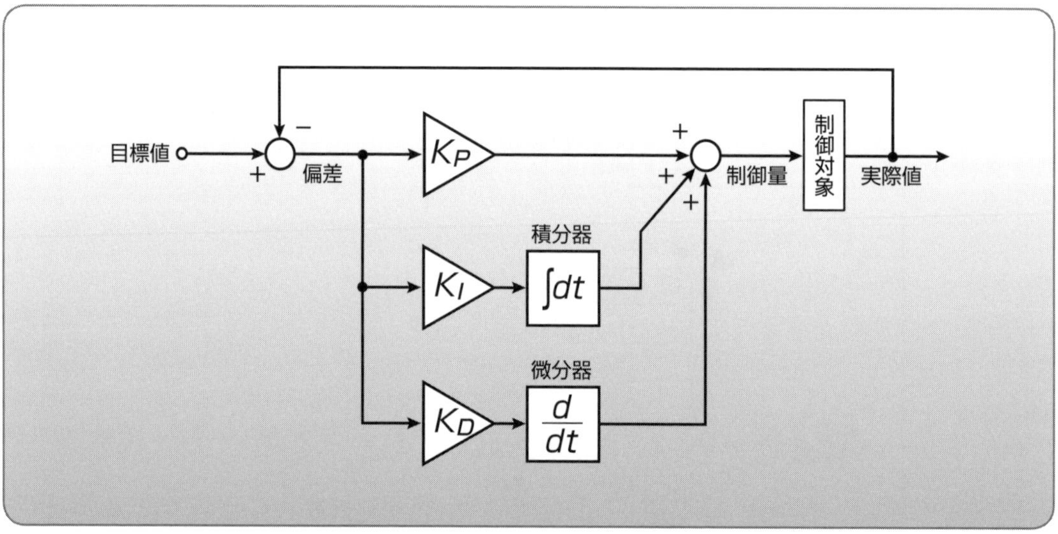

図 3-4-3　PID 制御のブロック線図

このように PID 制御のブロック線図に表 3-4-1 の各回路要素をあてはめると、PID 制御回路をオペアンプで構成する形にすることができます。

PID 制御の特性を決めるのは比例ゲイン K_P と積分ゲイン K_I と微分ゲイン K_D の 3 つです。

図 3-4-3 の PID 制御のブロック線図を見ると、制御特性を変更できるパラメータは K_P、K_I、K_D の 3 つであることは明らかです。

このブロック線図と図 3-4-2 のオペアンプの回路図を見比べてみると、K_P、K_I、K_D は次のように表わせることがわかります。

$$K_P = \frac{R_f}{R_s}$$

$$K_I = \frac{1}{C_I R_I}$$

$$K_D = C_D R_D$$

そこでこれらの R_s、R_f、C_I、R_I、C_D、R_D の 6 つの素子の値の決め方によって、オペアンプによる PID 制御回路のパラメータが決まることになります。

たとえば $K_P = 5$、$K_I = 2.5$、$K_D = 0.5$ にするのであれば、次のような値が得られます。

$$K_P = \frac{R_f}{R_s} = \frac{10(\mathrm{k\Omega})}{2(\mathrm{k\Omega})} = 5$$

$$K_I = \frac{1}{C_I R_I} = K_I = \frac{1}{10(\mu\mathrm{F}) \times 40(\mathrm{k\Omega})} = 2.5$$

$$K_D = C_D R_D = 1(\mu\mathrm{F}) \times 500(\mathrm{k\Omega}) = 0.5$$

さらに、図 3-4-2 の中のすべての R の値を 10kΩ とすると、上記と合わせてすべての素子の値が決まり、PID 制御パラメータも確定します。

第4章

LT Spice回路シミュレータを使ったPID制御の動作検証

ステップ応答特性は制御対象のシステムの特性を調べるために重要です。電子回路のシミュレーションができるLT Spice回路シミュレータを使って、一般によく利用される1次遅れ系や2次遅れ系のステップ応答特性をRLC電気回路を使って解析します。応答特性とシステムの構造の関係を理解し、これをPID制御した結果をミュレーションで解析します。

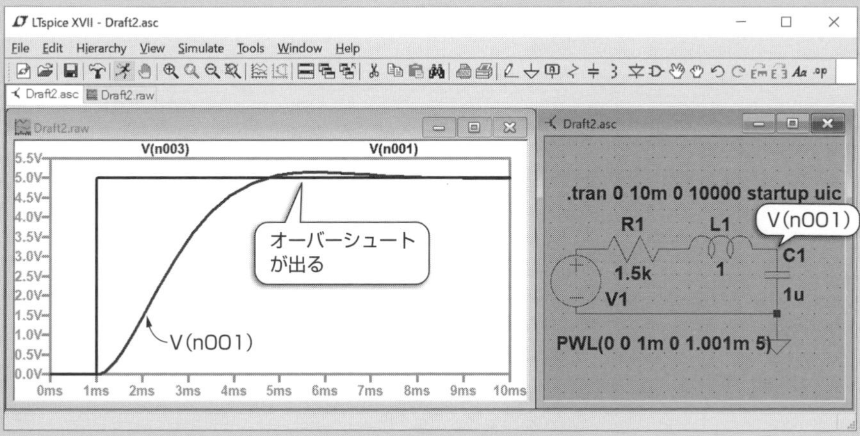

シミュレーションの手順(その 1)　1 次遅れ系のステップ応答

注目点　LT Spice を使って電気回路のシミュレーションを行います。1 次遅れ系のステップ応答をシミュレーションしてみます。

(1)　1 次遅れ系の電気回路のステップ応答

RC 直列回路のコンデンサの両端の電圧は 1 次遅れ系になることが知られています。

図 4-1-1 のように RC 回路を構成して、$t=0$ のときに SW を ON にして 5V の電圧を入力 $x(t)$ として与えたときの出力電圧 $y(t)$ の変化をシミュレーションします。

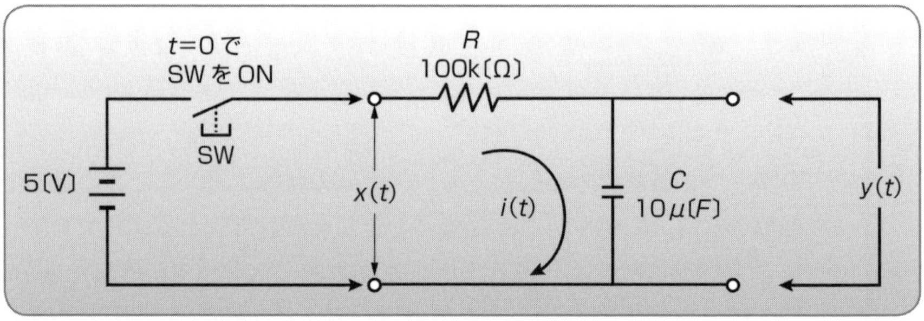

図 4-1-1　RC 回路

この回路方程式は次のようになります。

$$\begin{cases} x(t) = Ri(t) + y(t) \\ y(t) = \dfrac{1}{C}\displaystyle\int_0^t i(\tau)d\tau \end{cases} \quad \cdots\cdots①$$

$x(t)$ は時刻 $t=0$ において 0 から 5V にステップ状に変化するものとします。$u(t)$ を単位ステップ入力とします。すると入力 $x(t)$ は次のように書くことができます。

$$x(t) = 5u(t) \quad \cdots\cdots②$$

(2)　LT Spice のプログラミング

以下の手順で RC 回路のシミュレーション画面をつくって図 4-1-1 の回路をシミュレーションしてみます。

① LT Spice の画面を立ち上げる

LT Spics を立上げると**図 4-1-2** のウィンドウが開きます。

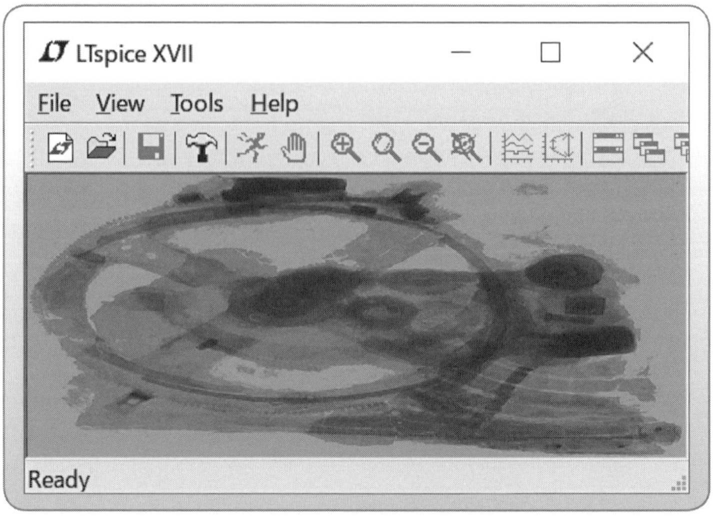

図 4-1-2　LT Spice の起動画面

②回路エディタを開く

図 4-1-3 のように、メニューバーの「File」→［New Schematic］を選択して回路エディタのウィンドウを開きます。

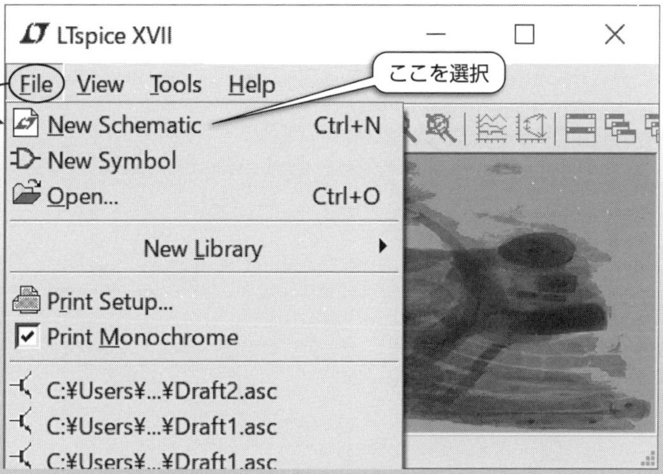

図 4-1-3　New Schematic（回路エディタ）を開く

③回路要素を回路エディタに貼り付ける

図 4-1-4 のように、抵抗、コンデンサ、グランドをメニューバーからの「Edit」の中から選択して貼り付けます。

回転するときは Ctrl ＋ R キーと操作します。

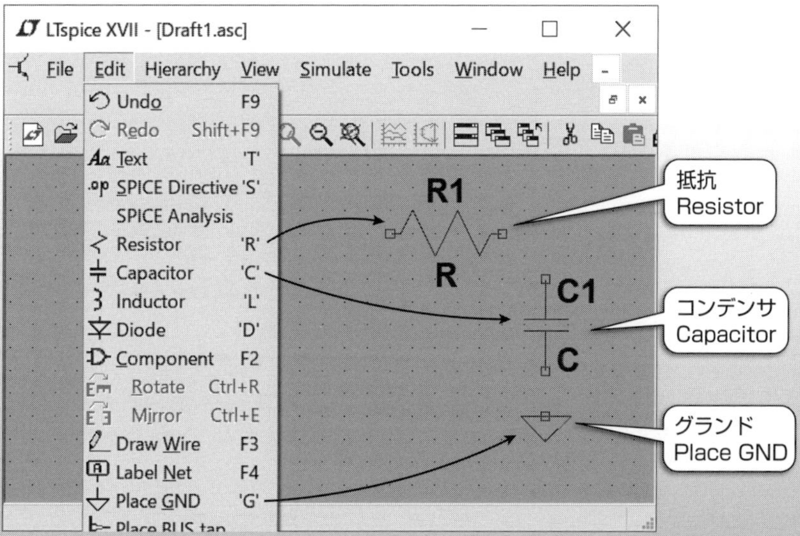

図 4-1-4　回路要素（R、C、Place GND）を配置

④電源の配置

図 4-1-5 のように、メニューバーの「Edit」→「Component」と操作して開くウィンドウから「Voltage」を選択します。メニューバーの AND 演算子のアイコンでも選択できます。

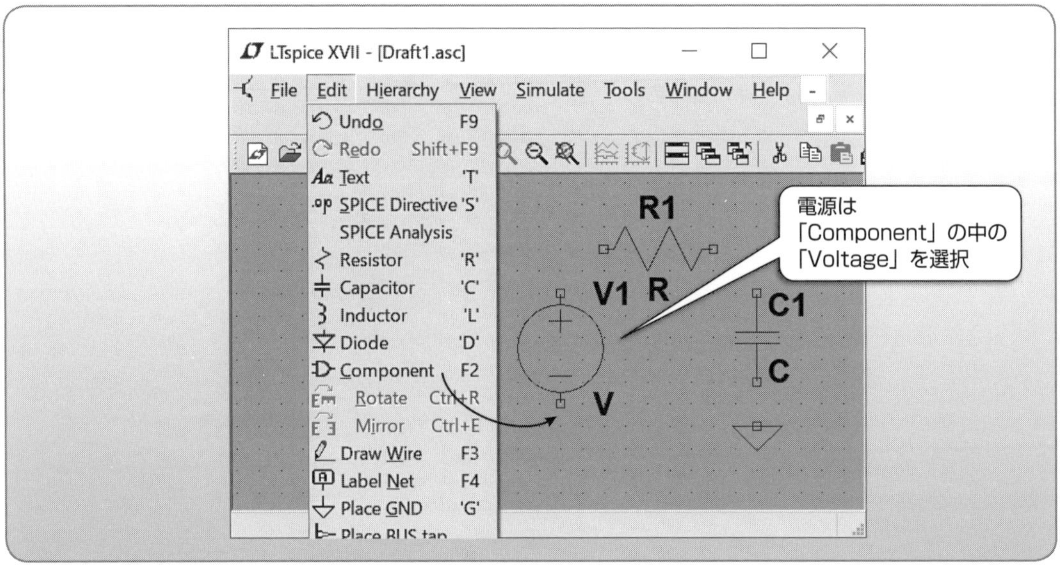

図 4-1-5　電源は Component の中の Voltage を使う

⑤配線と値の設定

図 4-1-6 のような閉回路になるように、「Edit」の中にあるエンピツのマークのアイコン（Draw Wire）を使って配線します。抵抗とコンデンサを右クリックして値を設定します。

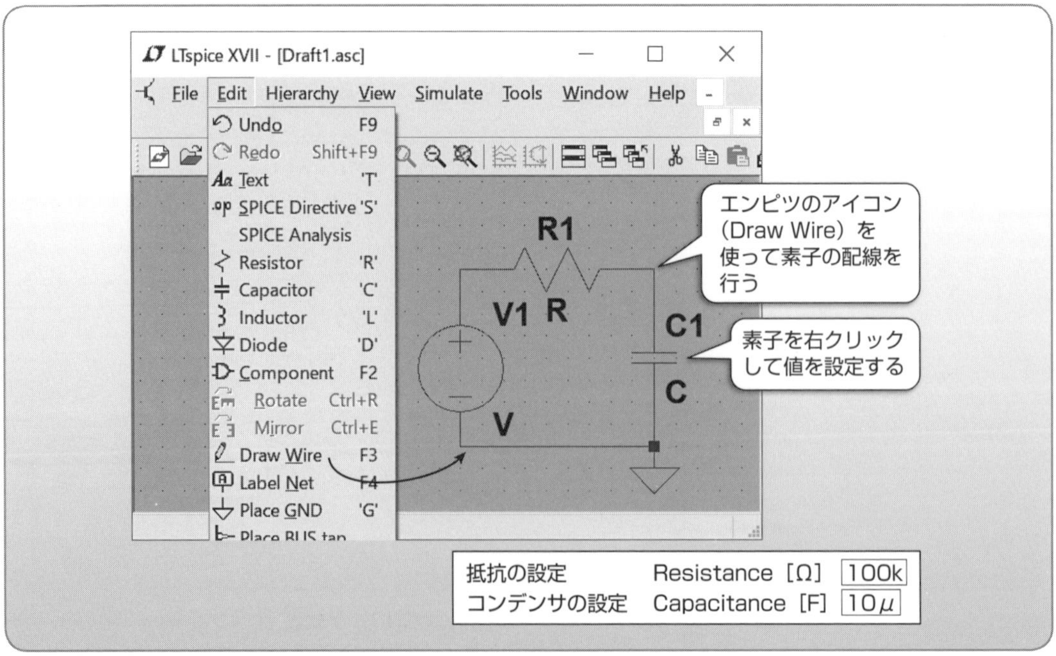

図 4-1-6　要素の配線と値の設定

⑥電源の設定

電源を右クリックして設定ウィンドウを開きます。設定ウィンドウの中の「Advanced」から「PWL」を選択して**図 4-1-7** のように設定すると $t=1s$ で 5V のステップ入力になります。

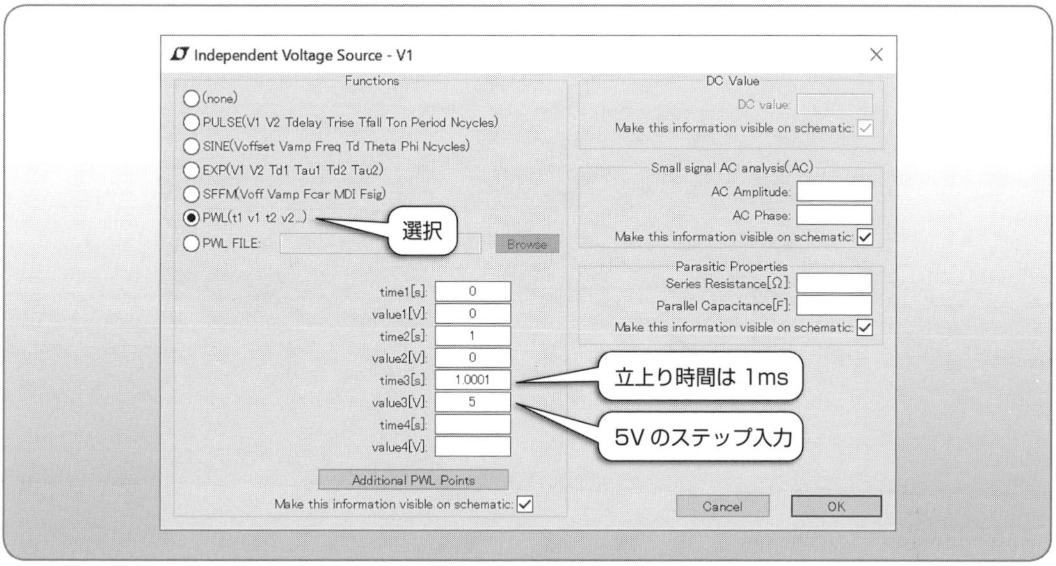

図 4-1-7　電源の設定

⑦シミュレーション時間の設定

シミュレーション時間の設定をします。メニューバーの「Simulate」→「Edit Simulation Command」→「Transient」を開いて**図 4-1-8** のように設定します。⑥と⑦の整合性がとれていないとシミュレーションできないので注意が必要です。

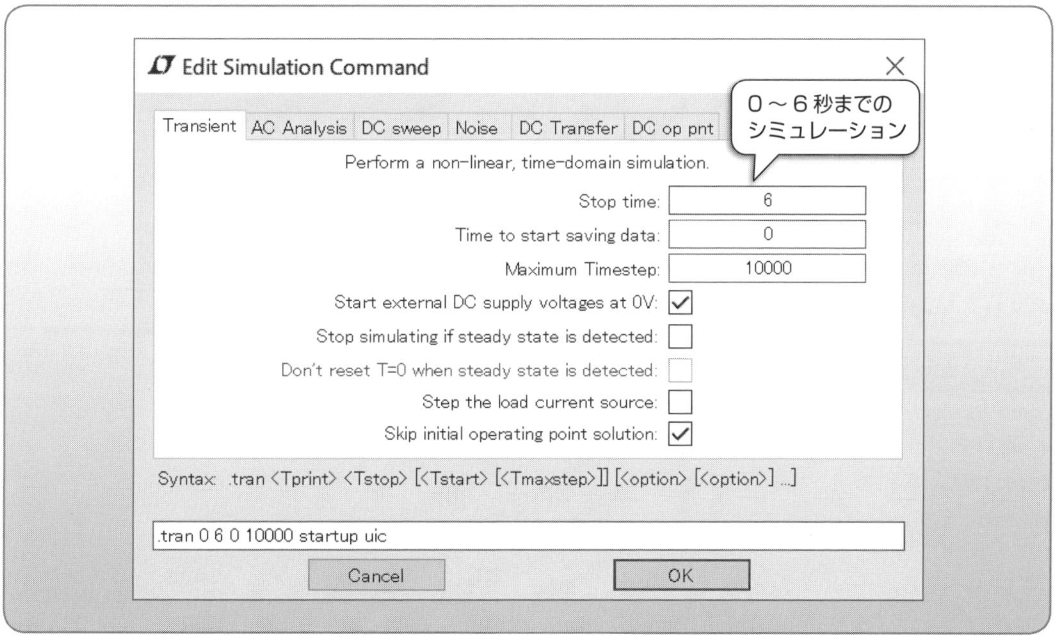

図 4-1-8　シミュレーション時間の設定

⑧シミュレーションの実行と結果の表示

人が走るアイコンをクリックしてシミュレーションを実行します。メニューバーから「Simulate」→「Run」としても実行できます。実行後に回路の配線部をマウスでクリックすると、そこの電圧の変化が**図 4-1-9** のようにシミュレーション結果として表示されます。

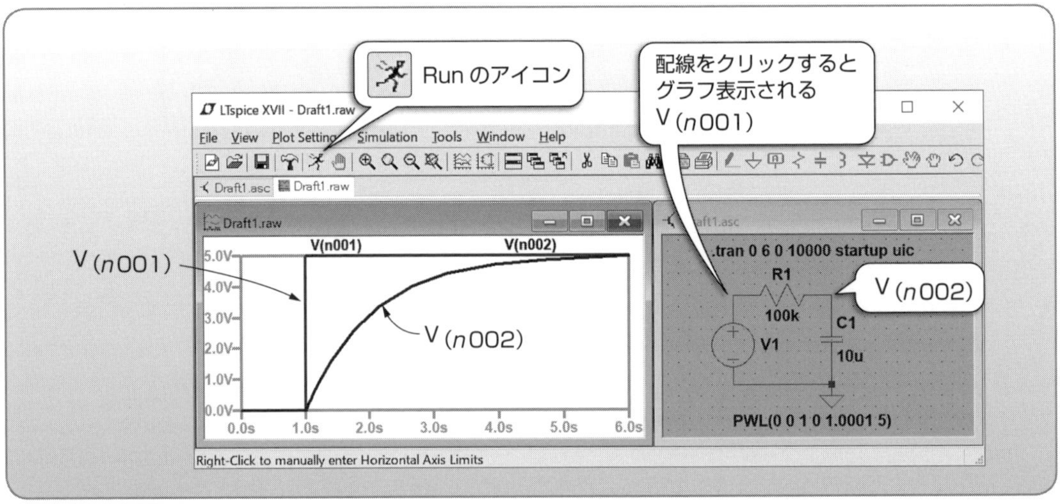

図 4-1-9　シミュレーションの実行と結果

(3)　1 次遅れ系のステップ応答

1 次遅れ系のステップ応答は、シミュレーション結果にあるように、ステップ入力の電圧に徐々に近づいていく**図 4-1-10** のような特性になります。

回路方程式を解いてステップ応答を計算してグラフにしてみます。

式①と式②の回路方程式を解くと次のようになります。

（計算方法は次ページの『ここがポイント』に記載してあります。）

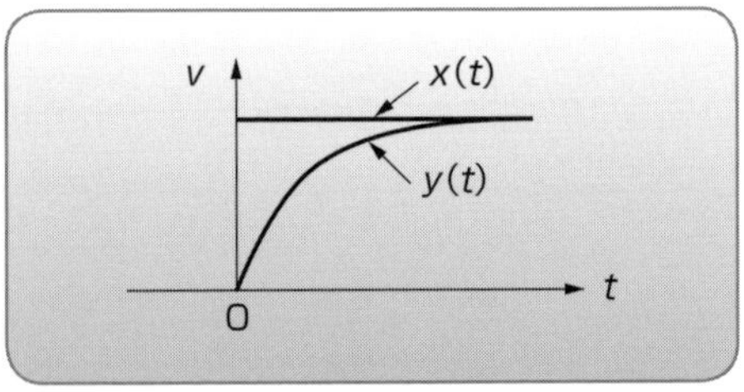

図 4-1-10　1 次遅れ系のステップ応答

$$\boldsymbol{y(t)=5(1-e^{-\frac{1}{RC}t})} \quad \cdots\cdots③$$

$R=100\text{k}\Omega$、$C=10\mu\text{F}$ とすると次のようになります。

$$\boldsymbol{y(t)=5(1-e^{-t})} \quad \cdots\cdots④$$

式④をグラフにプロットすると**図 4-1-11** のようになり、図 4-1-9 とほぼ一致します。

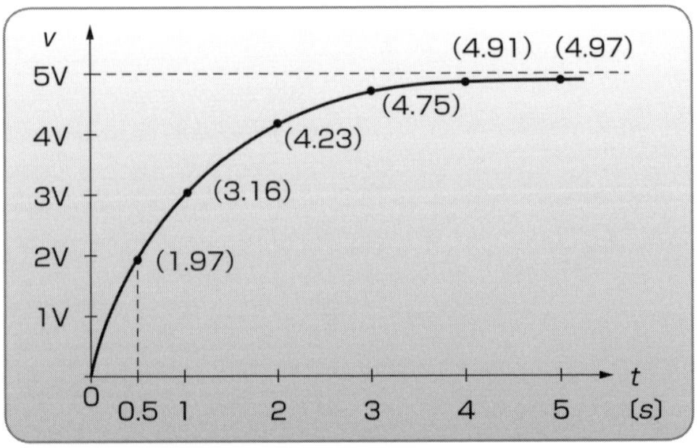

図 4-1-11　RLC 回路に 5V ステップ入力を与えたときのコンデンサ両端の電圧特性

ここがポイント：回路方程式の計算

1 次遅れ系である RC 直列回路の回路方程式は、ラプラス変換を使って次のように解くことができます。

$$\begin{cases} x(t)=Ri(t)+y(t) \\ y(t)=\dfrac{1}{C}\displaystyle\int_0^t i(t)dt \end{cases} \quad \cdots\cdots①$$

これに 5V のステップ入力を与えるので、$x(t)=5u(t)$ となります。
初期値を 0 としてラプラス変換します。

$$\begin{cases} £[x(t)]=R£[i(t)]+£[y(t)] \\ £[y(t)]=\dfrac{1}{C}£\left(\displaystyle\int_0^t i(\tau)d\tau\right) \\ £[x(t)]=5£[u(t)] \end{cases} \quad \cdots\cdots②$$

$$\begin{cases} X(s)=RI(S)+Y(s) \\ Y(s)=\dfrac{1}{Cs}I(s) \\ X(s)=5\times\dfrac{1}{s} \end{cases} \quad \cdots\cdots③$$

$Y(S)$ について解きます。

$$Y(s)=\frac{5}{s}\times\frac{1}{RCs+1} \quad \cdots\cdots④$$

部分分数展開します。

$$Y(s)=5\left(\frac{1}{s}-\frac{1}{s+\frac{1}{RC}}\right) \quad \cdots\cdots⑤$$

ラプラス逆変換します。

$$£^{-1}[Y(s)]=5£^{-1}\left(\frac{1}{s}\right)-5£^{-1}\left(\frac{1}{s+\frac{1}{RC}}\right) \quad \cdots\cdots⑥$$

ラプラス変換表を使って時間領域に戻します。

$$y(t)=5-5e^{-\frac{1}{RC}t} \quad \cdots\cdots⑦$$

$R=100K[\Omega]$、$C=10\mu F$ とすると、$RC=1$ となります。
したがって、5V のステップ入力を与えたときの応答は次のようになります。

$$y(t)=5-5e^{-t} \quad \cdots\cdots⑧$$

シミュレーションの手順(その 2)　2 次遅れ系のステップ応答

注目点

LT Spice を使って、RLC 回路の 2 次遅れ系のステップ応答をシミュレーションしてみます。

(1)　2 次遅れ系の電気回路

図 4-2-1 の RLC 直列回路のコンデンサ両端の電圧は、2 次遅れ系になることが知られています。

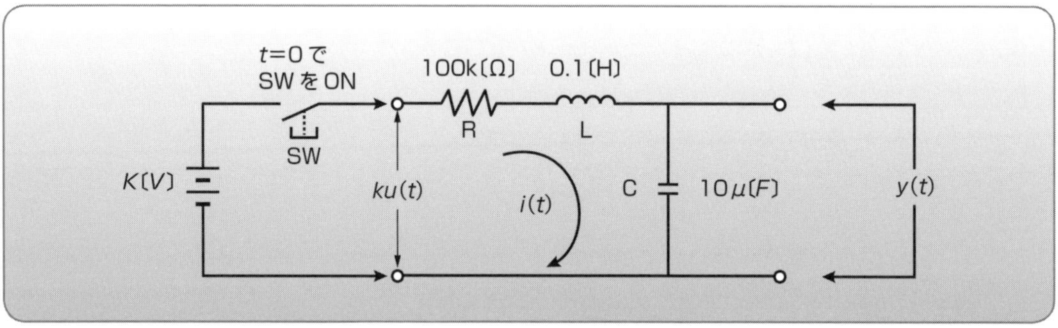

図 4-2-1　2 次遅れ系の電気回路

回路方程式は次のようになります。$x(t)$ は $t=0$ で K〔V〕のステップ入力とします。$u(t)$ は単位ステップ関数です。

$$\begin{cases} Ku(t) = Ri(t) + L\dfrac{d}{dt}i(t) + y(t) \\ y(t) = \dfrac{1}{C}\displaystyle\int_0^t i(\tau)d\tau \end{cases} \quad \cdots\cdots①$$

初期値を 0 としてラプラス変換します。

$$\begin{cases} K\pounds[u(t)] = R\pounds[i(t)] + L\pounds[\dfrac{d}{dt}i(t)] + \pounds[y(t)] \\ \pounds[y(t)] = \dfrac{1}{C}\pounds\left[\displaystyle\int_0^t i(\tau)d\tau\right] \end{cases} \quad \cdots\cdots②$$

ラプラス変換表を使って s 領域の関数に変換します。

$$\begin{cases} \dfrac{K}{s} = RI(s) + LsI(s) + Y(s) \\ Y(s) = \dfrac{1}{C}\dfrac{1}{s}I(s) \end{cases} \quad \cdots\cdots③$$

整理します。

$$Y(s)=\frac{K}{s}\cdot\frac{1}{LCs^2+RCs+1} \quad \cdots\cdots④$$

さらに次のように変形します。

$$Y(s)=\frac{1}{s}\cdot\frac{K}{(\sqrt{LC})^2s^2+2\left(\frac{R}{2}\sqrt{\frac{C}{L}}\right)(\sqrt{LC})s+1} \quad \cdots\cdots⑤$$

ゲイン定数：K
ステップ入力：$\frac{1}{s}$
時定数：$\sqrt{LC}$
減衰定数：$\frac{R}{2}\sqrt{\frac{C}{L}}$

このように変形したときに、2次遅れ系の特性を示す次の要素が決まります。

- ゲイン定数：K
- 時定数：$T=\sqrt{LC}$
- 固有角周波数　$\omega_n=\frac{1}{\text{時定数}}=\frac{1}{T}=\frac{1}{\sqrt{LC}}$
- 減衰係数　$\zeta=\frac{R}{2}\sqrt{\frac{C}{L}}$　……⑥

(2)　2次遅れ系のステップ応答

一般に、2次遅れ系の伝達関数を次のように一般形にした時に、Kを「**ゲイン定数**」、Tを「**時定数**」、ζを「**減衰定数**」と呼びます。

$$\frac{Y(S)}{X(S)}=G(S)=\frac{K}{T^2S^2+2\zeta TS+1} \quad \cdots\cdots⑦$$

ゲイン定数：K
時定数：T
減衰定数：ζ

減衰定数ζが1より小さくなると、出力がいったんゲイン定数の値を超えるオーバーシュートが出ます。

減衰定数ζが1より大きいときには、振動しない「**過減衰**」と呼ばれる応答になります。ちなみにζが0のときには持続振動になります。

今回の制御対象であるRLC回路において、$\zeta=\frac{R}{2}\sqrt{\frac{C}{L}}$ですから$\zeta=1$になるときの値は、たとえば

$$R=2K[\Omega]、L=1[H]、C=1\mu[F]$$

などとなります。

$L=1$〔H〕、$C=1\mu$〔F〕に固定すると、$\zeta=\frac{R}{2}\times\frac{1}{1000}$になり、時定数は1m〔s〕なります。この状態で$R$の値を変化させると、時定数を変えずに$\zeta$の値を変更できます。

2次遅れ系においてζの値を変化させたときのステップ応答をLT Spiceでシミュレーションしてみましょう。

(3)　LT Spice を使った RLC 回路のシミュレーション

$K=5$ として、5V のステップ入力を、$\zeta=1$ の RLC 直列回路に与えたときのコンデンサの出力電圧を LT Spice の Schematic 画面につくり、$t=1$ms で 5V のステップ入力を与えたときのコンデンサにかかる電圧特性をシミュレーションします。

図 4-2-2（①～④）がその結果です。ζ が 1 より小さいときにオーバーシュートが出て、1 より大きくなると消えることがわかります。

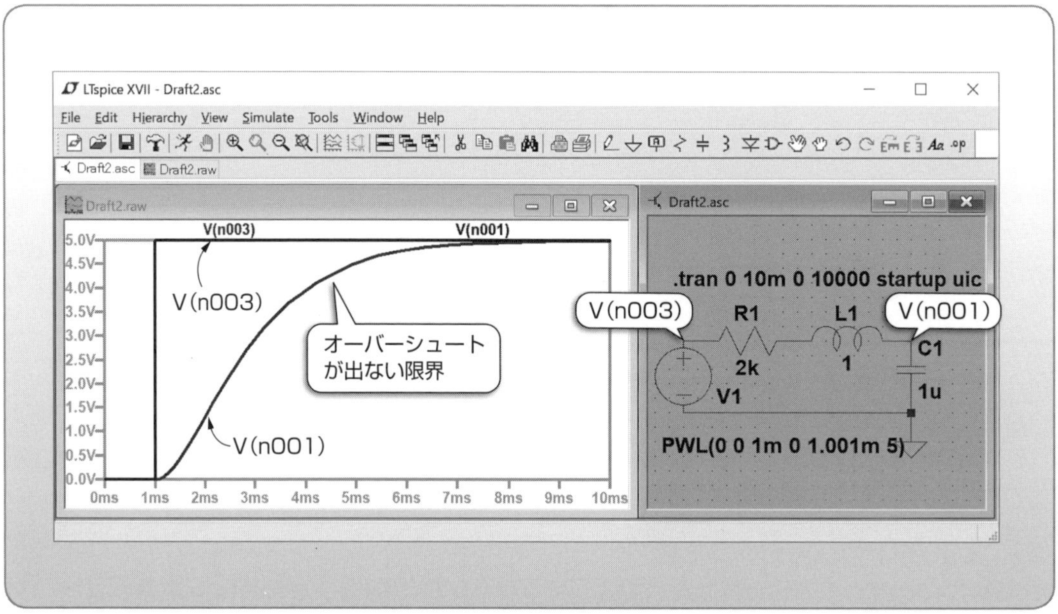

図 4-2-2 ①　ζ＝1 の時の出力特性
R=2K〔Ω〕、L=1〔H〕、C=1μ〔F〕

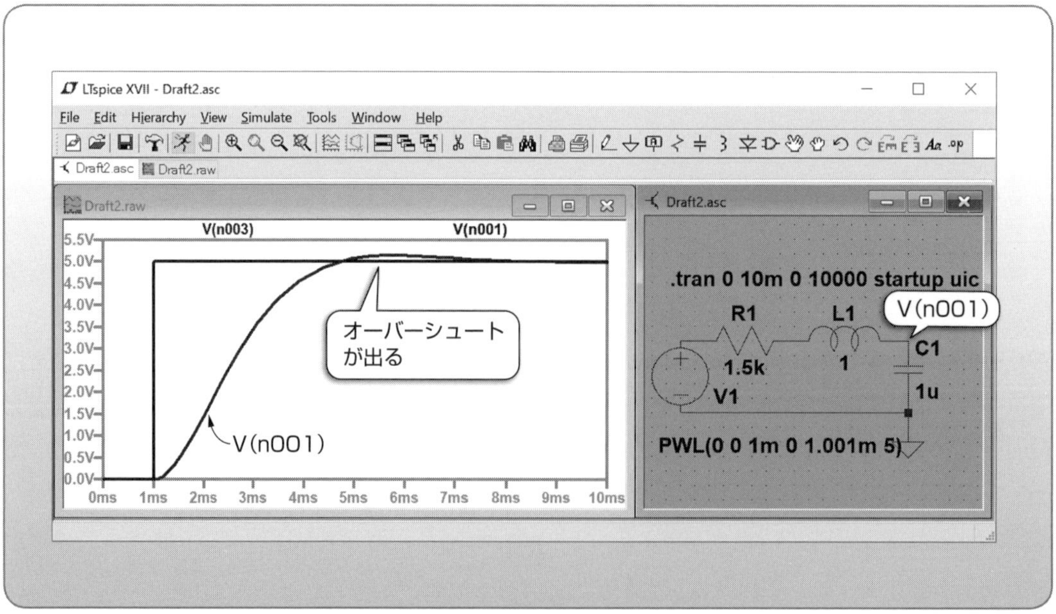

図 4-2-2 ②　ζ=0.75 の時の出力特性
R=1.5K〔Ω〕、L=1〔H〕、C=1μ〔F〕

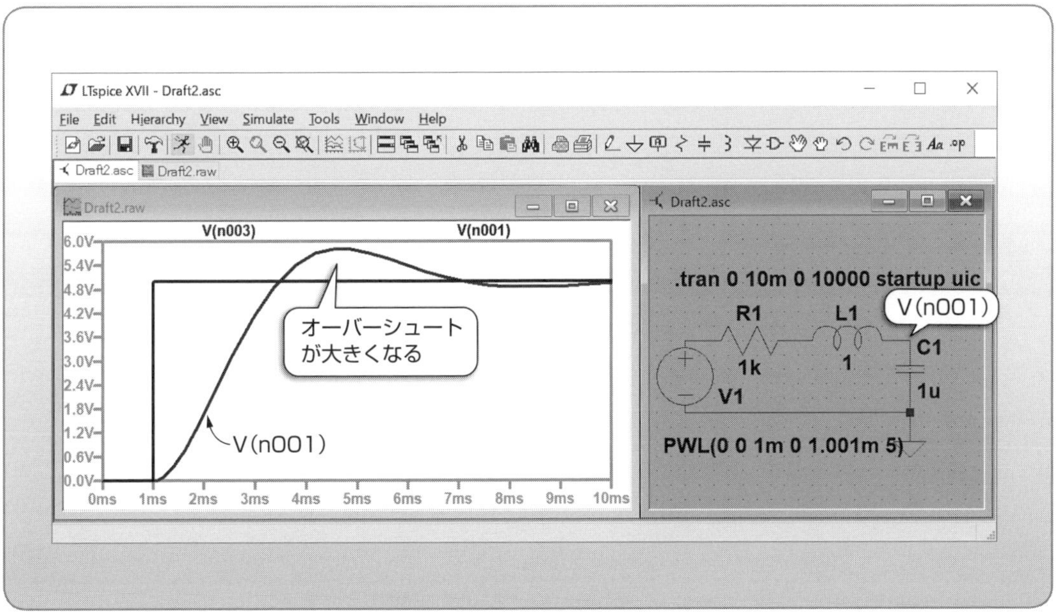

図 4-2-2 ③　ζ=0.5 の時の出力特性
R=1K〔Ω〕、L=1〔H〕、C=1μ〔F〕

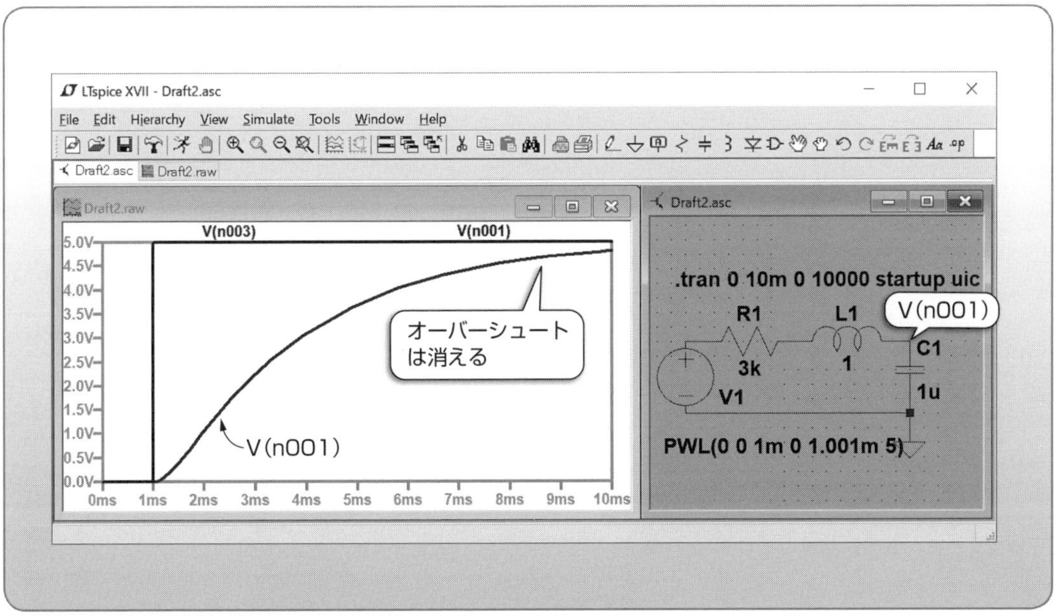

図 4-2-2 ④　ζ=1.25 の時の出力特性
R=3K〔Ω〕、L=1〔H〕、C=1μ〔F〕

シミュレーションの手順(その3)　LT Spice の設定と操作方法

注目点　LT Spice でシミュレーションをするときに必要な設定と操作をまとめて記載します。

LT Spice は電子回路をパソコンの画面上に配置して、その動作を検証できる電子回路シミュレータです。電子回路だけで PID 制御器を構成するならば、LT Spice を使ってその結果をシミュレーションすることができます。

LT Spice を立ち上げて、シミュレーションをするために必要な操作の項目を**表4-3-1**に示します。

表4-3-1　LT Spice 操作一覧に必要な項目内容

	操作内容	画面操作方法
1	新規画面の作成	File → New Schematic で新規作画画面をつくる
2	全画面の表示	スペースキーを押す
3	回路要素の選択	メニューバーの回路要素を左クリックして選択する。または Edit から回路要素を左クリックでも良い。Esc キーで選択終了
4	回路要素の貼付	回路要素を選択したまま画面上にドロップ。Ctrl + R でドロップ前に回転
5	回路要素の移動・回転	Edit → Drag またはメニューバーの手の形の Drag アイコンを選択して画面上の回路要素をクリック。そのままドラック移動する。Ctrl + R で回転
6	回路要素の配線接続	Edit → Draw Line またはメニューバーのエンピツマークを選択。要素の丸端子をクリックして配線する
7	回路要素の端子台接続	Edit → Label Net またはメニューバーの端子台マークを選択。要素の丸端子に接続して名前をつける。同じ名前のついた端子は接続されていることになる
8	回路の切断	はさみのアイコンで配線を切断する
9	シミュレーションの実行(Run)	人が走るアイコンをクリック。または Simulate → Run と操作する。事前に Simulation → Edit Simulation Cmd の設定が必要
10	シミュレーションの結果の表示	Run 実行後、作画画面の配線をマウスでクリックすると、その電圧の軌跡がグラフに表示される

表4-3-2　シミュレーションを実行する前の LT Spice 設定項目

	設定内容	場　所	操　作
1	μ（マイクロ）を u（ユー）で置き替える	Tools → Control Panel → Netlist Options → Style/Convertion	☑ Convert "μ" to "u" (☑にチェックを入れる)
2	シミュレーション時間の設定	Simulate → Edit Simulation Command → Transient	Stop time 1 Time to Start saving data 0 Maximum time step 10000 Start external DC supply Voltage at 0V ☑ Skip initial operating point Solution ☑
3	注意事項	①すべてのデバイスはグランドから浮いていてはならない。 ②マイクロは u（ユー）で代用する。 ③ミリは M、m、キロは K、k、メガは Meg と記述する。	

表 4-3-2 は、シミュレーションを実行する前に最低限行っておくべき設定項目です。
表 4-3-3 に電子回路を構成するためのデバイスの場所と設定すべき内容について記載します。

表 4-3-3 LT Spice デバイスの場所と設定内容

	機 能	シンボル	場 所	設定場所	設定例
1	抵抗		メニューバーのシンボル または Edit → Resister	(右クリック) Resistance [Ω]	500 10K 1Meg
2	コンデンサ		メニューバーのシンボル または Edit → Capacitor	(右クリック) Capacitance [F]	100P 10u 20m
3	コイル		メニューバーのシンボル または Edit → Inductor	(右クリック) Inductance [H]	100μ 10m 3
4	グランド (0V)		メニューバーのシンボル または Edit → Place GND	—	—
5	DC 電源		メニューバーの AND 演算の シンボル または Edit → Component	(右クリック) DC Value [V]	−5 5 10
	DC 電源を ステップ信 号出力に設 定する		作画画面上の電源のシンボル を右クリックして、開いたウ インドウの下のボックスから 「voltage」を選択	Advanced をクリックして、ス テップ信号の場合「PWL」を選択	
				time1 〔S〕 Value1 〔V〕 time2 〔S〕 Value2 〔V〕 time3 〔S〕 Value3 〔V〕	0 0 1 0 0.001 3
6	オペアンプ	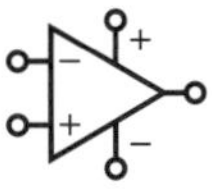	Edit → Component → Opamp → 「Universal Opamp2」	Special Model Level 1	
	オペアンプ に電源を配 線する		Universal Opamp2 には電源として±15V を印加する。 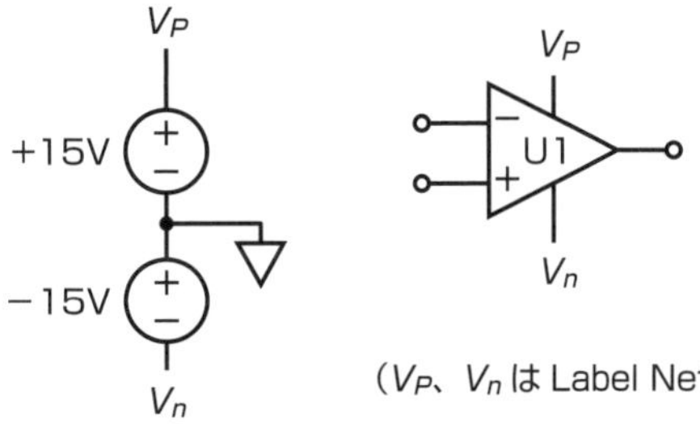 （VP、Vn は Label Net）		

シミュレーションの応用(その 1)

P 制御のシミュレーションと定常偏差

注目点

RLC 回路を制御対象として、比例制御を LT Spice シミュレータで構成し、ステップ電圧入力を与えたときの出力電圧の変化をグラフに表示します。

電子回路シミュレータのソフトウエアとしてよく利用されている LT Spice を使って、オペアンプの PID 制御回路を検証してみましょう。

(1)　制御対象

制御対象となる負荷装置には、**図 4-4-1** の RLC 回路を使いました。

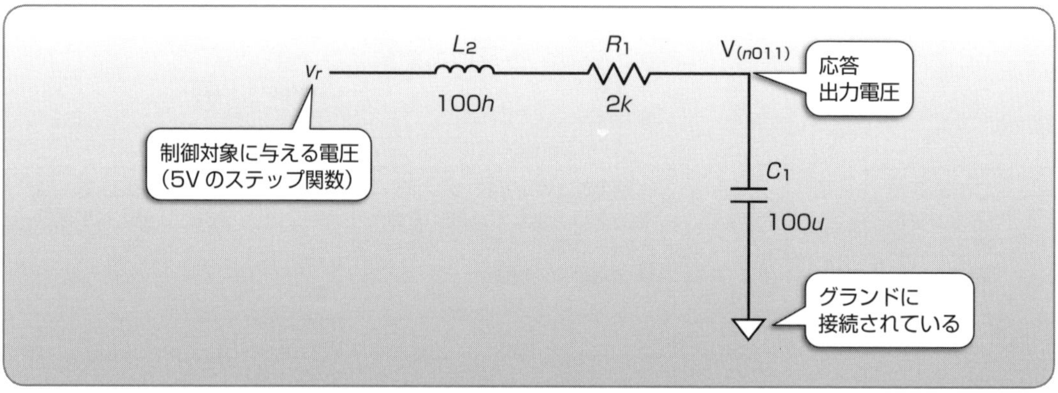

図 4-4-1　制御対象となる負荷装置の回路

この中で、*Vr* は制御対象に与える電圧で、0 秒の時に 0V で、1 秒経過したところで、5V のステップ電圧を与えるようになっています。

右下の下向きの矢印のようなものは、グランドに接続されていることを意味しています。

(2)　ステップ応答のシミュレーション

図 4-4-2 のように LT Spice のシミュレーション画面をつくりました。左下にある負荷装置が制御対象の RLC 回路です。RLC 回路に *Vr* のステップ入力を与えたときのステップ応答をシミレーションしています。

シミュレーションは 0 秒から 5 秒まで行い、100μF のコンデンサ C1 の両端の電圧を実際値として測定してグラフに出しました。グランドと V(n011) の間の電圧がグラフに出力されています。

(3)　P 制御のシミュレーション

図 4-4-2 の上側のオペアンプの回路は負荷装置である図 4-4-1 の RLC 回路にフィードバック回路をつけて比例制御を構成した例です。制御対象である RLC の回路に比例制御量の電圧が入力されるようにしてあります。比例制御（P 制御）の実際値は、V(n001) の電圧になるので、これも同時にグラフに表示してあります。

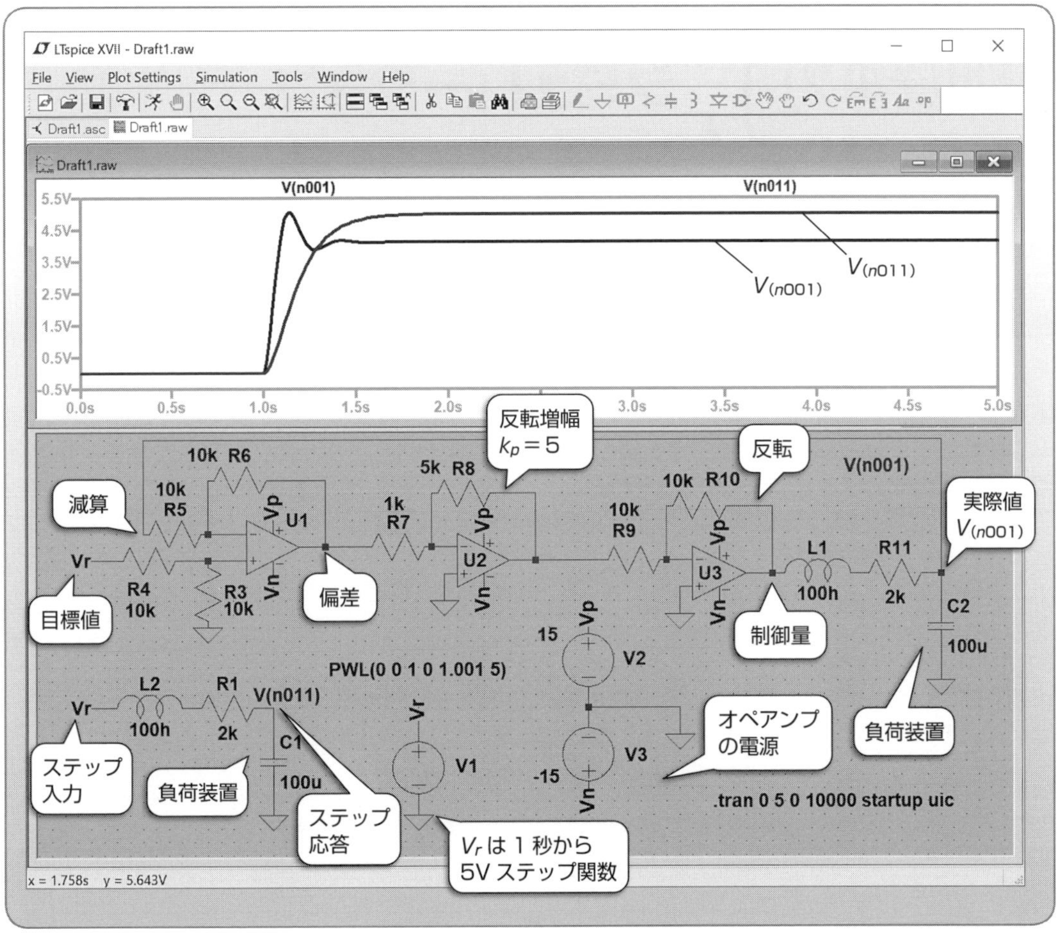

図4-4-2 RLC回路の比例制御

(4) オペアンプの機能

P制御部には3つのオペアンプが使われています。

一番左は減算回路で、目標値である*Vr*の電圧から、実際値であるコンデンサにかかる電圧を引算して偏差を出力しています。

中央のオペアンプは、比例制御のゲインを設定しています。増幅率は、R8／R7になりますから、この例では、5kΩ／1kΩ で偏差が5倍されています。比例制御のゲイン*Kp*は5ということになります。ただし出力電圧は反転されるのでマイナスの値になります。

一番右側にある3つ目のオペアンプは、信号反転に使われています。中央のオペアンプによる電圧増幅では符号が反転して出力されるので、このオペアンプの反転回路で本来の電圧に戻しています。この3つ目のオペアンプの出力が負荷装置であるRLC回路の制御量になります。

すなわち、一番右側に配置したRLCで構成される負荷装置には、偏差を5倍した制御量が入力されることになります。

このようにシミュレータを構成して、シミュレータをRUNすると、図4-4-2の上側のグラフのように、P制御の結果がグラフ表示されます。

2つあるグラフのうち、5秒のところで上側にあるのが制御対象に直接5Vのステップ入力を与えたV(n011) で制御対象のステップ応答です。

下側がP制御の出力のV(n001) の波形です。時間が経過してもP制御の出力が5Vに達しておらず、定常偏差が残ることがわかります。

シミュレーションの応用(その 2)

定常偏差が消える PI 制御のシミュレーション

注目点

RLC 回路を制御対象として PI 制御をシミュレータで構成し、ステップ電圧を与えたときの出力電圧の変化をグラフに表示します。

PI 制御のシミュレータのプログラムは、**図 4-5-1** のように、P 制御の下の段に I 制御を並列に記述します。オペアンプ U4 は積分ゲイン k_I に相当します。オペアンプ U5 が積分処理をしています。R17 は U16 による加算回路に必要な抵抗で、積分制御量を加算するために使用してます。比例制御量の加算には R17 と同じ値の R15 が使われています。

U6 のオペアンプは、比例制御の制御量と積分制御の制御量を加え合わせるための、加算器として使っています。加算器で符号が逆転するので、その次の U7 のオペアンプで信号を反転しています。

この積分制御によって定常偏差がなくなって、最終値が 5V になっていますが、振動的な特性は改善されません。

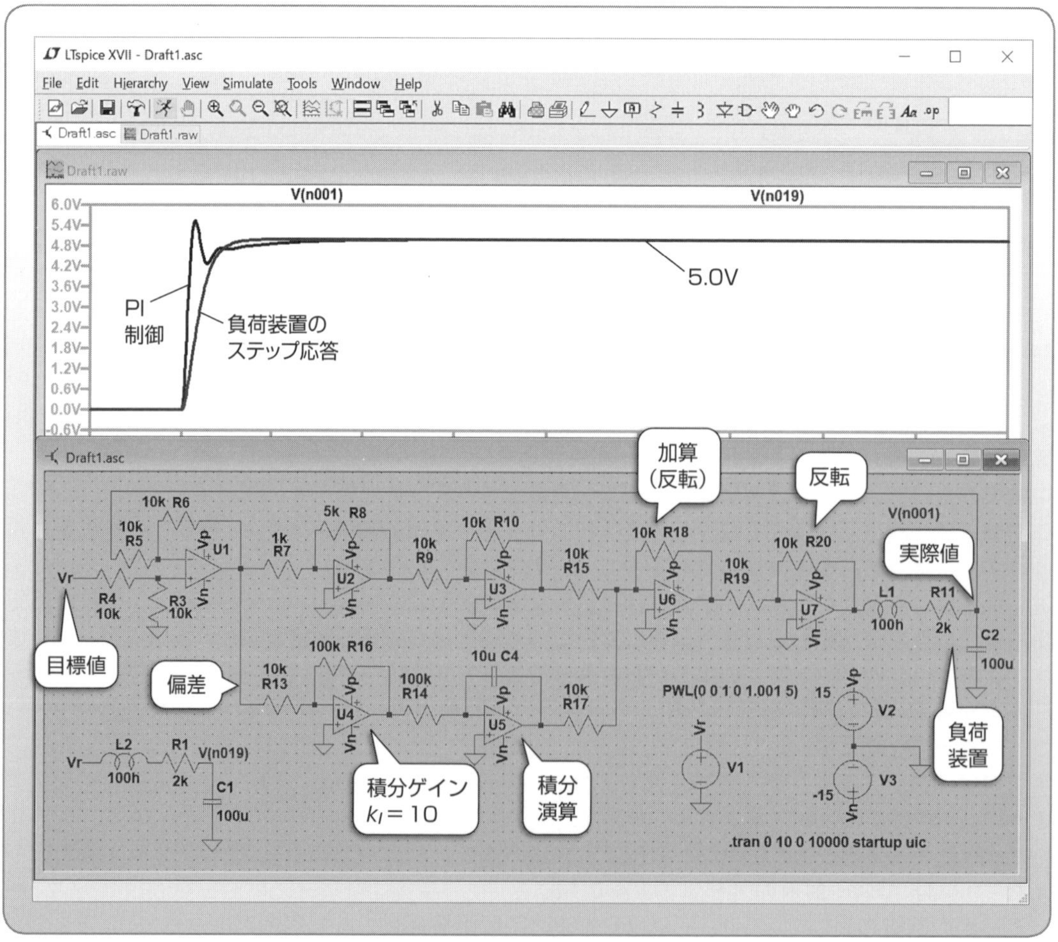

図 4-5-1　定常備差が消える PI 制御のシミュレーション

シミュレーションの応用(その3)

振動を抑える微分制御を追加したシミュレーション

注目点

RLC 回路を制御対象として、PI 制御に微分制御を加えた PID 制御回路をシミュレータで構成し、ステップ電圧を与えたときの出力電圧の変化をグラフに表示します。

図 4-6-1 は PID 制御回路をシミュレータで構成したものです。制御対象は一番右の L2、R2、C2 で構成されている RLC 回路です。3 行目のオペアンプ U8 が微分制御のゲイン K_D に相当します。右側のオペアンプ U9 は微分処理をしています。

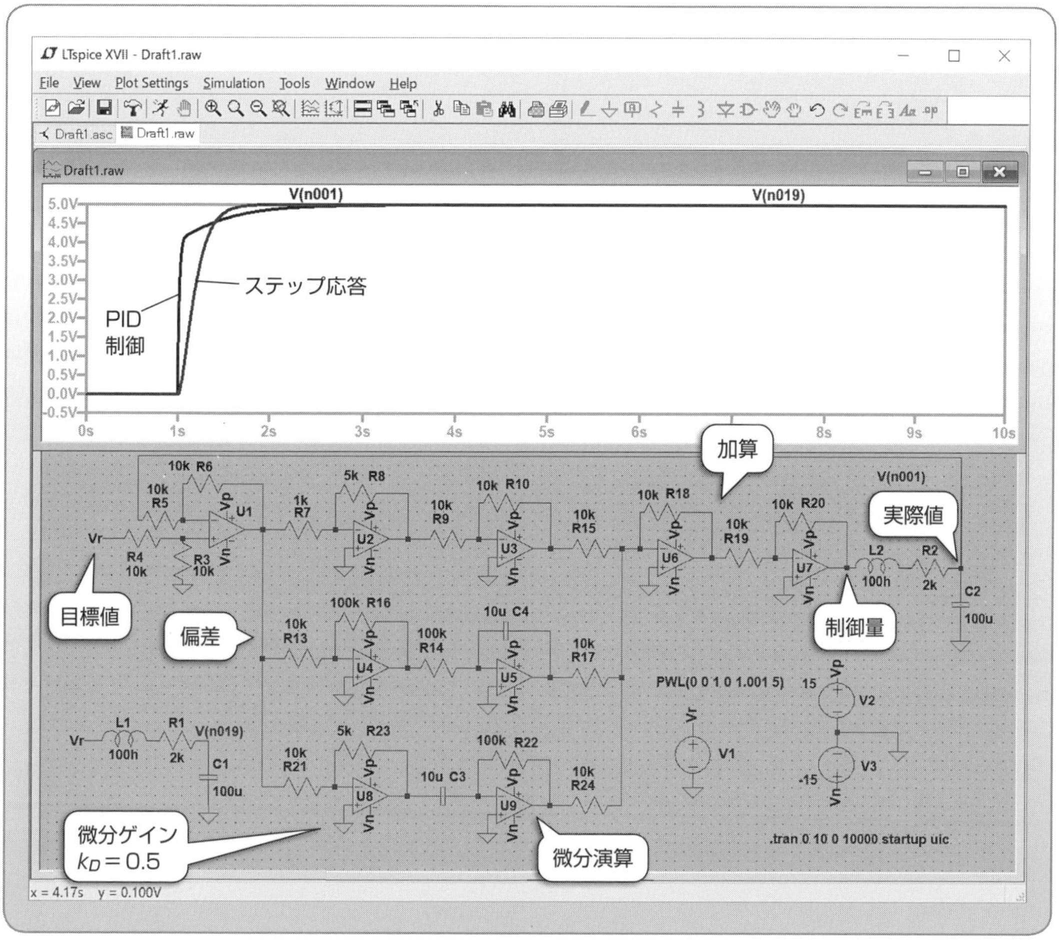

図 4-6-1　PID 制御のシミュレーション

シミュレーションを開始して 1 秒目から Vr に 5V のステップ電圧を目標値として与えたとき、制御負荷装置でのコンデンサの出力電圧 V(n001) の変化がシミュレーションの結果としてグラフに描かれています。

PI 制御で残っていた行き過ぎ量などの振動的な特性が抑制されていることがわかります。

第5章
ラプラス変換して微分方程式を簡単に解く

PID で制御したい物理現象は微分方程式で表すことができるものがたくさんあります。この微分方程式で表現された制御対象は、ラプラス変換とラプラス逆変換を使えば簡単に応答特性を計算で解くことができるようになります。
本章ではラプラス変換表とラプラス定理表を使って微分方程式を解く方法を学んで、制御対象の応答を解析する力をつけます。

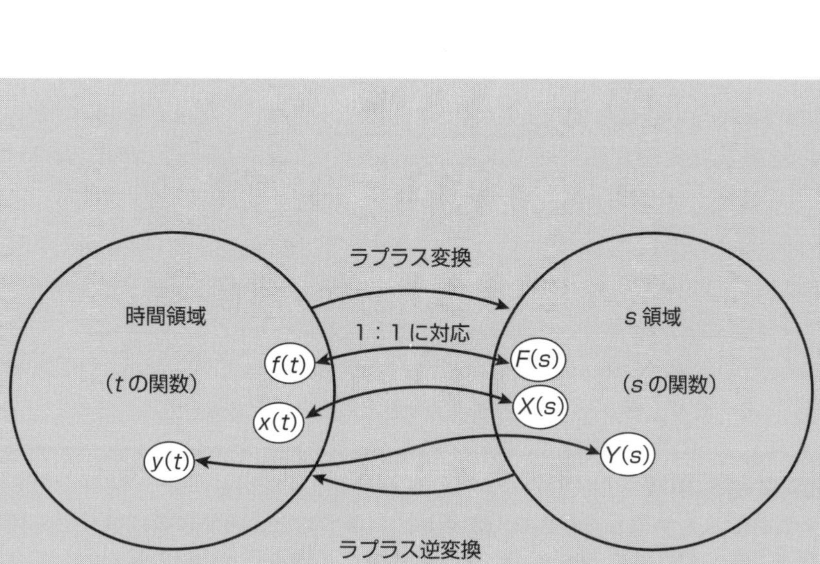

解説（その１）ラプラス変換を使えば微分方程式が簡単になる

注目点 PID制御でシステムの解析をするときにはラプラス変換をして議論することがよくあります。なぜラプラス変換するのかというと、ラプラス変換した方が計算が簡単になるからです。ラプラス変換を覚えて微分や積分が入っている方程式を簡単に計算できるようになりましょう。

(1)　なぜラプラス変換をするのか

物理現象を解析したり、物体に刺激を与えたらどういう反応が出るかを調べるために、微分方程式をたてることがあります。

たとえば運動方程式を考えると、物体に与えた力が加速度に比例し、加速度を積分すると速度になり、速度は変位を微分したものですから、微分や積分を使った方程式になります。

電気回路においてもコンデンサ（キャパシタ）の電圧は電流の積分になり、コイル（インダクタンス）の電圧は電流の微分になります。

このように物理現象や制御対象の特性を表わすシステムの方程式は、微分と積分を含む方程式になることがよくあります。

図5-1-1 のように、そのシステムに、ある入力を与えたときにシステムが出力する物理量がどのように変化するかを調べるためには、そのシステムの特性を表現する方程式を解かなくてはなりません。それが微分方程式になったときにラプラス変換を利用すると簡単に解を得られるようになります。

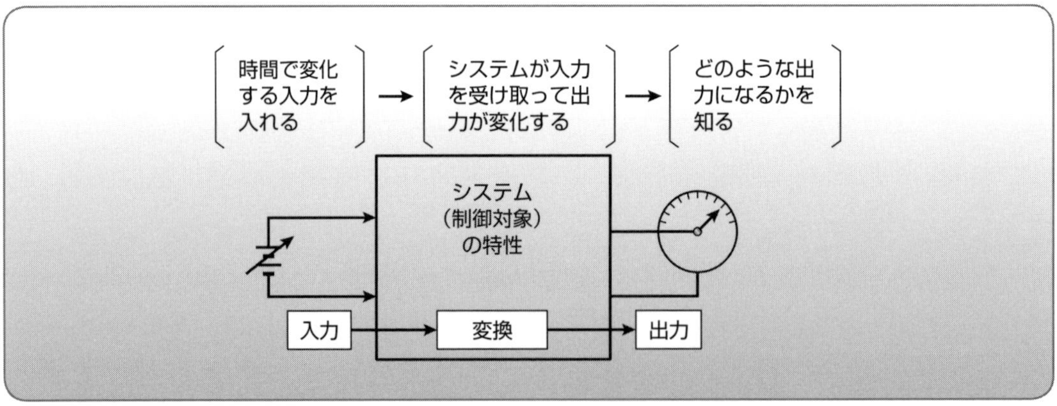

図5-1-1　入力を与えたときの出力変化を知る

(2)　時間領域と s 領域

システムの特性を表わす微分方程式を時間領域で計算すると、実際に時間微分や時間積分を実行して答えを出さなくてはなりませんが、ラプラス変換をして s 領域に持ち込むと、ラプラス演算子 s を使って微分と積分を代数的に表現することができます。

ラプラス演算子 s は複素数です。しかしながら、今の段階ではあまり気にすることはありません。ラプラス変換をして s 領域の表現にしてしまえば、時間領域での時間微分処理は s 領域では s を乗ずることになり、時間積分処理は $\frac{1}{s}$ を乗ずることになります。そしてこの s は、変数のように扱うことができるので、微分積分の演算が四則演算のような代数計算でできてしまうのです。

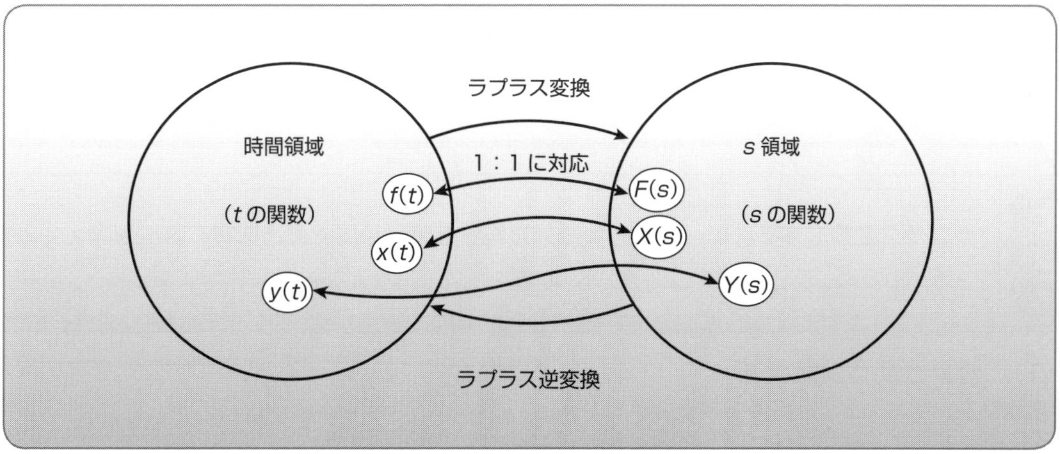

図 5-1-2　時間領域と s 領域の対応

図 5-1-2 は、ラプラス変換した s 領域と時間領域の関係を示したものです。時間領域の関数と s 領域の関数が 1：1 に対応します。すなわち、時間領域の関数を s 領域に変換して、もう一度時間領域に変換すると、元の時間領域の関数に戻ることになります。さらに、時間領域の関数を s 領域に変換して演算した結果を時間領域に戻せば、時間領域で演算した結果と同じ結果が得られることになります。

(3)　ラプラス変換とラプラス逆変換

ある関数 $f(t)$ をラプラス変換して、s 領域の関数 $F(s)$ になることを次のように表現します。

£〔$f(t)$〕$=F(s)$

£〔　〕はラプラス変換を表わす記号です。

このF $F(s)$ は勝手に決めた s 領域の関数ですが、$f(t)$ をラプラス変換すると必ず $F(s)$ になるということを意味しています。

この変換された $F(s)$ と時間関数 $f(t)$ は 1 対 1 に対応していて、1 つの $f(t)$ に対して 1 つの $F(s)$ が決まるという関係にあります。そこで、$F(s)$ から $f(t)$ への逆変換も可能になります。すなわち、s 領域の関数をラプラス変換すれば、時間領域の関数に戻すことができるのです。$f(t)$ のラプラス変換が $F(s)$ という関数になると定義したので、$F(s)$ のラプラス逆変換は必ず $f(t)$ に戻らなければいけません。これを「**ラプラス逆変換**」と呼んでいて、記号 £$^{-1}$〔　〕を使って逆変換することを表わします。

£$^{-1}$〔$F(s)$〕$=f(t)$

ここがポイント

ラプラス変換とラプラス逆変換は次のように書きます。

ラプラス変換　£〔$f(t)$〕$=F(s)$
ラプラス逆変換　£$^{-1}$〔$F(s)$〕$=f(x)$

この 2 つの式は、$f(t)$ をラプラス変換すると $F(s)$ になり、$F(s)$ をラプラス逆変換すると $f(t)$ に戻ることを意味しています。すなわち、時間領域の $f(t)$ をラプラス変換して $F(s)$ にし、s 領域で演算してからラプラス逆変換で時間領域に戻せば、元の式を時間領域で演算したものと同じ結果になるのです。

解説（その2）　時間領域での微分方程式の解き方

注目点　ラプラス変換をする前に、一般的な微分方程式を時間領域で普通に解く方法を考えてみましょう。

(1)　対象とするシステム

図 5-2-1 のような、自由落下のシステムがあったとします。球を吊り下げている糸が切れた時刻を０として、時刻 t のときの速度 $v(t)$ と、変位 $x(t)$ の関係を求めてみます。

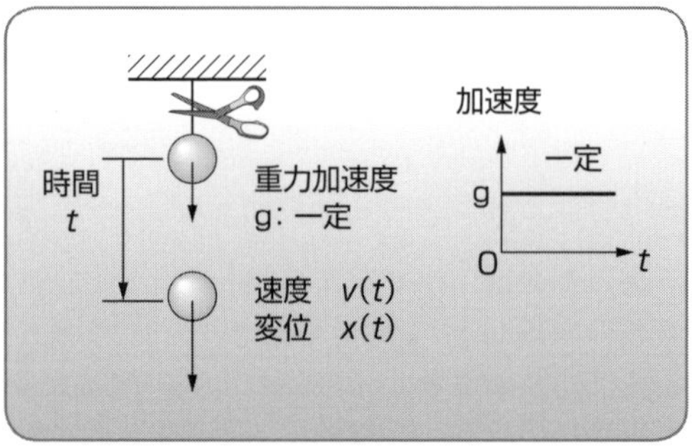

図 5-2-1　自由落下のシステム

(2)　一般的な微分方程式の解き方

時間で変化する速度 $v(t)$ と変位 $x(t)$ の関係は次のようになります。

$$v(t) = \frac{d}{dt}x(t) \quad \cdots\cdots\cdots ①$$

これを $x(t)$ について解くと次のように積分になります。

$$x(t) = \int_0^t v(\tau)d\tau \quad （初期値：0 とする） \quad \cdots\cdots\cdots ②$$

$v(t)$ が時間経過とともに徐々に増えていくような変化をしたときに、$x(t)$ はどう変化するでしょうか。

この $v(t)$ は図 5-2-2 のようになるので

$$v(t) = gt \quad \cdots\cdots\cdots ③$$

ということになります。式②に式③を代入すると次のようになります。

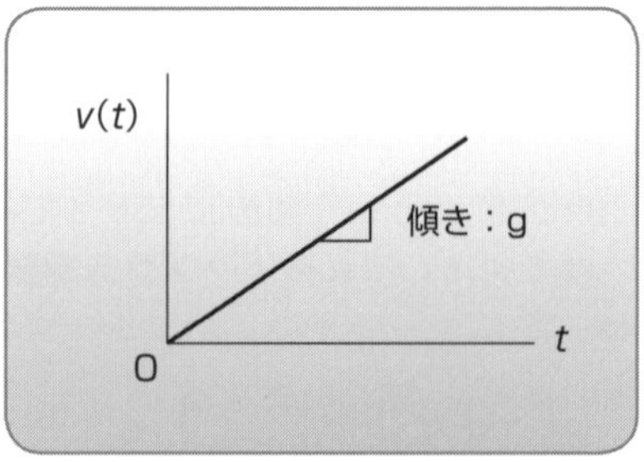

図 5-2-2　$v(t)$ の変化

$$x(t) = \int_0^t g\tau d\tau \quad \cdots\cdots\cdots ④$$

これを実際に積分して解くと次のようになります。

$$x(t) = \frac{1}{2}gt^2 \quad \cdots\cdots\cdots ⑤$$

$x(t)$ をグラフにすると図 5-2-3 のようになります。

この問題を解くためには、式④から式⑤への変換ができるか否かがカギになります。この積分の計算をせずに答えを出す方法がラプラス変換を使った微分方程式の解法です。

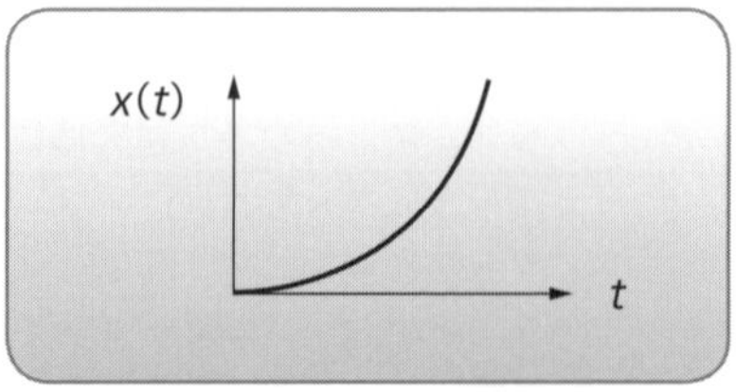

図 5-2-3　$x(t)$ の変化

解説（その3）

ラプラス変換を使った微分方程式の解き方

注目点

簡単な例を使って微分方程式をラプラス変換を使って解く方法を解説します。

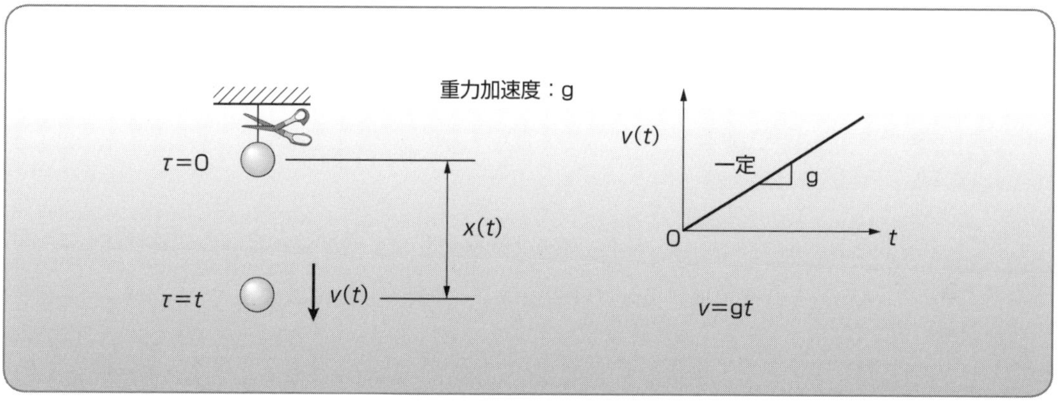

図 5-3-1　対象システム

(1)　対象システム

図 5-3-1 の自由落下のシステムを想定してみましょう。重力加速度を g として、時刻 0 で落下をはじめ、時刻 t において速度 $v(t)$、変位 $x(t)$ になったとします。

(2)　ラプラス変換を使った微分方程式の解き方

変位と速度の関係 $v(t)=\dfrac{d}{dt}x(t)$ をラプラス変換で解いてみます。まず初期値を 0 として両辺をラプラス変換して s 領域の関数にします。

$$\mathcal{L}[v(t)]=\mathcal{L}\left[\frac{d}{dt}x(t)\right] \quad \cdots\cdots\cdots ①$$

微分演算子は s になるので次のように s 領域に変換されます。

$$V(s)=sX(s) \quad \cdots\cdots\cdots ②$$

一方、$v(t)$ は傾き g で直線的に増加するので次のようになります。

$$v(t)=gt \quad \cdots\cdots ③$$

両辺をラプラス変換して、s 領域の関数にします。

$$\mathcal{L}[v(t)]=\mathcal{L}[gt] \quad \cdots\cdots\cdots ④$$

ラプラス変換は、代数と同じように分配法則が成り立ち、定数は変換されません。そこで次のようになります。

$$\pounds〔v(t)〕=g\pounds〔t〕 \quad \cdots\cdots\cdots ⑤$$

表 5-3-1 はラプラス変換表から必要な２つの変換を抜粋したものです。この表をみると £〔t〕= $\dfrac{1}{s^2}$ となっています。$v(t)$の s 領域での表現を $V(s)$ とすると次のようになります。

$$V(s)=g\frac{1}{s^2} \quad \cdots\cdots\cdots ⑥$$

式②に式⑥を代入して $X(s)$ について解いてみます。

$$g\frac{1}{s^2}=sX(s) \quad \cdots\cdots\cdots ⑦$$

$$X(s)=\frac{g}{s^3} \quad \cdots\cdots\cdots ⑧$$

s 領域における変位に相当する $X(s)$ は $\dfrac{g}{s^3}$ という特性をもつということをこの式は意味しています。そこで、この $X(s)$ を時間領域に戻せば時間領域での動作がわかります。

時間領域に戻すには、ラプラス逆変換を使います。

欲しいものは $X(s)$ のラプラス逆変換 $\pounds^{-1}〔X(s)〕$ですから、式⑧の両辺をラプラス逆変換します。

$$\pounds^{-1}〔X(s)〕=\pounds^{-1}\left(\frac{g}{s^3}\right) \quad \cdots\cdots\cdots ⑨$$

定数はそのまま残り、分配法則が使えるので次のようになります。

$$\pounds^{-1}〔X(s)〕=g\times\frac{1}{2}\times\pounds^{-1}\left(\frac{2}{s^3}\right) \quad \cdots\cdots\cdots ⑩$$

$\pounds^{-1}\left(\dfrac{2}{s^3}\right)$ は表 5-3-1 のラプラス変換表から t^2 になります。

$$\pounds^{-1}\left(\frac{2}{s^3}\right)=t^2 \quad \cdots\cdots ⑪$$

また式①から式②への変換で、$x(t)$ のラプラス変換は $X(s)$ と定義したので、$X(s)$ のラプラス逆変換は $x(t)$ になるに決まっています。

すなわち、$\pounds〔x(t)〕=X(s)$ としたので、これは必ず $\pounds^{-1}〔x(s)〕=X(t)$ になるということです。

$$\pounds^{-1}〔X(s)〕=x(t) \quad \cdots\cdots ⑫$$

そこで式①は次のようにラプラス逆変換されます。

$$\pounds^{-1}〔X(s)〕 \qquad \frac{1}{2}\times g\times\pounds^{-1}\left(\frac{2}{s^3}\right)$$

$$x(t)=\frac{1}{2}gt^2 \quad \cdots\cdots\cdots ⑬$$

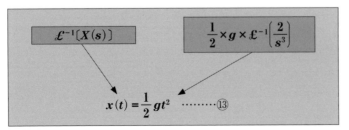

この結果を見れば、時間領域で積分を実際に演算して解いた解説（その2）の結果と同じになったことがわかります。

表5-3-1　ラプラス変換表

	ラプラス変換表より抜粋			
	関数の種類	応答波形	時間領域の表現 $f(t)=\pounds^{-1}[F(s)]$	s 領域の表現 $F(s)=\pounds[f(t)]$
①	単位ランプ関数	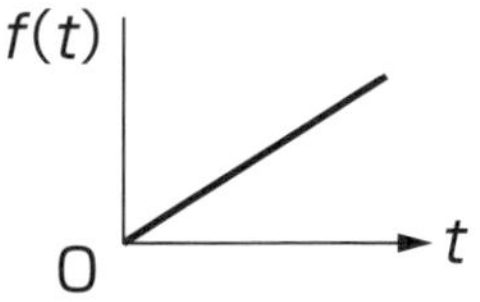	$f(t)=t$ $(t\geqq 0)$ ラプラス変換 → ← ラプラス逆変換	$F(s)=\dfrac{1}{s^2}$
②	べき乗		$f(t)=t^2$ ラプラス変換 → ← ラプラス逆変換	$F(s)=\dfrac{2}{s^3}$
		（一般に t^n のラプラス変換は $\dfrac{n!}{s^{n+1}}$）		
説明	ラプラス変換表は、時間領域でよく使われる典型的な時間関数をラプラス変換したときに、s 領域でどのような表現になるかを表わしたものです。 上記の表はラプラス変換表の中から今回の計算に使う t と t^2 を抜粋したものです。 次にあげる2つずつのラプラス変換と、ラプラス逆変換ができることを示していることになります。 ①：$\pounds[t]=\dfrac{1}{s^2}$、$\pounds^{-1}\left(\dfrac{1}{s^2}\right)=t$ ②：$\pounds[t^2]=\dfrac{2}{s^3}$、$\pounds^{-1}\left(\dfrac{2}{s^3}\right)=t^2$			

ここがポイント

微分積分を含む方程式の解を求めるのに、ラプラス変換とラプラス逆変換を使う方法があります。ラプラス変換と逆変換を実行するにはラプラス変換表を使います。こうすることで、微分積分の計算を代数式で解くことができるようになります。

解説（その4）　ラプラス変換表を使いこなす

注目点　ラプラス変換は時間領域の関数から s 領域への関数の変換であり、ラプラス逆変換はその逆で s 領域の関数を時間領域の関数に戻す変換です。いずれの変換にもラプラス変換表を使います。

（1）　ラプラス変換表

主な関数のラプラス変換についてまとめたものが**表 5-4-1** の「ラプラス変換表」です。

表 5-4-1　主なラプラス変換の表

	関数の種類	応答波形	時間領域の表現 $(f(t)=\mathcal{L}^{-1}[f(s)])$	s 領域の表現 $(f(s)=\mathcal{L}[f(t)])$
1	デルタ関数	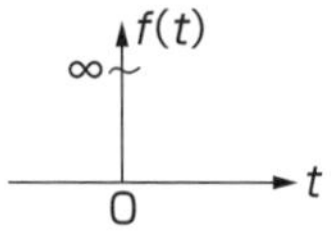	$\delta(t)=\begin{cases}\infty、t=0\\0、t\neq 0\end{cases}$	1
2	単位ステップ関数	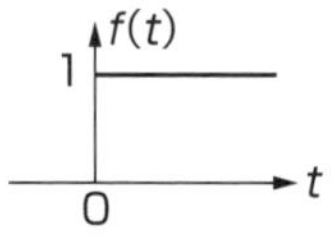	$u(t)=\begin{cases}0、t<0\\1、t\geq 0\end{cases}$	$\frac{1}{s}$
3	単位ランプ関数	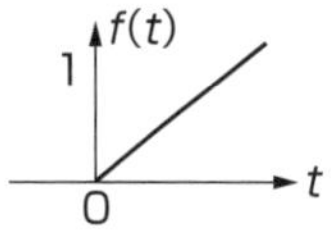	$t=\begin{cases}0、t<0\\t、t\geq 0\end{cases}$	$\frac{1}{s^2}$
4	指数関数	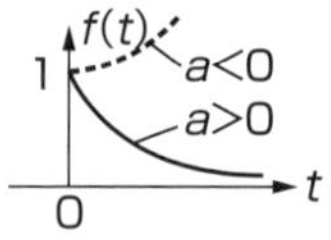	e^{-at} $(a\fallingdotseq 0)$	$\frac{1}{s+a}$
5	時間 t と指数関数の積の関数	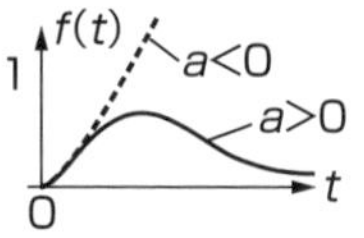	te^{-at} $(a\fallingdotseq 0)$	$\frac{1}{(s+a)^2}$
6	正弦波関数	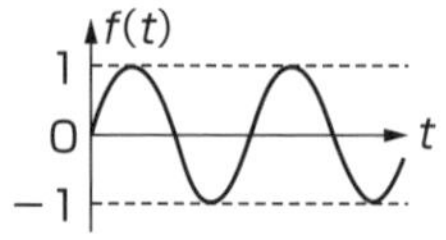	$\sin\omega t$	$\frac{\omega}{s^2+\omega^2}$
7	余弦波関数	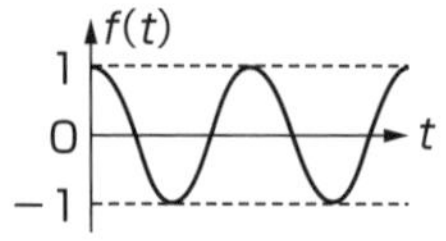	$\cos\omega t$	$\frac{s}{s^2+\omega^2}$

▼

▼

8	指数減衰型 正弦波関数	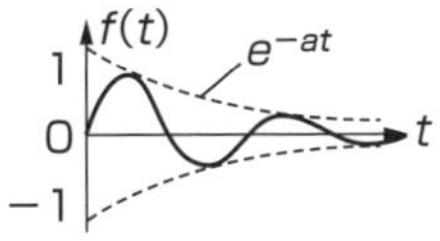	$e^{-at}\sin\omega t$ $(a>0)$	$\dfrac{\omega}{(s+a)^2+\omega^2}$
9	指数減衰型 余弦波関数	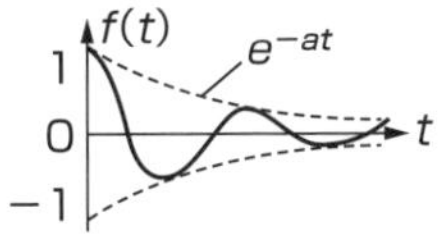	$e^{-at}\cos\omega t$ $(a>0)$	$\dfrac{s+a}{(s+a)^2+\omega^2}$
10	2次関数	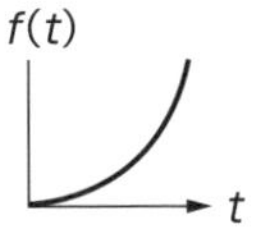	t^2	$\dfrac{2}{s^3}$
11	べき乗		t^n	$\dfrac{n!}{s^{n+1}}$
			$\dfrac{t^n}{n!}$	$\dfrac{1}{s^{n+1}}$
12	べき乗の指数減衰		$t^n e^{-at}$	$\dfrac{n!}{(s+a)^{n+1}}$
			$\dfrac{1}{(n-1)!}t^{n-1}e^{-at}$	$\dfrac{1}{(s+a)^n}$
			$\dfrac{1}{b-a}(e^{-at}-e^{-bt})$	$\dfrac{1}{(s+a)(s+b)}$

※ e は自然対数の底のことで、ネイピア数と呼ばれている定数です。円周率の π は3.1416…ですが、ネイピア数である e は2.71828…という無理数です。

(2) ラプラス変換表を使った変換

このラプラス変換表を使って時間領域の関数を s 領域の表現に変換することができます。また s 領域の関数をラプラス逆変換して、時間領域の関数に戻すにもこの表を使います。たとえば

$$f(x)=at$$

であるときに、この両辺をラプラス変換します。

$$£[f(t)]=£[at]$$

$f(t)$ の s 領域の関数は $F(s)$ になるものと定義すると、

$$F(s)=a£[t]$$

$$F(s)=a\frac{1}{s^2}$$

となります。

ここで、$£[f(t)]=F(s)$ と定義したことになるので、$F(s)$ のラプラス逆変換は $f(t)$ です。

そこで

$$£^{-1}[F(s)]=f(t)$$

となります。

$F(s)=a\dfrac{1}{s^2}$ をラプラス逆変換すると次のようになります。ただし、初期値は0とします。

$$£^{-1}[F(s)]=£^{-1}\left(a\frac{1}{s^2}\right)=a£^{-1}\left(\frac{1}{s^2}\right)$$

$$f(t)=at$$

このように時間領域と s 領域は1：1に変換できる関係にあります。

解説（その5）ラプラス変換の定理表

注目点　ラプラス変換をするにはラプラス変換の特性を知っておかなければなりません。その中でもよく使われる性質を４つの定理に分類して紹介します。

（1）ラプラス変換の定理

ラプラス変換を行うときの定理を①線形性の定理、②微分積分の定理、③推移の定理、④最終値と初期値の定理の４つの定理に分類して紹介します。**表 5–5–1** に４つの定理を示しています。

定理１　線形性の定理

ラプラス変換は線形性があり、加法定理が成り立ちます。

たとえば関数 $af(t)$ をラプラス変換するときに、$\mathcal{L}[af(t)]$とします。a は実数の定数とすると

$$\mathcal{L}[af(t)]=a\mathcal{L}[f(t)]$$

となり、定数はラプラス変換の外に出すことができます。

$f(t)+g(t)$のように２つの関数が加算されているものをラプラス変換すると、$\mathcal{L}[f(t)+g(t)]$となりますが、これは加法定理で２つに分けることができます。

$$\mathcal{L}[f(t)+g(t)]=\mathcal{L}[f(t)]+\mathcal{L}[g(t)]$$

さらに、この２つをまとめると次のようになります。

$$\mathcal{L}[af(t)+bg(t)]=a\mathcal{L}[f(t)]+b\mathcal{L}[g(t)]$$

すなわち「加え合わされた２つの関数のラプラス変換は、１つずつの関数を別々にラプラス変換に加え合せたものと同じ値になる」ということです。

定理２　微分積分の定理

時間領域における微分演算をラプラス変換すると微分演算子 $\dfrac{d}{dt}$ は、ラプラス演算子 s で置き替えられます。ただし初期値を０とします。たとえば $\dfrac{d}{dt}x(t)$ のラプラス変換は、$x(t)$ に対応する s 領域での関数を $X(s)$ とすると、次のようになります。

$$\mathcal{L}\left(\frac{d}{dt}x(t)\right)=sX(s)$$

初期値を０としたときに、時間領域における積分は、積分演算子を $\dfrac{1}{s}$ に置き替えたものと同様になります。たとえば $y(t)$ の s 領域の関数を $Y(s)$ としておき、$y(t)$ の積分を考えると $\int_0^t y(\tau)d\tau$ となりますから、初期値を０としてラプラス変換すると、次のようになります。

$$\mathcal{L}\left(\int_0^t y(\tau)d\tau\right)=\frac{1}{s}Y(s)$$

定理３　推移の定理

システムの応答に入力が入ってからの時間遅れがある場合に「時間域の推移がある」といいます。たとえば $f(t-L)$ とすると、現在時刻の t よりも時間 L だけ遅れて出力されることになります。時刻が L 秒経過したところから $f(t)$ が開始すると考えられるわけです。

この $f(t-L)$ をラプラス変換すると次のようになります。ただし $F(s)$ は $f(t)$ の s 領域において対応する関数であるものとします。

$$\pounds[f(t-L)]=e^{-LS}F(s)$$

ここでeはネイピア数で、$e\fallingdotseq 2.718$です。$t-L$というのは$t=L$になったときに0になりますから時間がLだけ遅れることを表わします。

定理4 最終値の定理

ラプラス変換されたs領域の関数を使って、時間が無限に経過したときの安定している状態における定常値を求めることができます。時間域で無限時間が経過したことは$\lim_{t\to\infty} f(t)$と表現できます。これをs領域にすると次のようになります。

$$\textbf{定常値} = \lim_{t\to\infty} f(t) = \lim_{s\to 0} s\, f(s)$$

ラプラス変換された関数にsを掛けてからsを0にすると定常値が計算できることになります。

(2) ラプラス変換の定理表

上記の4つの定理をまとめたものが**表5-5-1**のラプラス変換の定理表です。ラプラス変換されたs領域ではラプラス演算子sを変数として扱い、代数式として計算できることになります。

複雑な関数や微分・積分の演算を四則演算を使って計算することができるわけです。演算し終ってs領域での答えが出たら、ラプラス逆変換を行うことで時間領域の関数に戻すことができるのです。

表5-5-1　ラプラス変換の定理表

定理	意味		ラプラス演算	使い方
定理1 線形性の定理	1-1	定数はラプラス演算子の外に出せる	$\pounds[af(t)]=a\pounds[f(t)]$	$\pounds[af(t)]=aF(s)$
	1-2	ラプラス演算子は分配法則が使える	$\pounds[f(t)+g(t)]$ $=\pounds[f(t)]+\pounds[g(t)]$	$\pounds[f(t)+g(t)]=F(s)+G(s)$
	1-3	1-1と1-2は同時に使える	$\pounds[af(t)+bg(t)]$ $=a\pounds[f(t)]+b\pounds[g(t)]$	$\pounds[af(t)+bg(t)]=aF(s)+bG(s)$
定理2 微分と積分の定理	2-1	時間微分のラプラス変換はsを掛ける	$f(t)$の微分のラプラス変換 $\pounds\left[\frac{d}{dt}f(t)\right]$	$\pounds\left[\frac{d}{dt}f(t)\right]=sF(s)$ （初期値を0とする）
	2-2	時間積分のラプラス変換は$\frac{1}{s}$を掛ける	$f(t)$の積分のラプラス変換 $\pounds\left[\int_0^t f(\tau)\,d\tau\right]$	$\pounds\left[\int_0^t f(\tau)d\tau\right]=\frac{1}{s}F(s)$ （初期値を0とする）
定理3 推移の定理	3-1	時間推移	tだけ時間推移のある関数のラプラス変換 $\pounds[f(t-L)]$	$\pounds[f(t-L)]=e^{-Ls}F(s)$ （ただし$L>0$）
	3-2	s領域推移	s領域における推移	$\pounds[e^{-at}f(t)]=F(s+a)$
定理4 最終値と初期値の定理	4-1	時間が無限に経過した出力の定常値を求める	時間域の定常値はs領域でsを掛けてsを0にしたものになる $\lim_{t\to\infty} f(t)=\lim_{s\to 0} s\,F(s)$	定常値$=\lim_{s\to 0} s\,F(s)$
	4-2	時間が0の初期値を求める	時間域の初期値はsを掛けてsを∞にしたものになる $\lim_{s\to 0} f(t)=\lim_{s\to\infty} s\,F(s)$	初期値$=\lim_{s\to\infty} s\,F(s)$

解説（その６）　ラプラス変換を使って時間領域の関数を s 領域に変換する

注目点　s 領域の s を使った式は、s を単なる変数と考えて四則演算ができ、分配法則も成り立ちます。時間領域で微分積分が入っているときはラプラス変換して s 領域で計算すると簡単になる場合が多くあります。

（1）　物理現象の微分方程式

１つの例として、RL 回路に直流電源を投入したときの電圧出力特性を調べてみます。**図 5-6-1** のこのスイッチを押すと抵抗 R の両端の電圧はどのように変化するのでしょうか。

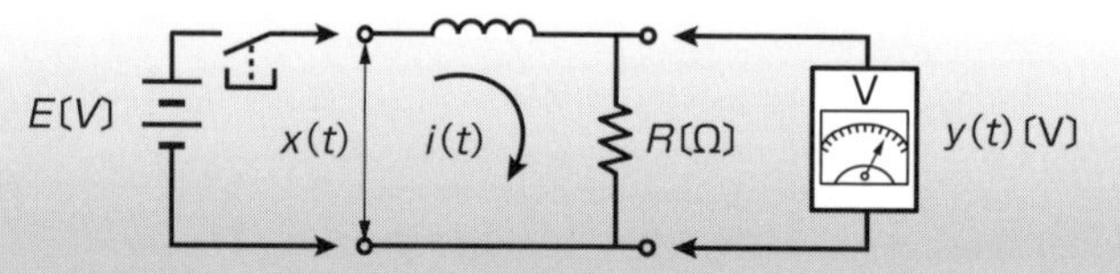

図 5-6-1　RL 回路の電圧出力

「キルヒホッフの電流則と電圧則」を使うと、図 5-6-1 のスイッチを ON にしたときに、電流 $i(t)$ が流れたときの回路の方程式は次のように立てることができます。

$$x(t)=L\frac{d}{dt}i(t)+Ri(t) \quad \cdots\cdots\cdots ①$$

オームの法則から出力電圧は次のようになります。

$$y(t)=Ri(t) \quad \cdots\cdots\cdots ②$$

この２つの式から $x(t)$ と $y(t)$ の関係を求めてみます。

（2）　微分方程式のラプラス変換

式①と式②の両辺をラプラス変換します。

$x(t)$、$y(t)$、$i(t)$ に対応する s 領域の関数をそれぞれ $X(s)$、$Y(s)$、$I(s)$ と定義します。

$$\begin{cases} \pounds[x(t)]=\pounds\left(L\frac{d}{dt}i(t)+Ri(t)\right) \\ \pounds[y(t)]=\pounds[Ri(t)] \end{cases} \quad \cdots\cdots\cdots ③$$

ラプラス変換の分配法則を使い、$\pounds[x(t)]$ を $X(s)$、$\pounds[y(t)]$ を $Y(s)$、$\pounds[i(t)]$ を $I(s)$ に置き替えます。さらに $\frac{d}{dt}$ の微分演算子のラプラス変換は s を乗ずることになります。この操作を行うと次式のようになります。

$$\begin{cases} X(s) = LsI(s) + RI(s) \\ Y(s) = RI(s) \end{cases} \quad \cdots\cdots\cdots④$$

式④から $I(s) = \dfrac{Y(s)}{R}$ ですから、これを使って $I(s)$ を消去します。

$$X(s) = \frac{L}{R}sY(s) + Y(s) \quad \cdots\cdots\cdots⑤$$

$Y(s)$ について解くと、次のようになります。

$$Y(s) = \frac{1}{\dfrac{L}{R}s + 1}X(s) \quad \cdots\cdots\cdots⑥$$

この式の中の $\dfrac{1}{\dfrac{L}{R}s+1}$ が入力 $X(s)$ に対する出力 $Y(s)$ の特性を決めていることになります。すなわち、$X(s)$ に対する $Y(s)$ との割合が $\dfrac{1}{\dfrac{L}{R}s+1}$ になっています。このような入力に対する出力の比を表わす関数を「**伝達関数**」と呼んでいます。

ブロック線図にすると、次頁の**図 5-6-2** のようになります。

ここがポイント

抵抗負荷の電気回路の方程式を立てるには「オームの法則」を使います。オームの法則は $V=IR$ で、抵抗 R に電流 I を流したときの抵抗の両端の電圧がわかります。

抵抗ではなくてコイル（インダクタンス）L だったら、電流 I を流したときにコイルの両端にあらわれる電圧がどうなるのかを知っていれば R と L の回路の方程式をつくれます。さらにコンデンサ（キャパシタ）C に電流 I が流れたときのコンデンサの両端の電圧がわかれば、RLC 回路の方程式を立てられます。

これらの電圧は**図 1** のようになります。

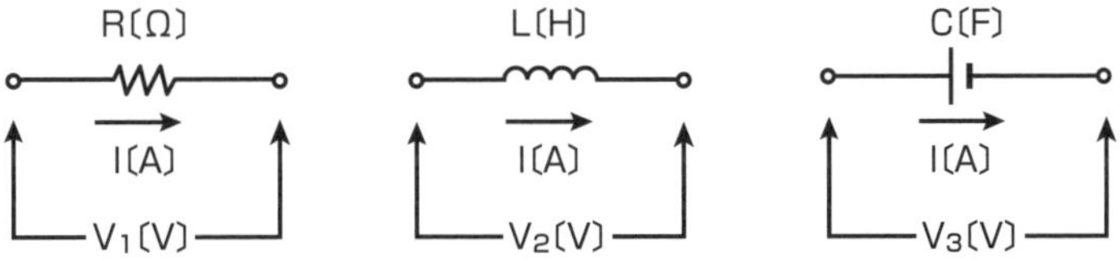

$V_1=IR$　　$V_2=L\dfrac{d}{dt}I$　　$V_3=\dfrac{1}{C}\int I\,dt$

図 1　電流 I を流したときの R・L・C の電圧

もう 1 つの重要な法則として、「回路を流れる電流は一定である」ことを使います。すなわち、電源の⊕端子から出た電流 I はすべて電源の⊖端子に戻ってきます。

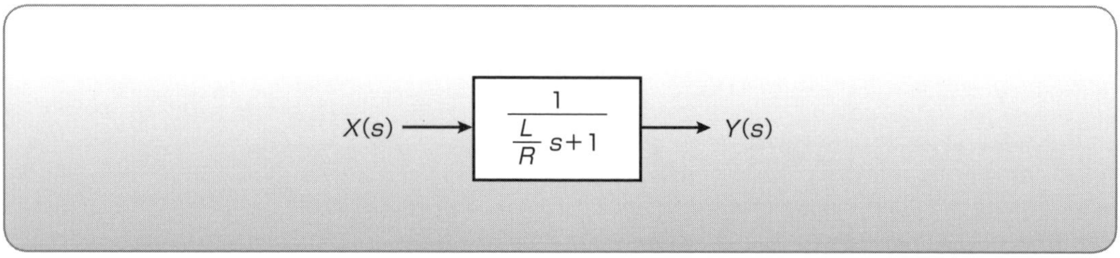

図 5-6-2　ブロック線図

(3)　入力信号のラプラス変換

この回路のスイッチを時刻 0 で ON したと考えてみます。すると入力電圧 $x(t)$ は**図 5-6-3** のように、ステップ状に変化します。

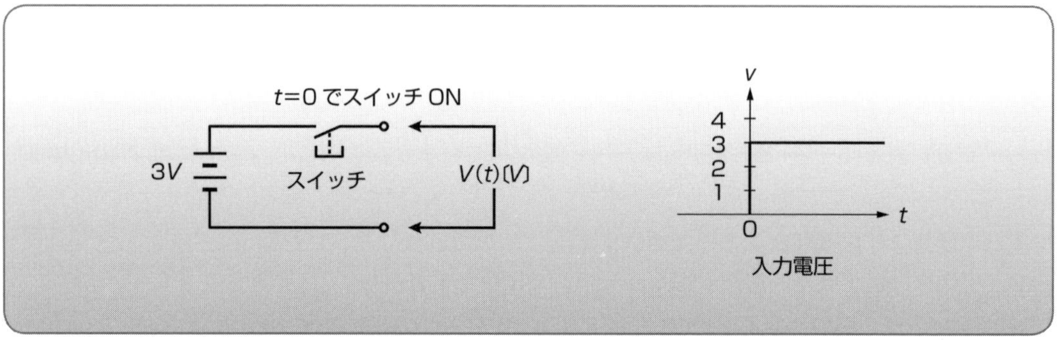

図 5-6-3　電圧は t=0 でステップ状に変化する

このステップ状の電圧が RL 回路にかかることになります。ラプラス変換表のステップ関数を見るとわかるように、時間領域におけるこのようなステップ状の変化は「**ステップ関数**」と呼ばれ、$u(t)$ という関数が使われます。

$u(t)$ は大きさが 1 ですが、今回のステップは大きさが 3(V) なので 3 倍します。

$$\boldsymbol{x(t) = 3u(t)} \quad \cdots\cdots\cdots⑦$$

ステップ関数を s 領域で表現されている式⑥にあてはめるために、式⑦もラプラス変換して s 領域の関数に変換します。

$$\boldsymbol{\pounds[x(t)] = \pounds[3u(t)]} \quad \cdots\cdots\cdots⑧$$

このラプラス変換には、**図 5-6-4** のラプラス変換表を使います。

関数の種類	応答波形	時間領域の表現	s 領域の表現
単位ステップ関数	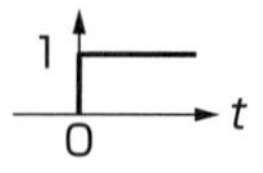	$u(t)$ ラプラス変換 → ← ラプラス逆変換	$\frac{1}{s}$

図 5-6-4　ラプラス変換表の抜粋

ラプラス変換表から、$u(t)$ のラプラス変換は $\frac{1}{s}$ になるので、$\pounds[u(t)]=\frac{1}{s}$ と書けます。そこで式⑧は次のようになります。

$$\boldsymbol{X(s)=\frac{3}{s}} \quad \cdots\cdots\cdots ⑨$$

(4)　s 領域における出力電圧特性

RL 回路に、時刻 $t=0$ で 3V を印加したときの R の両端に出現する電圧出力を調べることが目的です。

これを s 領域で表現すると、式⑥の入出力特性をもつシステムに、入力 $X(s)$ として式⑨の入力を与えたときの出力 $Y(s)$ の変化を調べるということと同等になります。

そこで、式⑥に式⑨を代入して、$Y(s)$ について解くと次のようになります。

$$\boldsymbol{Y(s)=\frac{1}{\frac{L}{R}s+1}\cdot\frac{3}{s}} \quad \cdots\cdots\cdots ⑩$$

(5)　時間領域における出力電圧特性

式⑩を式⑪のようにラプラス逆変換して時間領域に戻せば、式⑫のように時間領域における実際の R の両端の電圧がわかります。式⑪から式⑫を求める計算は『ここがポイント』を参照してください。

ここがポイント

ラプラス逆変換を行うときに、2つの関数の掛け算が出てきたら部分分数に展開します。たとえば、

元の式を $\frac{1}{s+a}\cdot\frac{1}{s}$ として、$\frac{A}{s}-\frac{B}{s+a}$ という部分分数に展開してみましょう。

A と B を未知の変数とします。これを通分すると

$$\frac{A}{s}-\frac{B}{s+a}=\frac{A(s+a)-BS}{s(s+a)}=\frac{(A-B)s+Aa}{s(s+a)}$$

となります。

そこで、$A-B=0$、$Aa=1$ とすれば元の式と同じになるので、

$$A=\frac{1}{a}\text{ となり、}B=\frac{1}{a}$$

となります。

そこで、元の式は次のように部分分数で表わせることになります。

$$\frac{1}{(s+a)}\cdot\frac{1}{s}=\frac{1}{a}\left(\frac{1}{s}-\frac{1}{s+a}\right)$$

$$\mathcal{L}^{-1}[Y(s)] = \mathcal{L}^{-1}\left(\frac{1}{\frac{L}{R}s+1}\cdot\frac{3}{s}\right)$$

$$=3\frac{R}{L}\mathcal{L}^{-1}\left(\frac{1}{s+\frac{R}{L}}\cdot\frac{1}{s}\right)$$

$$=3\frac{R}{L}\mathcal{L}^{-1}\left(\frac{L}{R}\left(\frac{1}{s}-\frac{1}{s+\frac{R}{L}}\right)\right) \quad \cdots\cdots\cdots⑪$$

$$y(t)=3\left(1-e^{-\frac{R}{L}t}\right) \quad \cdots\cdots\cdots⑫$$

具体的な例として、$e=2.718$、$R=500$〔Ω〕、$L=1$〔H〕とすると RL 回路の R の両端の電圧 $y(t)$ は**図 5-6-5** のようになります。

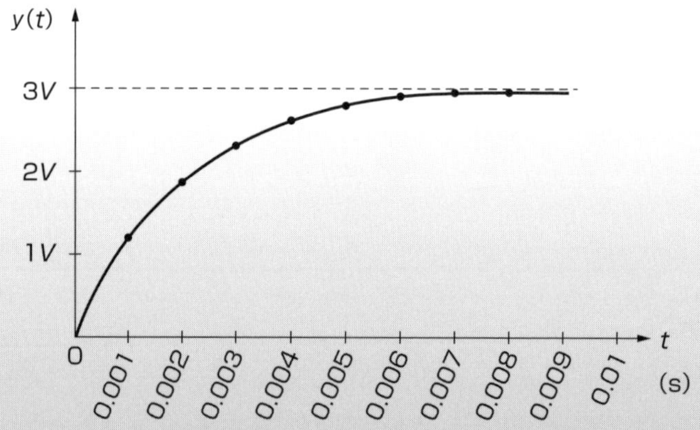

t	0.001	0.002	0.003	0.004	0.005	0.006	0.007	0.008
$y(t)=3-3e^{-\frac{R}{L}t}$	1.18	1.90	2.33	2.59	2.75	2.85	2.91	2.95

図 5-6-5　$R=500$〔Ω〕、$L=1$〔H〕のときの出力電圧特性

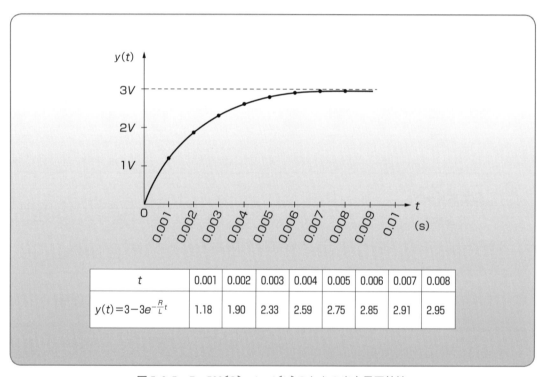

第6章

制御対象の特性

制御対象は物理現象ですから、その多くは微分方程式で表すことができます。PID 制御の特性を知るためには、制御対象を物理現象を微分方程式することが重要です。
本章では、物理現象の微分方程式を立てる方法と、微分方程式から伝達関数を求めて PID 制御の動作特性を解析する手法を解説します。

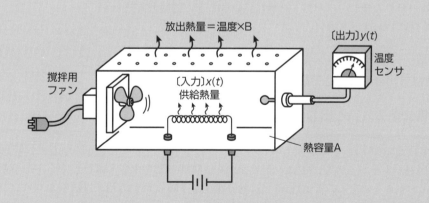

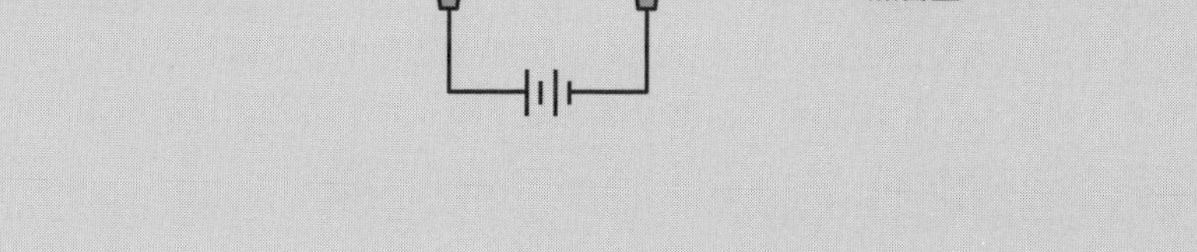

解説（その1）　制御対象の伝達関数の求め方

注目点

制御対象に、ある入力を与えたときに、どのような出力が出るのかという特性を表わすものが制御対象の伝達関数です。伝達関数は s 領域で記述します。

（1）　制御対象の運動方程式

制御対象を調べてみると、その特性を数式で表現できるものがたくさん存在します。

たとえば、図 6-1-1 の場合、運動方程式をたてれば、力 f と加速度 α の関係を記述することができます。この運動方程式は次のようになります。

$$f = M\alpha \quad \cdots\cdots ①$$

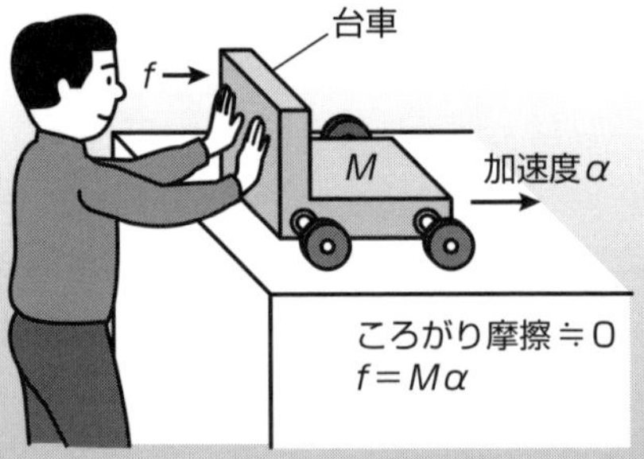

図 6-1-1　物体に力をかけたときの運動

これは人が摩擦のない台車を力 f で押しているときの運動方程式です。

この台車が制御対象で入力は力 f です。出力を加速度 α とすると、このような運動方程式をたてて、力 f と加速度 α の関係を数式で記述することができます。図の中の運動方程式 $f=M\alpha$ は、質量 M の台車に力 f を加えると、加速度 α が発生することを意味しています。f と α の間に介在する M が、入力 f と出力 α の関係を表わしているわけです。

（2）　制御対象の入力と出力の関係

もう少し、力と加速度の関係を考えてみましょう。

制御対象は質量 M の台車で摩擦力はないものとします。台車に入力として力 f を与えると、加速度 α の出力が出ます。入力は常に一定ではなく、時間で変化するものとして $f(t)$ とします。α も時間で変化することになるので $\alpha(t)$ としておきます。すると運動方程式は次のようになります。

$$f(t) = M\alpha(t) \quad \cdots\cdots ②$$

$$\alpha(t) = \frac{1}{M} f(t) \quad \cdots\cdots ③$$

この式は、入力 $f(t)$ に $\frac{1}{M}$ のゲインを掛けたものが出力 $\alpha(t)$ になると読めます。

$\frac{1}{M}$ は定数で、比例定数と見てもよいでしょう。

次に入力と出力の関係を求めてみます。

$$\frac{\alpha(t)}{f(t)}=\frac{1}{M} \quad \cdots\cdots④$$

となり、この $\frac{1}{M}$ が入力と出力の比になります。この入力と出力の比である $\frac{1}{M}$ が制御対象の入力から出力への特性を表わすものになります。

制御対象に対する入力と、その入力を与えたときの制御対象の出力の関係が制御対象の特性であるといえます。

このような比例関係だけで表わされる制御対象を「静的システム」と呼ぶことがあります。

(3) 制御対象の伝達関数を求める

s 領域において、制御対象に与えた入力に対する出力の特性を表わす関係式のことを「制御対象の伝達関数」と呼びます。

先ほどの入力と出力の比である $\frac{\alpha(t)}{f(t)}=\frac{1}{M}$ は、時間領域におけるものでした。

伝達関数は、s 領域における入力に対する出力の変化の割合のことですから、伝達関数を求めるためには、時間領域の運動方程式を s 領域に変換しなくてはなりません。

この変換はラプラス変換表を使って行います。

そこで運動方程式を**図 6-1-2** のようにラプラス変換して、s 領域で記述します。

手順1	運動方程式をたてる	$f(t)=M\alpha(t)$
⇓		
手順2	両辺をラプラス変換	$\mathscr{L}[f(t)]=\mathscr{L}[M\alpha(t)]$
⇓		
手順3	S領域の記述	$F(s)=MA(s)$

図 6-1-2 運動方程式のラプラス変換の手順

伝達関数は、s 領域の入力に対する出力の割合のことなので、伝達関数を $G(s)$ とすると次のようになります。

$$G(s)=\frac{出力(s)}{入力(s)}=\frac{加速度(s)}{力(s)}=\frac{A(s)}{F(s)} \quad \cdots\cdots⑤$$

図 6-1-2 より $F(s)=MA(s)$ ですから、伝達関数 $G(s)$ は次のようにして、$\frac{1}{M}$ ということになります。

$$G(s)=\frac{A(s)}{F(s)}=\frac{1}{M} \quad \cdots\cdots⑥$$

このように静的システムの伝達関数は比例ゲインだけで表現されます。

解説（その2）　同じ制御対象でも出力のとり方によって伝達関数は別のものになる

注目点　制御対象は同じでも、何を出力にするかによって制御対象の伝達関数は変わります。運動方程式を例にとって説明します。

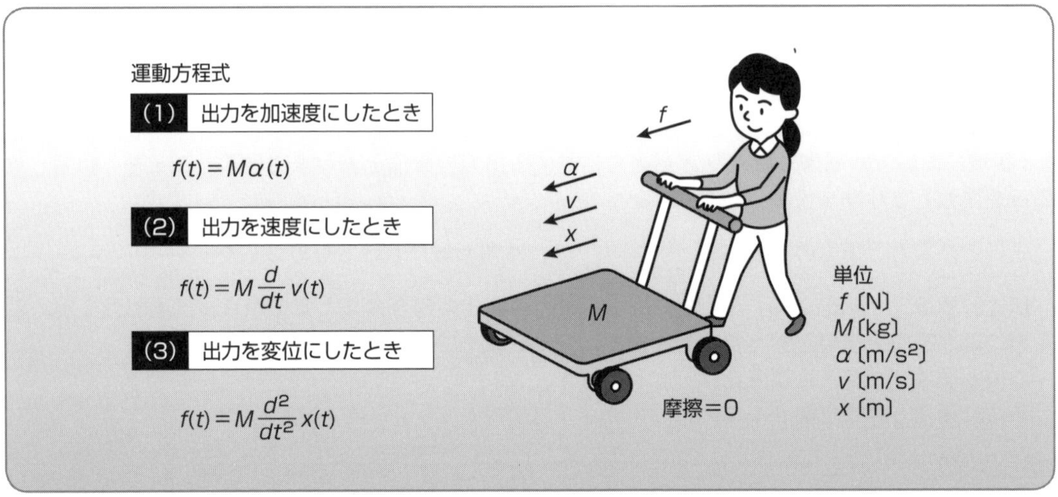

図 6-2-1　台車の運動方程式

(1)　力から加速度までの伝達関数

図 6-2-1 のように、摩擦のない台車を制御対象として力fで押したときの運動方程式を考えてみます。出力を加速度αにしたときと、速度vにしたとき、変位xにしたときの制御対象の伝達関数を求めて、その特性を考えてみます。

力と加速度までの関係は、比例関係にあります。fが時間によって変化すると、αもこれに比例して変化するので次のようになります。

$$\boldsymbol{f(t)=M\alpha(t)}$$

この関係を伝達関数を使って表現してみます。運動方程式をラプラス変換すると$G(s)$は次のようになります。

$$\mathcal{L}[f(t)]=\mathcal{L}[M\alpha(t)] \quad \cdots\cdots①$$
$$F(s)=MA(s) \quad \cdots\cdots②$$

$G(s)$を求めます。

$$G(s)=\frac{出力}{入力}=\frac{A(s)}{F(s)}=\frac{1}{M} \quad \cdots\cdots③$$

伝達関数を$G(s)$とすると$G(s)$は入力$f(t)$をラプラス変換した$F(s)$と加速度$\alpha(t)$をラプラス変換した$A(s)$との比になります。これをブロック線図で表現すると図 6-2-2 の

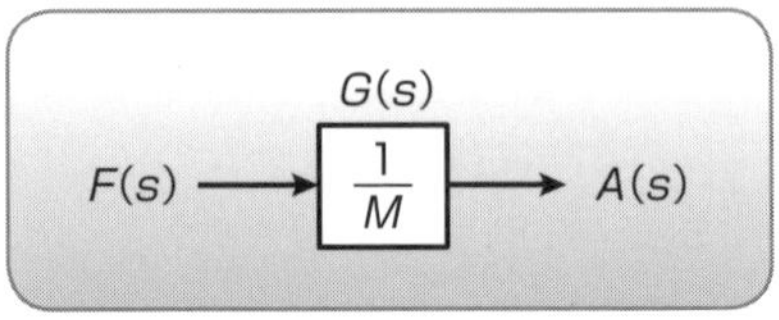

図 6-2-2　加速度のブロック線図

ようになり、$\frac{1}{M}$をゲインとする比例関係になります。

例として$M=2$〔kg〕、としてみます。さらに入力$f(t)=1$〔N〕$(t\geqq 0)$ の単位ステップ関数とすると、$F(s)=\frac{1}{s}$となるので、$A(s)=\frac{1}{Ms}$となります。これをラプラス逆変換すると$\pounds^{-1}[A(s)]=\pounds^{-1}\left(\frac{1}{M}\frac{1}{s}\right)$の計算をして、$\alpha(t)=\frac{1}{M}u(t)$となります。$M=2$で、$u(t)$は単位ステップ関数ですから、この$\alpha(t)$のステップ応答をグラフにすると**図 6-2-3** のようになります。

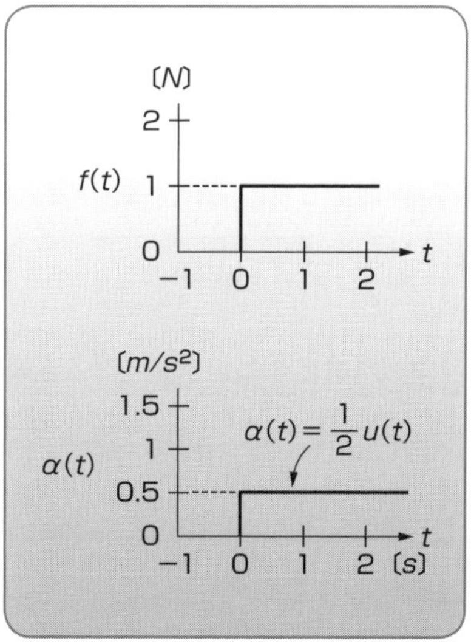

図 6-2-3 加速度のステップ応答

(2) 力から速度までの伝達関数

力$f(t)$と速度$v(t)$の関係は次のとおりです。

$$\boldsymbol{f(t)=M\frac{d}{dt}v(t)} \quad \cdots\cdots④$$

すべての初期値を 0 としてラプラス変換すると

$$\boldsymbol{\pounds[f(t)]=\pounds\left(M\frac{d}{dt}v(t)\right)} \quad \cdots\cdots⑤$$

$$\boldsymbol{F(s)=MsV(s)} \quad \cdots\cdots⑥$$

となります。伝達関数$G(s)$を求めます。

$$\boldsymbol{G(s)=\frac{出力}{入力}=\frac{V(s)}{F(s)}=\frac{1}{Ms}} \quad \cdots\cdots⑦$$

このブロック線図は**図 6-2-4** のようになります。

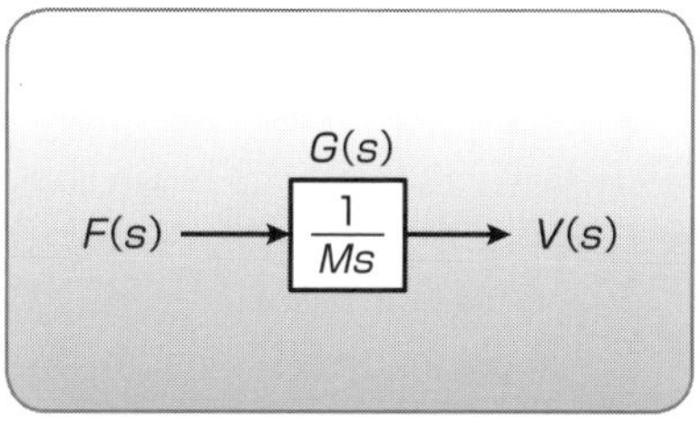

図 6-2-4 速度のブロック線図

$\frac{1}{s}$は積分で$\frac{1}{M}$は定数のゲインになります。実際の特性を知るために$M=2$〔kg〕、$f(t)=1$〔N〕$(t\geqq 0)$の単位ステップ入力としてその特性をみます。

s 領域の単位ステップ関数は$\frac{1}{s}$ですから、図6-2-4の$V(s)$は次のようになります。

$$\boldsymbol{V(s)=\frac{1}{s}\cdot\frac{1}{Ms}=0.5\frac{1}{s^2}} \quad \cdots\cdots⑧$$

これをラプラス逆変換すると時間領域のステップ応答がわかります。

$$\boldsymbol{\pounds^{-1}[V(s)]=\pounds^{-1}\left(0.5\frac{1}{s^2}\right)} \quad \cdots\cdots⑨$$

$$\boldsymbol{v(t)=0.5t} \quad \cdots\cdots⑩$$

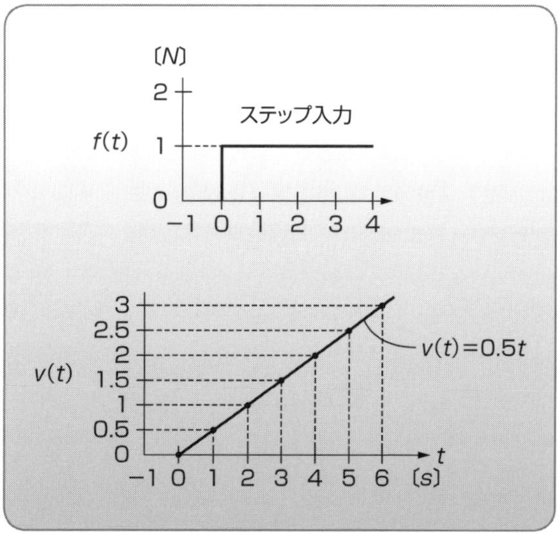

図 6-2-5 速度のステップ応答

つまり、$v(t)$の値は$t=0$で0、$t=1$で0.5、$t=2$で1.0になるわけです。
それをグラフにすると**図6-2-5**のようになり、これが速度のステップ応答になります。

(3)　力から位置までの伝達関数

力$f(t)$と位置$x(t)$との関係は次のとおりです。

$$f(t)=M\frac{d^2}{dt^2}x(t) \quad \cdots\cdots⑪$$

すべての初期値を0としてラプラス変換します。

$$\pounds[f(t)]=\pounds\left[M\frac{d^2}{dt^2}x(t)\right] \quad \cdots\cdots⑫$$

$$F(s)=Ms^2X(s) \quad \cdots\cdots⑬$$

伝達関数$G(s)$を求めます。

$$G(s)=\frac{出力}{入力}=\frac{X(s)}{F(s)}=\frac{1}{Ms^2} \quad \cdots\cdots⑭$$

このブロック線図は**図6-2-6**のようになります。

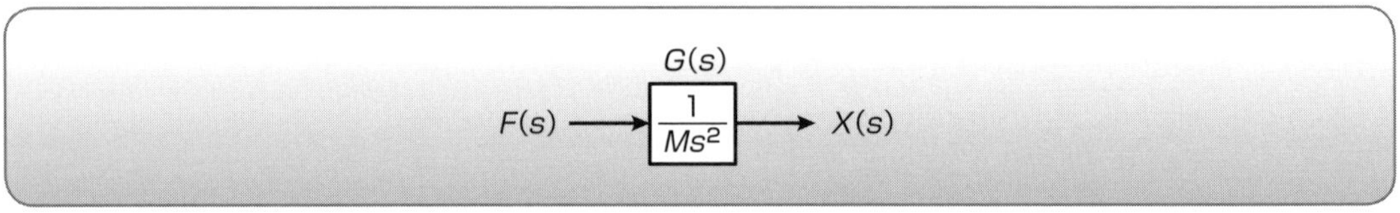

図6-2-6　位置のブロック線図

$f(t)$を1〔N〕のステップ入力とすると$F(s)$は$\frac{1}{s}$になります。$M=2$〔kg〕とすると次のようになります。

$$X(s)=\frac{1}{Ms^2}\frac{1}{s}=\frac{1}{2}\frac{1}{s^3} \quad \cdots\cdots⑮$$

ラプラス逆変換します。変換にはラプラス変換表を使います。

$$\pounds^{-1}[X(s)]=\pounds^{-1}\left(\frac{1}{4}\times\frac{2}{s^{2+1}}\right) \quad \cdots\cdots⑯$$

$$x(t)=0.25t^2 \quad \cdots\cdots⑰$$

この式をグラフにすると**図6-2-7**のステップ応答が得られます。

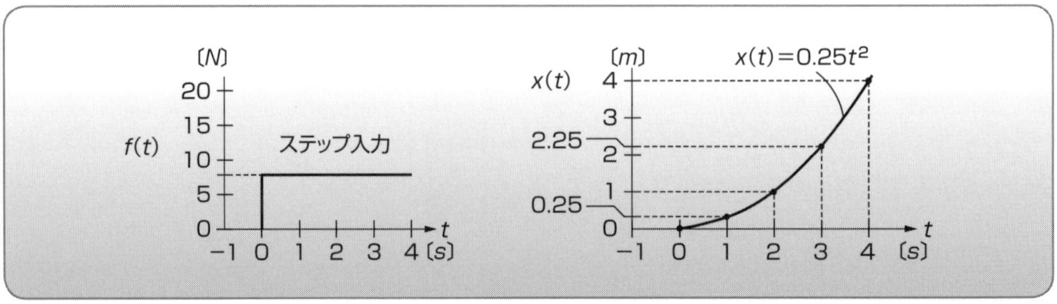

図6-2-7　位置のステップ応答

解説(その3)

1次遅れ系の特性

注目点

1次遅れ系はステップ入力を与えたら出力が増加して行き、ある値に達したところで変化しなくなるような特性をもつ制御対象です。

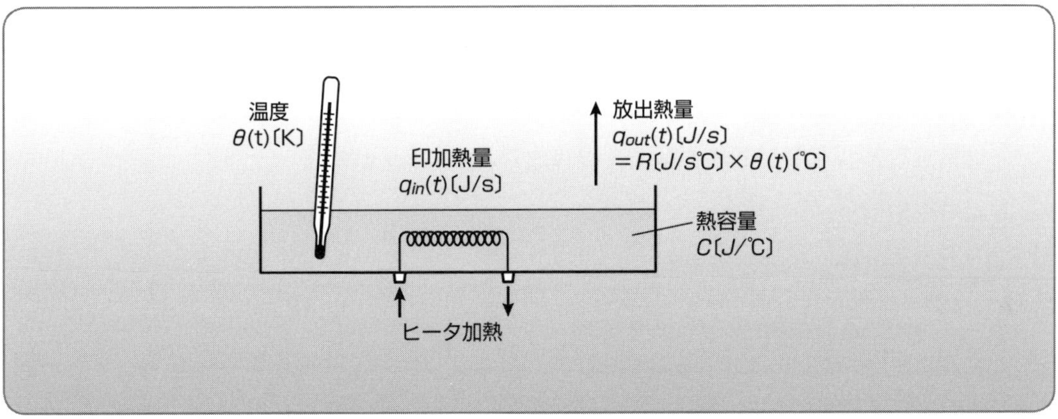

図6-3-1　ヒータで加熱した物体の温度

(1) 1次遅れ系の特徴

1次遅れ系の制御対象にステップ入力を与えてみると、出力が徐々に増加して行き、行き過ぎることなく、ある値まで達したところで出力が安定して変化しなくなるような特性をもっています。理論的には変化しなくなるのではなく、収束値に漸近的に近づき続けます。

たとえば、**図6-3-1**のようにヒータ熱量の入力を $q_{in}(t)$ として湯温を出力 $\theta(t)$ としてみます。お湯が沸騰しない程度に時刻 $t=0$ でヒータに一定の熱量を与えたままにしておくと、湯温である $\theta(t)$ は徐々に増加して、一定の温度になったところでそれ以上変化しなくなります。

この様子をグラフにしてみると**図6-3-2**のようになるでしょう。

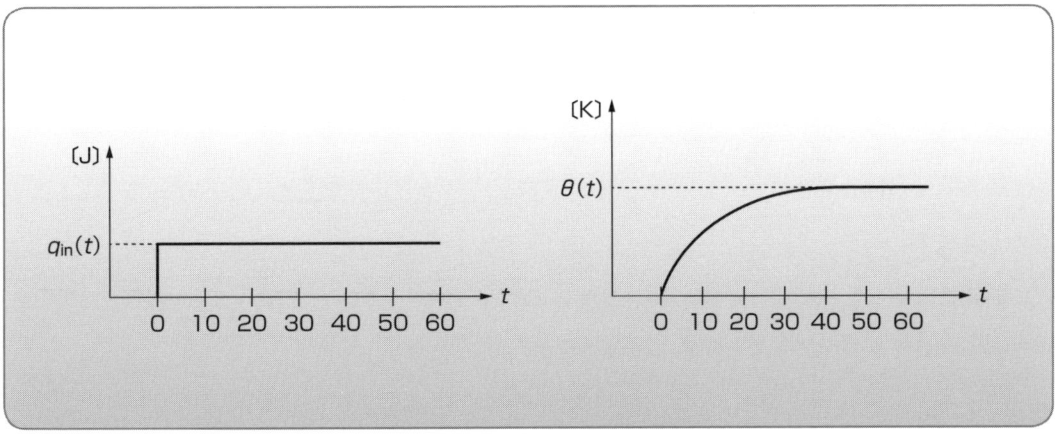

図6-3-2　ヒータと湯温の関係

(2)　１次遅れ系の伝達関数

図 6-3-1 のヒータと物体の温度のモデルを元にして、出力である温度変化を数式にしてみます。

熱容量 C〔J/℃〕の物体（湯）に熱量 q〔J〕与えたときに、温度が $\Delta\theta$〔℃〕上がったとすると次の式が成立ちます。

与えられた熱量(q)＝熱容量(C)×上昇した温度(Δθ)　……①

図 6-3-1 において与えた熱量は $q=q_{in}-q_{out}$ ですから、このときの温度変化を微分方程式にすると次のようになります。

$$q_{in}(t)-q_{out}(t)=C\frac{d}{dt}\theta(t) \quad \cdots\cdots ②$$

一方、熱放出量 $q_{out}(t)$ は温度 $\theta(t)$ に比例するものとします。物体の温度が１℃上がると熱放出量が R だけ増えるとします。

この比例定数 R〔J/s℃〕を使うと、$q_{out}(t)$ は次のようになります。

$$q_{out}(t)=R\theta(t) \quad \cdots\cdots ③$$

この２つの式から $q_{in}(t)$ を求めます。

$$q_{in}(t)=C\frac{d}{dt}\theta(t)+R\theta(t) \quad \cdots\cdots ④$$

両辺をラプラス変換します。

$$\mathcal{L}[q_{in}(t)]=\mathcal{L}\left[C\frac{d}{dt}\theta(t)+R\theta(t)\right] \quad \cdots\cdots ⑤$$

$$Q_{in}(s)=Cs\Theta(s)+R\Theta(s) \quad \cdots\cdots ⑥$$

制御対象の伝達関数 $G(s)$ は、入力に対する出力の変化量ですから、次のようになります。

$$G(s)=\frac{\Theta(s)}{Q_{in}(s)}=\frac{1}{Cs+R} \quad \cdots\cdots ⑦$$

一次遅れ系の標準型である $\frac{K}{Ts+1}$ の形になおすと、次のようになります。

$$\text{伝達関数 } G(s)=\frac{\frac{1}{R}}{\frac{C}{R}s+1} \quad \cdots\cdots ⑧$$

したがって、図 6-3-2 のシステムは $\frac{C}{R}$ を時定数、$\frac{1}{R}$ をゲイン定数にもつ１次遅れ系であることがわかります。

　時定数は $T=\frac{C}{R}$、ゲイン定数 $K=\frac{1}{R}$ となります。

これをブロック線図にすると**図 6-3-3** のようになります。

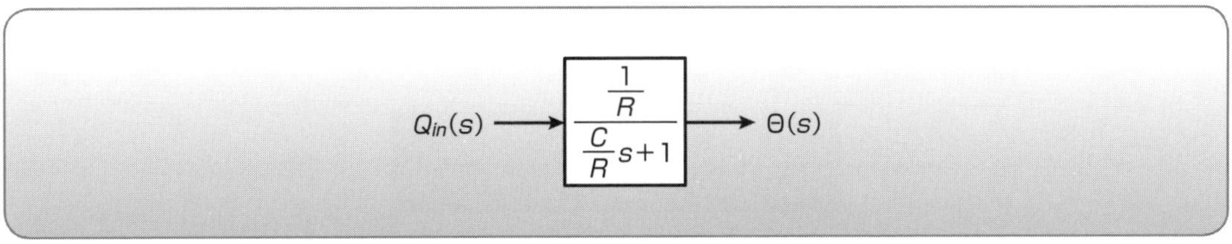

図 6-3-3　ヒータ加熱のブロック線図

(3)　1 次遅れ系の特性

熱容量 C を 1000〔J/℃〕、熱放出定数 R を 2〔J/s·℃〕として計算します。加熱熱量を 120〔J/s〕のステップ入力としてみます。

この場合の s 領域でのブロック線図は**図 6-3-4** のようになります。

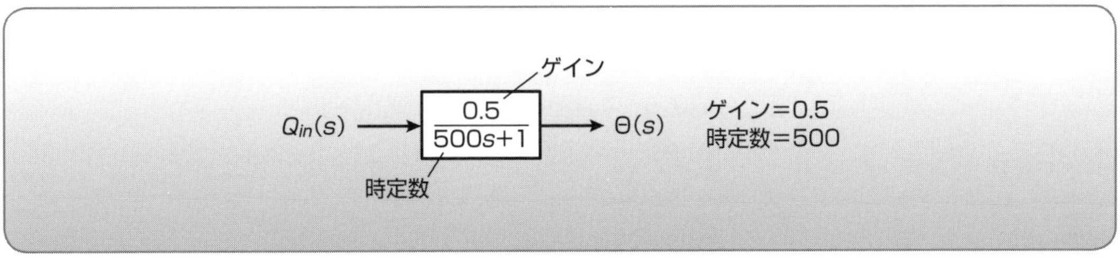

図 6-3-4　s 領域のブロック線図

$Q_{in}(s)$ と $\Theta(s)$ を求めてみます。

$$Q_{in}(s)=120\times\frac{1}{s} \qquad \cdots\cdots⑨$$

$$\Theta(s)=\frac{\frac{1}{R}}{\frac{C}{R}\cdot s+1}\times Q_{in}(s) \qquad \cdots\cdots⑩$$

$$\Theta(s)=\frac{0.5}{500s+1}\times 120\times\frac{1}{s}=\frac{1}{s}\times\frac{60}{500s+1}=\frac{60}{s}-\frac{60\times 500}{500s+1}=60\times\frac{1}{s}-60\times\frac{1}{s+0.002} \qquad \cdots\cdots⑪$$

ラプラス逆変換をして時間領域になおします。

$$\mathcal{L}^{-1}[\Theta(s)]=60\mathcal{L}^{-1}\left(\frac{1}{s}\right)-60\,\mathcal{L}^{-1}\left(\frac{1}{s+0.002}\right) \qquad \cdots\cdots⑫$$

$$\theta(t)=60-60e^{-0.002t} \qquad \cdots\cdots⑬$$

この $\theta(t)$ を実際に計算すると次頁の**表 6-3-1** のようになります。これをグラフにしたものが**図 6-3-5** です。

このグラフから次のことがわかります。

① $Q_{in}(s)$ を 120 のステップ関数にすると 120×0.5=60 が収束値になります。すなわち、1 次遅れ系のステップ応答の収束値はステップ関数の値にゲインを掛けたものになります。
② 1 次遅れ系では、時定数の時刻に収束値の 63.2 %の値になります。

この例では 60 ℃の 63.2 %は 37.92 ℃です。時刻が時定数と同じ 500 秒のときに 37.92 ℃になっています。

表 6-3-1　時刻 t における $\theta(t)$ の値

t (s)	$\theta(t)$ $60-60e^{-0.002t}$ (℃)
0	0
200	19.7
400	33.0
500	37.92
600	41.9
800	47.9
1000	51.8
1200	54.6
1400	56.4
1600	57.6
1800	58.3
2000	58.9 ℃

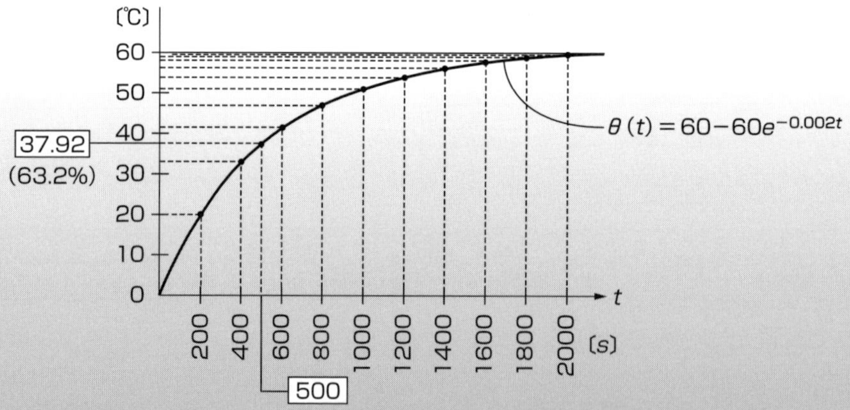

図 6-3-5　ステップ入力を与えたときの温度変化

ここがポイント

1 次遅れ系であることがわかっている制御対象であれば、制御対象に実験的に単位ステップ入力を与えて、その出力特性をグラフにすれば収束値がゲイン K、収束値の 63.2 %に達した時刻が時定数 T になります。このときに制御対象の伝達関数は $\dfrac{K}{Ts+1}$ となります。

解説（その4） 1次遅れ系の意味

注目点

ヒータで物体を加熱したときの特性は１次遅れ系になります。その制御対象の伝達関数を求めて特性を解析してみます。

(1)　温度上昇の変化と伝達関数

物体をヒータなどで温めると、温度の上昇に比例して放出される熱量が大きくなります。このため、ヒータで与えた熱量と放出される熱量がちょうど等しくなったところで、温度上昇は止まって平衡状態になります。この変化の様子をモデルと伝達関数を使って考えてみます。

１次遅れ系の伝達関数の標準形のブロック線図は**図 6-4-1** のようになっています。

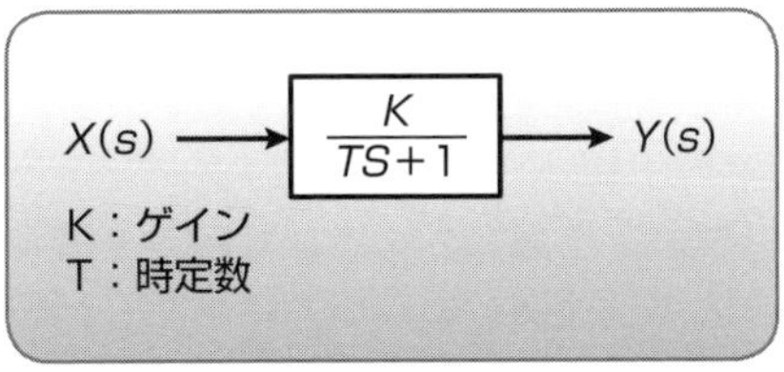

図 6-4-1　１次遅れ系の標準形の伝達関数

ヒータで一定の熱量を供給すると、ある温度で平衡状態になるのは、温度の上昇に比例して放出される熱量が大きくなるという特徴があるからです。

温度が上がると、温度を下げる力が大きくなるので、一定の熱量を供給していると、ある温度で平衡になります。温度に対する熱放出量の大きさを決める定数を B としてみると、放出熱量＝温度×B になります。

このシステムが**図 6-4-2** のような温室システムになっているとして、入力の供給熱量を $x(t)$、出力の温度を $y(t)$ として、入力から出力までの関係を表わす数式を考えてみます。容器内の熱容量を A として、放出する熱量は比例定数 B で温度に比例するものとします。上昇した温度変化分に熱容量を掛けたものが与えられた熱量の変化になるので、次のような微分方程式になります。

$$A\frac{d}{dt}y(t)=x(t)-By(t) \quad \cdots\cdots①$$

$$x(t)=A\frac{d}{dt}y(t)+By(t) \quad \cdots\cdots②$$

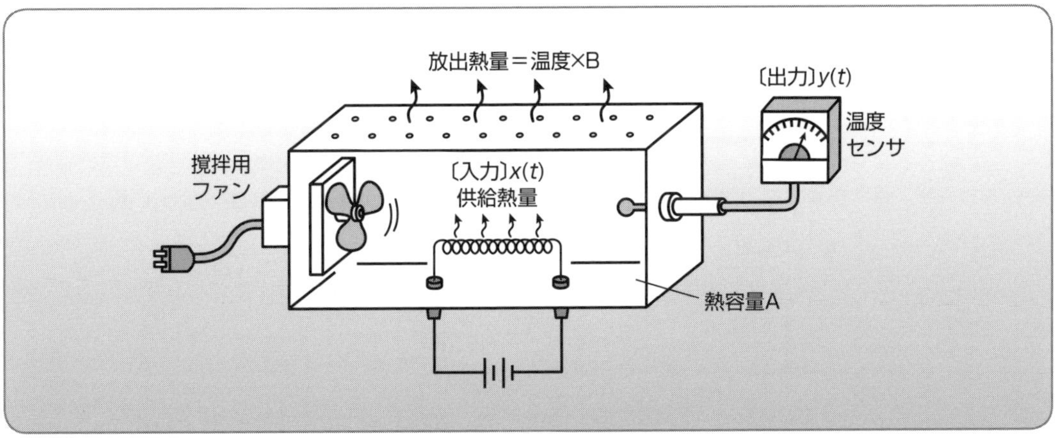

図 6-4-2　温室システム

このように、入力と出力の関係が１階の微分項と比例項でできているシステムを「１次遅れ系」と呼びます。

この１次遅れ系を s 領域に変換します。

両辺をラプラス変換します。

$$\mathcal{L}[x(t)] = A\mathcal{L}\left[\frac{d}{dt}y(t)\right] + B\mathcal{L}[y(t)] \quad \cdots\cdots③$$

$$X(s) = AsY(s) + BY(s) \quad \cdots\cdots④$$

$$Y(s) = \frac{1}{As+B}X(s) \quad \cdots\cdots⑤$$

１次遅れ系の伝達関数 $G(s)$ は次のようになります。

$$G(s) = \frac{Y(s)}{X(s)} = \frac{1}{As+B} \quad \cdots\cdots⑥$$

ブロック線図で記述してみると**図 6-4-3** のようになります。

この伝達関数を標準形にすると、**図 6-4-4** のように $1/B$ がゲインで A/B が時定数になります。

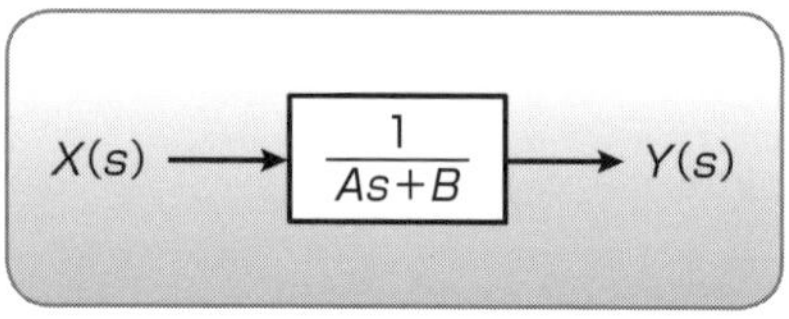

図 6-4-3　温室システムのブロック線図

伝達関数 $\dfrac{1}{As+B} = \dfrac{1/B}{(A/B)s+1} = \dfrac{K}{Ts+B} \quad \cdots\cdots⑦$

図 6-4-4　１次遅れ系の標準形への変換

(2)　１次遅れ系は積分要素のフィードバック

１次遅れ系の「遅れ」というのは、フィードバックが入っているということと同じ意味になります。

制御対象の出力特性が単に入力を定数倍しただけの比例要素だったり、入力された量を加え合わせただけの積分要素だけだったりする場合には時間遅れはありません。

比例要素とは、蛇口から出る水の量とバルブの関係のようなもので、蛇口をひねった分に比例した水が時間の遅れがなく出てくるものです。積分要素とは蛇口から出る水の量とバケツにたまる水の体積の関係のようなもので、水がたまる時間が遅れるということはありません。

図 6-4-5 は、比例要素と積分要素のイメージです。

ここがポイント

次のような積分要素をフィードバックしたものと、１次遅れ系の入出力の関係はまったく同じ特性になります。積分要素の制御対象をフィードバック制御すると１次遅れ系の特性になります。

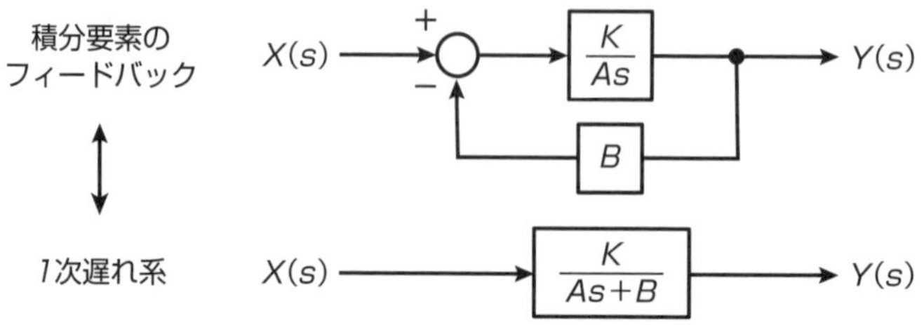

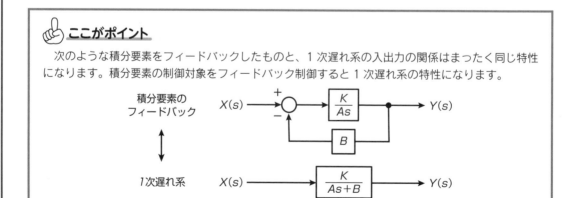

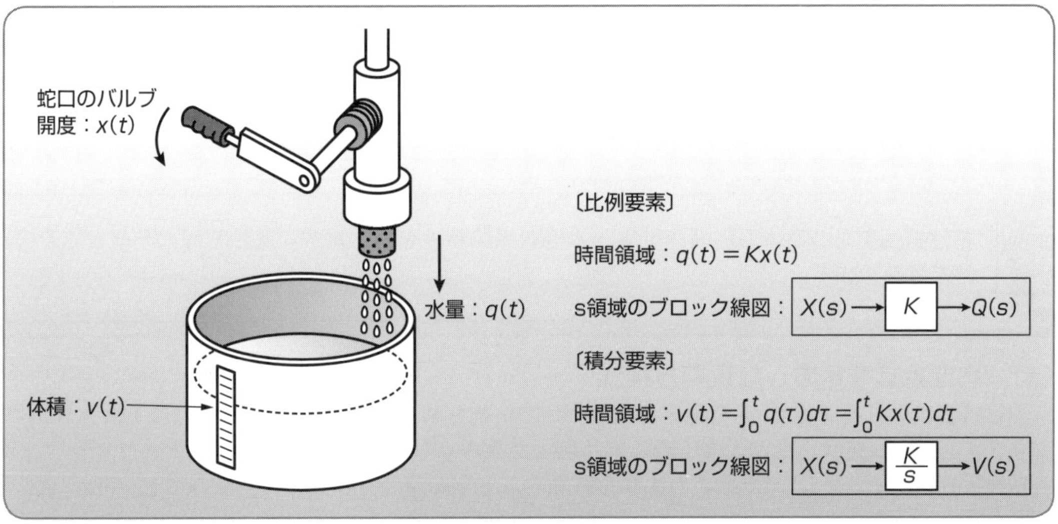

図6-4-5　遅れのない比例要素と積分要素

比例要素は時間の関数が入っていないので、フィードバックを付けることはできませんが、積分要素はフィードバックできます。

そこで積分要素の出力である体積を、定数Bでフィードバックしたものが**図6-4-6**のブロック線図です。

式⑧～⑩のように計算して図6-4-6の伝達関数を求めてみると、式⑪のようになります。

新たに⑪式の伝達関数を使ってブロック線図にすると**図6-4-7**のように1次遅れ系になります。

ここで定数 $\frac{1}{K}=A$ と置き換えると、図6-4-3の1次遅れ形のブロック線図とまったく同じ形になることがわかります。すなわち、1次遅れ系とは積分要素だけの制御対象にフィードバックをかけたものと同等であるということができます。この場合、遅れとはフィードバックを意味すると考えてもよいでしょう。

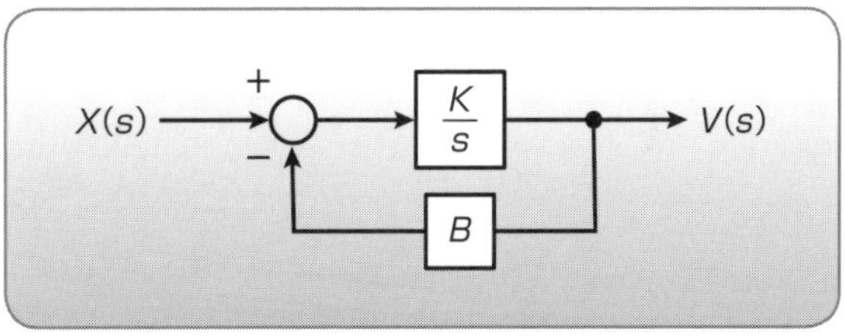

図6-4-6　積分要素のフィードバック

$$V(s)=(X(s)-BV(s))\times\frac{K}{s} \quad \cdots\cdots⑧$$

$$\left(1+\frac{KB}{s}\right)V(s)=\frac{K}{s}X(s) \quad \cdots\cdots⑨$$

$$(s+KB)V(s)=KX(s) \quad \cdots\cdots⑩$$

$$G(s)=\frac{V(s)}{X(s)}=\frac{K}{s+KB}=\frac{1}{\frac{1}{K}s+B} \quad \cdots\cdots⑪$$

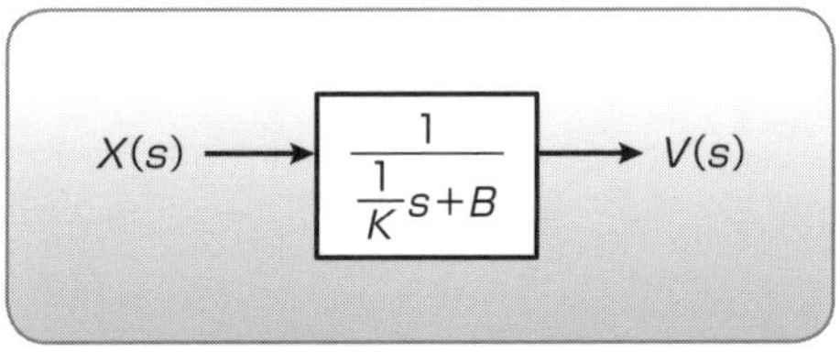

図6-4-7　積分要素をフィードバックしたものが1次遅れ系になる

解説（その5）　１次遅れ系の運動方程式

注目点　粘性抵抗をもつ物体の移動速度は１次遅れ系の特性をもちます。運動方程式を使ってその特性を解析します。

(1)　粘性抵抗を考慮した運動方程式

粘性抵抗だけをもつ質量 M の物体を、力 $f(t)$ で移動させたときの速度出力 $v(t)$ は１次遅れ系になります。粘性抵抗は速度が大きくなるに比例して大きくなります。

粘性抵抗があるときに、質量 M の物体を移動するときの運動方程式を考えてみましょう。

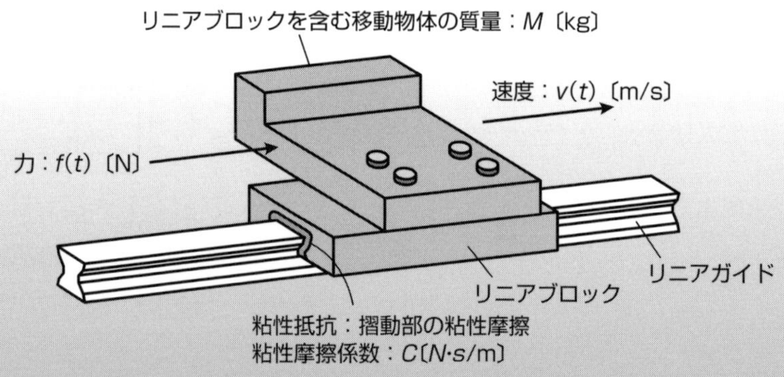

図 6-5-1　粘性抵抗のある物体の移動

図 6-5-1 は、リニアガイドとリニアブロックの間に比較的大きな粘性摩擦による粘性抵抗がある移動装置です。

粘性摩擦はオイルダンパなどと類似した特性をもち、速度に比例した抵抗力を出します。動摩擦は無視できるほど小さいものとします。

オイルダンパは、**図 6-5-2** のように油が充填されたシリンダのイメージで、ピストンを押し込む

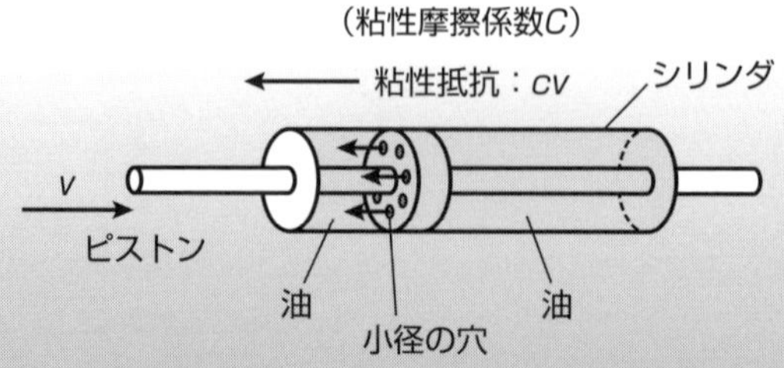

図 6-5-2　オイルダンパの粘性抵抗

と、油が小径の穴を通ってピストンの反対側に移動する仕組みになっています。押し込む速度 v に比例して、ダンパ側からピストンに与える抵抗が大きくなります。

このダンパを摺動部の粘性抵抗として、図 6-5-1 をモデル化すると**図 6-5-3** のようになります。

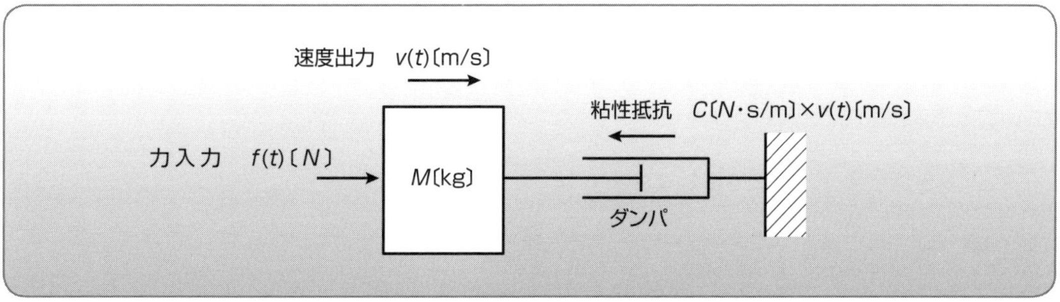

図 6-5-3　質量とダンパのモデル

(2) 伝達関数を求める

力 $f(t)$ を入力、質量 M の物体の速度 $v(t)$ を出力とした伝達関数を求めてみます。粘性抵抗 $Cv(t)$ は負の力ですから、運動方程式は次のようになります。

$$f(t) - Cv(t) = M\frac{d}{dt}v(t) \quad \cdots\cdots①$$

初期値をすべて 0 として両辺をラプラス変換します。

$$F(s) = MsV(s) + CV(s) \quad \cdots\cdots②$$

伝達関数 $G(s)$ は次のようになります。

$$G(s) = \frac{V(s)}{F(s)} = \frac{1}{Ms+C} \quad \cdots\cdots③$$

この伝達関数を 1 次遅れ系の標準形 $\frac{K}{Ts+1}$ の形に直します。

$$G(s) = \frac{1}{Ms+C} = \frac{\frac{1}{C}}{\frac{M}{C}+1} \quad \cdots\cdots④$$

すなわち時定数 $T=\frac{M}{C}$、ゲイン定数 $K=\frac{1}{C}$ の 1 次遅れ系となります。

これをブロック線図にすると**図 6-5-4** のようになります。

$M=4$〔kg〕、$C=1$〔N･s/m〕として、$f(t)$ を 1〔N〕の単位ステップ関数としたときの出力 $v(t)$ の特性を考えてみます。次の式で時定数 $T=4$、ゲイン定数 $K=1$ となるので、定常値はゲイン定数の値 1 に収束し、時定数である 4 秒後に定常値の 63.2 %の値をとることになります。

$$\begin{cases} \text{時定数} \quad T=\frac{M}{C}=4 \\ \text{ゲイン定数} \quad K=\frac{1}{C}=1 \end{cases} \quad \cdots\cdots⑤$$

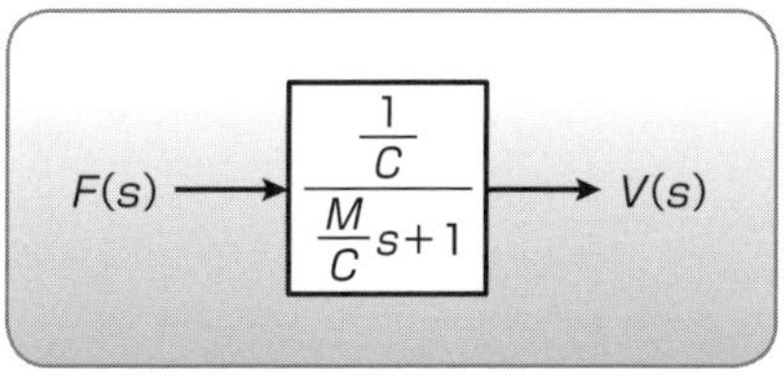

図 6-5-4　質量−ダンパ系のブロック線図

(3)　時間変化を求める

出力 $v(t)$ の時間変化を求めてみます。

$F(s)$ は単位ステップ関数としたので、ラプラス変換表から $F(s)=\frac{1}{s}$ とします。

次に $V(s)$ を図 6-5-4 のブロック線図と式⑤から求めます。

$$V(s)=\frac{1}{4s+1}\cdot\frac{1}{s} \quad \cdots\cdots ⑥$$

この式の右辺を部分分数に分解します。

$$V(s)=\frac{1}{s}-\frac{4}{4s+1}=\frac{1}{s}-\frac{1}{s+0.25} \quad \cdots\cdots ⑦$$

ラプラス変換表にある次の 2 つの変換を使います。

$$\pounds^{-1}\left(\frac{1}{s}\right)=1、\ \pounds^{-1}\left(\frac{1}{s+\alpha}\right)=e^{-\alpha t} \quad \cdots\cdots ⑧$$

したがって、式⑦は次のようにラプラス逆変換できます。

$$\pounds^{-1}[V(s)]=\pounds^{-1}\left(\frac{1}{s}\right)-\pounds^{-1}\left(\frac{1}{s+0.25}\right) \quad \cdots\cdots ⑨$$

$$v(t)=1-e^{-0.25t} \quad \cdots\cdots ⑩$$

$e=2.718$ として、t に 0〜10 までの値を入れたときの $v(t)$ の値を計算したものが**表 6-5-1** です。この表を元にグラフにしたものが**図 6-5-5** になります。

表 6-5-1　各時刻における $v(t)$ の値

t 〔s〕	v 〔m/s〕 $1-e^{-0.25t}$
0	0
1	0.221
2	0.393
3	0.528
4	0.632
5	0.713
6	0.777
7	0.826
8	0.865
9	0.890
10	0.918

時定数の時刻のときに収束値の 0.632 倍になる

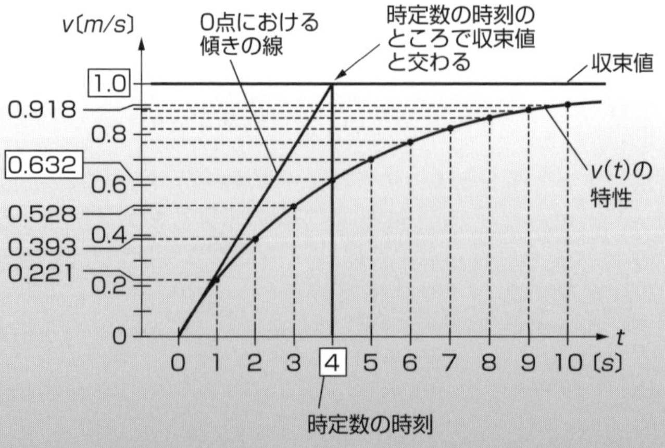

図 6-5-5　速度出力の単位ステップ応答特性

解説（その6） 実験で得た出力特性から制御対象の伝達関数を求める

注目点

制御対象が１次遅れ系であることがわかっている場合に、ステップ入力を与えたときの出力特性から制御対象の伝達関数を求めることができます。

（1） １次遅れの伝達関数

１次遅れ要素の伝達関数 $G(s)$ は

$$G(s)=\frac{Y(s)}{X(s)}=\frac{K}{Ts+1} \quad \cdots\cdots①$$

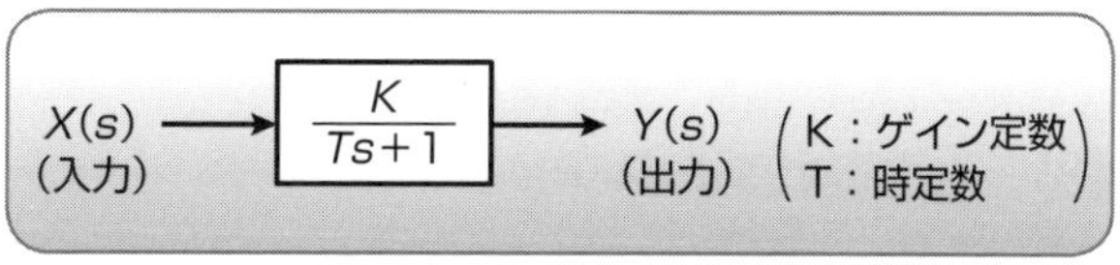

図 6-6-1　ブロック線図

となっていて、ブロック線図で表わすと**図 6-6-1** のようになっています。

入力として単位ステップ関数を与えると、必ず**図 6-6-2** のようなゲイン定数 K に収束する指数曲線になります。

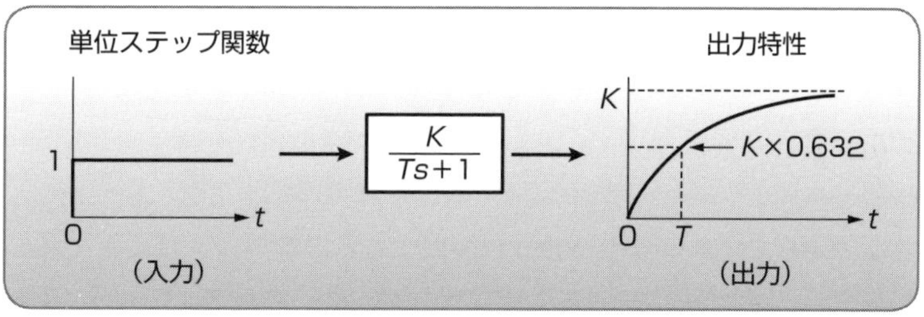

図 6-6-2　１次遅れ係の単位ステップ応答

（2） 自動車のアクセルと速度の関係

自動車のアクセルと速度の関係が１次遅れ系と仮定して、伝達関数を求めてみましょう。

自動車のアクセルの開度（踏み込み量）と速度の関係を実験的に求めてみます。**図 6-6-3** に示すように、アクセルの開度を大きさ１でステップ状に与えたとき、速度を計測したら同図に示すようなほぼ１次遅れ要素の特性を示し、定常状態における速度は 50.0〔km/h〕、その 63.2 ％の速度に達するまでに経過した時間は 4.0〔s〕であったとします。このとき、アクセルの開度を入力、速度を出力として伝達関数を求めてみます。ただし、出発直後の若干の遅れ時間は無視します。

図 6-6-2 の単位ステップ応答の図を使って、近似的に１次遅れとして伝達関数を求めます。

実験結果のグラフより、

・ゲイン定数：$K=50.0$〔km/h〕

・時定数：$T=4.0$〔s〕

ですから、求める伝達関数 $G(s)$ は次のようになります。

$$G(s)=\frac{50.0}{4.0s+1} \quad \cdots\cdots②$$

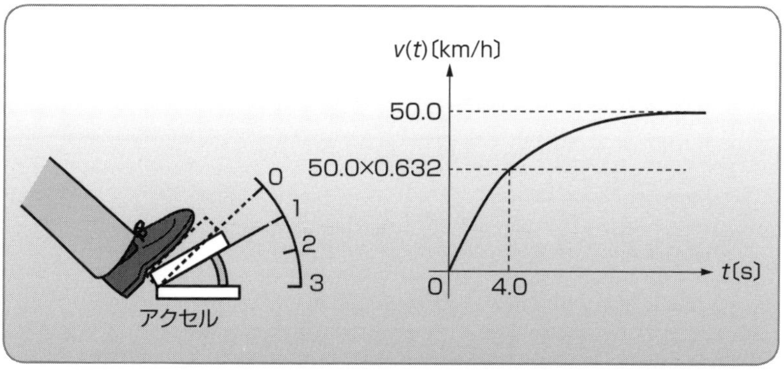

図 6-6-3　自動車の速度応答

ここで使ったのは次の関係です。

1 次遅れ要素の伝達関数：$G(s)=\dfrac{K}{Ts+1}$

・ゲイン定数K：単位ステップ応答の定常値
・時定数T：単位ステップを与えたときに定常状態（ゲイン定数K）の値の 63.2 %に達するまでの経過時間

一般に、1 次遅れ要素の伝達関数のパラメータであるゲイン定数Kと時定数Tがわかっていれば、単位ステップ応答が確定します。一方、この例のように伝達関数のパラメータがわからない未知の場合、実験的に単位ステップ応答を計測することで、伝達関数の未知パラメータを求めることもできるわけです。これを「パラメータ同定」と呼びます。

(3)　1 次遅れ系のステップ応答

1 次遅れ系の単位ステップ応答が指数曲線になる理由は、単位ステップ関数$\dfrac{1}{s}$を 1 次遅れ系の伝達関数$\dfrac{K}{Ts+1}$に与えたときの出力$Y(s)$が

$$Y(s)=\frac{K}{Ts+1}\cdot\frac{1}{s}\quad\cdots\cdots③\qquad\begin{pmatrix}K：ゲイン定数\\T：時定数\end{pmatrix}$$

となるからです。これを部分分数展開すると、次のように変形できます。

$$Y(s)=\frac{K}{s}-\frac{KT}{Ts+1}=K\cdot\frac{1}{s}-K\cdot\frac{1}{s+\frac{1}{T}}\quad\cdots\cdots④$$

これをラプラス逆変換すると次のようになるので、$y(t)$は指数関数になります。

$$y(t)=K-Ke^{-\frac{1}{T}t}\quad\cdots\cdots⑤$$

この式のtを変化させると出力の値が計算できます。$T\to\infty$のとき$e^{-\frac{1}{T}t}\to 0$ですから収束値はKになります。

$$y(\infty)=K\quad\cdots\cdots⑥$$

また、$t=T$のときには$e=2.71828\cdots\cdots$なので、次のようになります。

$$y(T)=K-Ke^{-1}=K\left(1-\frac{1}{e}\right)=K\times 0.63212\fallingdotseq 0.632K\quad\cdots\cdots⑦$$

ここがポイント

1 次遅れ要素の伝達関数：$G(s)=\dfrac{K}{Ts+1}$

・ゲイン定数K：単位ステップ応答の定常値
・時定数T：定常状態（ゲイン定数K）の値の 63.2 %に値が達するまでの単位ステップ応答の経過時間

解説（その7）　2次遅れ系の制御対象

注目点　2次遅れ系は構成要素の値のとり方によって、ステップ応答が振動的になることもあります。

(1)　質量‐ばね‐ダンパ系の制御対象

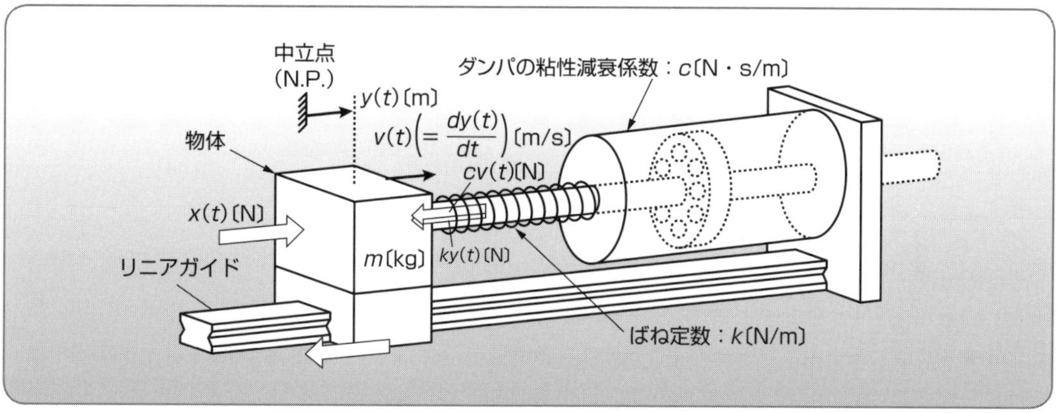

図 6-7-1　質量‐ばね‐ダンパ系

図 6-7-1 は、摩擦のないリニアガイドで、直進運動をする質量 m〔kg〕の物体に、ばね定数 k〔N/m〕のばねを取り付けたものです。ばねは縮んだ量に比例した力が出ます。ダンパとは、油の入ったシリンダにピストンを入れたような構造になっていて、ピストンを動かそうとすると、中の油がピストンの反対側に移動するので、粘性抵抗がかかる構造になっているものです。

この粘性抵抗の粘性減衰係数を c〔N・s/m〕とします。単位からわかるように粘性抵抗はピストンの移動速度に比例します。

この物体に力 $x(t)$〔N〕を入力として、スプリングが縮む方向にリニアガイドに平行に移動させるものとします。

図の N.P. は Neutral Point の略で、スプリングの力と速度が 0 になっている中立点とします。

この中立点を変位 0〔m〕、速度 0〔m/s〕、ばねから受ける力も 0〔N〕として、この点をスタート位置にとり、$x(t)$〔N〕を加えたときの変位を $y(t)$〔m〕、その時の速度を $v(t)$〔m/s〕とします。

当然ながら $v(t)=\dfrac{d}{dt}y(t)$ です。

(2)　運動方程式

図 6-7-1 の右方向を力をかける正方向とします。力 $x(t)$ をかけて物体が移動すると、移動した変位〔m〕にばね定数 k〔N/m〕を掛けた力が負の方向に生じます。

さらに速度 v〔m/s〕に比例した粘性抵抗による力 $cv(t)$〔N〕$=c\dfrac{d}{dt}y(t)$〔N〕が、やはり負の方向に作用します。力の総和 $F(t)$ は、

$$F(t) = x(t) - c\frac{d}{dt}y(t) - ky(t) \quad \cdots\cdots①$$

で、この力 $F(t)$ が質量 m〔kg〕の物体にかかると、加速度 $\frac{d^2}{dt^2}y(t)$ を生じるので、

$$m\frac{d^2}{dt^2}y(t) = x(t) - c\frac{d}{dt}y(t) - ky(t) \quad \cdots\cdots②$$

という運動方程式が成り立ちます。

(3)　２次遅れ系の伝達関数

式②をラプラス変換して、入力に対する出力の比に当たる伝達関数 $G(s)$ を求めてみます。

$$£\left\{m\frac{d^2}{dt^2}y(t)\right\} = £\left\{x(t) - c\frac{d}{dt}y(t) - ky(t)\right\} \quad \cdots\cdots③$$

$$ms^2Y(s) = X(s) - csY(s) - kY(s) \quad \cdots\cdots④$$

$$(ms^2 + cs + k)Y(s) = X(s) \quad \cdots\cdots⑤$$

式⑤より伝達関数 $G(s)$ は、

$$G(s) = \frac{Y(s)}{X(s)} = \frac{1}{ms^2 + cs + k} \quad \cdots\cdots⑥$$

となります。

質量–ばね–ダンパ系の伝達関数は式⑥で表されているので、これをブロック線図にすると、**図 6–7–2** のようになります。

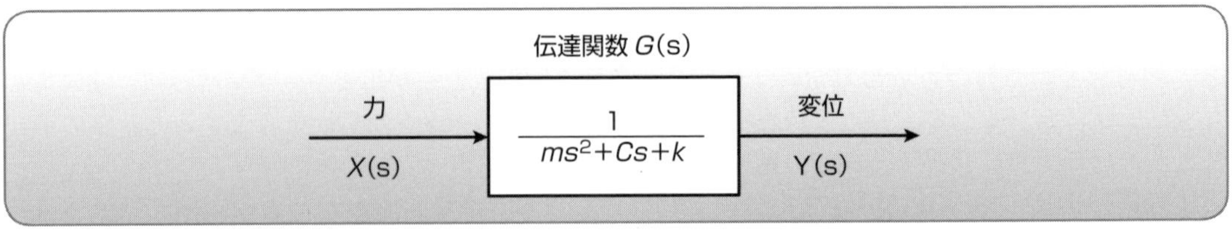

図 6–7–2　質量–ばね–ダンパ系のブロック線図

このように分母が s の２次式になっているものを「２次遅れ系」と呼びます。

(4)　２次遅れ系のステップ応答

$\frac{1}{ms^2 + cs + k}$ で表わされるシステムに、単位ステップ入力 $X(t) = u(t)$ を与えたときの出力の時間変化を計算してみます。単位ステップ入力は、**図 6–7–3** のように時刻０で、１〔N〕の力を与えることになります。

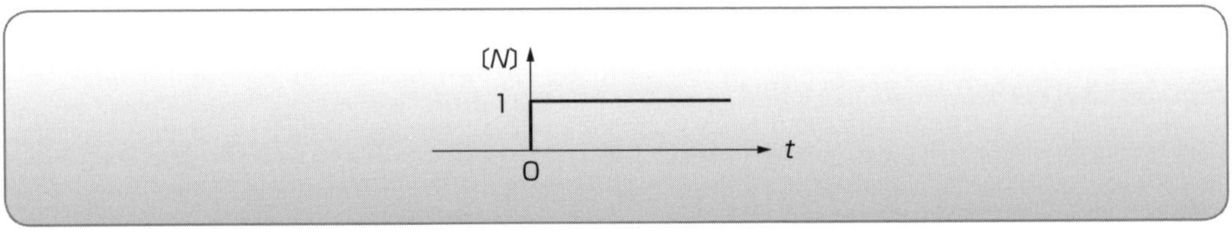

図 6–7–3　単位ステップ入力 $u(t)$

単位ステップ入力をラプラス変換すると、ラプラス変換表より次のようになります。

$$\mathcal{L}[u(t)]=\frac{1}{s}$$

これを伝達関数 $\dfrac{1}{ms^2+cs+k}$ に入力として加えたときに、出力 $Y(s)$ となることを表わすブロック線図は、**図6-7-4** のように書きます。

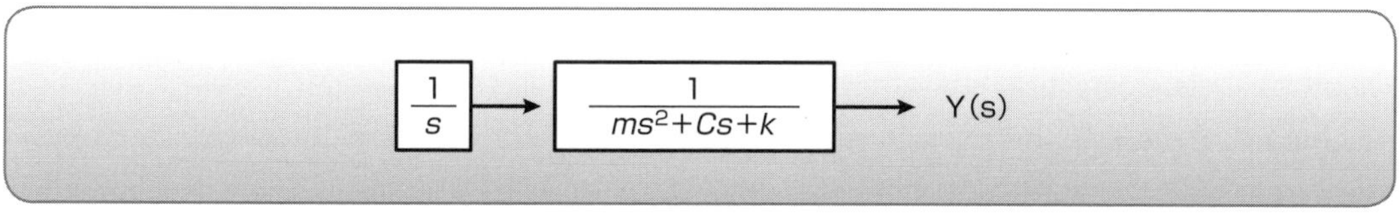

図6-7-4　単位ステップ入力を与えたときのブロック線図

このブロック線図から $Y(s)$ は次のようになります。

$$Y(s)=\frac{1}{ms^2+cs+k}\cdot\frac{1}{s}\quad\cdots\cdots⑦$$

たとえば

$m=1$〔kg〕、$c=5$〔N·s/m〕、$k=6$〔N/m〕

としてみると、

$$Y(s)=\frac{1}{s^2+5s+6}\,\frac{1}{s}\quad\cdots\cdots⑧$$

因数分解します。

$$Y(s)=\frac{1}{s(s+2)(s+3)}\quad\cdots\cdots⑨$$

これを部分分数展開すると次のようになります。

$$\begin{cases} Y(s)=\dfrac{A}{s+2}+\dfrac{B}{s+3}+\dfrac{C}{s} \\ A=-\dfrac{1}{2}、B=\dfrac{1}{3}、C=\dfrac{1}{6} \end{cases}\quad\cdots\cdots⑩$$

$Y(s)$ は次のようになります。

$$Y(s)=\frac{1}{3}\cdot\frac{1}{s+3}-\frac{1}{2}\cdot\frac{1}{s+2}+\frac{1}{6}\cdot\frac{1}{s}\quad\cdots\cdots⑪$$

両辺をラプラス逆変換します。

$$\mathcal{L}^{-1}[Y(s)]=\frac{1}{3}\mathcal{L}^{-1}\left(\frac{1}{s+3}\right)-\frac{1}{2}\mathcal{L}^{-1}\left(\frac{1}{s+2}\right)+\frac{1}{6}\mathcal{L}^{-1}\left(\frac{1}{s}\right)\quad\cdots\cdots⑫$$

ラプラス変換表を使って時間領域に戻します。

$$y(t)=\frac{1}{3}e^{-3t}-\frac{1}{2}e^{-2t}+\frac{1}{6}\quad\cdots\cdots⑬$$

(5)　最終値の定理で定常値を求める

式⑦から1〔N〕の単位ステップ入力を与えたときの出力特性がわかっています。この定常値を最終値の定理を使って求めてみます。

最終値は

$$\lim_{t\to\infty} f(t) = \lim_{s\to 0} sF(s) \quad \cdots\cdots ⑭$$

でしたから、

$$\lim_{t\to\infty} y(t) = \lim_{s\to 0} s\cdot\frac{1}{ms^2+cs+k}\cdot\frac{1}{s} = \lim_{s\to 0}\frac{1}{ms^2+cs+k} = \frac{1}{k} \quad \cdots\cdots ⑮$$

$$\text{定常値} = \frac{1}{k}〔\mathrm{m}〕 \quad \cdots\cdots ⑯$$

となります。

すなわち、1〔N〕の力を質量ばねダンパ系に与えると、ばねが$\frac{1}{k}$〔m〕まで縮んだところで止まることになります。このときのばねの力は

$$\text{ばねの力} = \frac{1}{k}〔\mathrm{m}〕\times k〔\mathrm{N/m}〕 = 1〔\mathrm{N}〕 \quad \cdots\cdots ⑰$$

となりますから、ばねの力と入力した力がつり合った場所で止まるという、ごく当り前の結果になります。

一方、時間領域の式⑬において $t\to\infty$ にすれば定常値が求まります。

式⑬では、入力は1〔N〕でばね定数は6〔N/m〕でした。

$$\lim_{t\to\infty} y(t) = \lim_{t\to\infty}\left(\frac{1}{3}e^{-3t} - \frac{1}{2}e^{-2t} + \frac{1}{6}\right) \quad \cdots\cdots ⑱$$

ですから、

$$\lim_{t\to\infty} y(t) = \frac{1}{6}〔\mathrm{m}〕 \quad \cdots\cdots ⑲$$

になります。

すなわち、ばねが$\frac{1}{6}$〔m〕縮んだところで止まるので、ばねの力は

$$\frac{1}{6}〔\mathrm{m}〕\times 6〔\mathrm{N/m}〕 = 1〔\mathrm{N}〕 \quad \cdots\cdots ⑳$$

という計算で、入力の1〔N〕とつり合うばねの力が出るところで停止することがわかります。

解説(その8) RLC回路の2次遅れ系

注目点

RLC 回路の 2 次遅れ系について回路方程式を立てて、s 領域の伝達関数をつくります。その伝達関数にステップ入力を与えたときの出力の時間変化を観察します。

(1) 制御対象と回路方程式

図 6-8-1 は、時刻 0 で 1〔V〕の電圧を直列の RLC 回路に与えたときにコンデンサ C の両端に現われる電圧の変化を観察するものです。

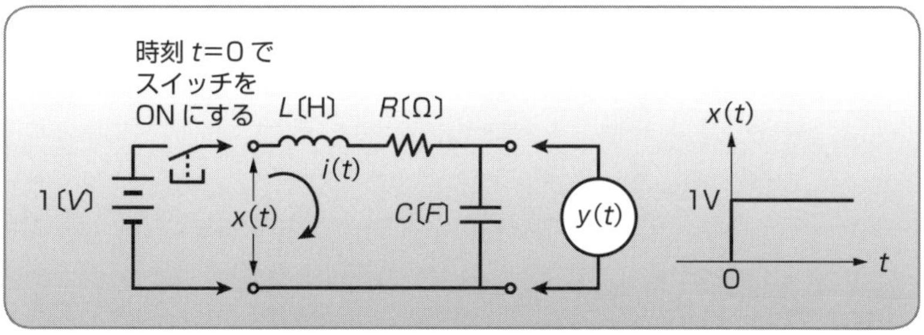

図 6-8-1　RLC 回路と電圧の変化

この RLC 回路に共通の電流 $i(t)$ が流れたときにインダクタンス L の両端には $L\dfrac{d}{dt}i(t)$ の電圧がかかり、抵抗 R の両端には $Ri(t)$、コンデンサ C の両端には $\dfrac{1}{C}\displaystyle\int_0^t i(\tau)d\tau$ の電圧がかかることになります。

この 3 つの電圧の合計が、$x(t)$ と等しくなるので、回路方程式は式①のようになります。

$$\begin{cases} x(t) = L\dfrac{d}{dt}i(t) + Ri(t) + y(t) \\ y(t) = \dfrac{1}{C}\displaystyle\int_0^t i(\tau)d\tau \end{cases} \quad \cdots\cdots①$$

$x(t)$、$y(t)$、$i(t)$ の s 領域での関数をそれぞれ $X(s)$、$Y(s)$、$I(s)$ として、両辺をラプラス変換すると式②になります。

$$\begin{cases} \pounds[x(t)] = L\pounds\left(\dfrac{d}{dt}i(t)\right) + R\pounds[i(t)] + \pounds[y(t)] \\ \pounds[y(t)] = \dfrac{1}{C}\pounds\left(\displaystyle\int_0^t i(\tau)d\tau\right) \end{cases} \quad \cdots\cdots②$$

ラプラス変換表とラプラス定理表を使って s 領域に変換して、式③のようにします。

$$\begin{cases} X(s) = LsI(s) + RI(s) + Y(s) \\ Y(s) = \dfrac{1}{C}\dfrac{1}{s}I(s) \end{cases} \quad \cdots\cdots③$$

式③の上の式に $I(s) = CsY(s)$ を代入します。伝達関数 $G(s)$ は $X(s)$ に対する $Y(s)$ の比なので、式④、式⑤のようになります。

$$X(s) = LCs^2Y(s) + RCsY(s) + Y(s) \quad \cdots\cdots④$$

$$G(s) = \frac{Y(s)}{X(s)} = \frac{1}{LCs^2 + RCs + 1} \quad \cdots\cdots⑤$$

s^2 の項を 1 にするには全体を $\dfrac{1}{LC}$ で割って式⑥のようにします。

$$G(s) = \frac{Y(s)}{X(s)} = \frac{1}{LC} \cdot \frac{1}{s^2 + \dfrac{R}{L}s + \dfrac{1}{LC}} \quad \cdots\cdots⑥$$

(2)　ステップ応答

この伝達関数 $G(s)$ をもつシステムに、単位ステップ入力を与えたときの出力の変化を観察します。

単位ステップ入力は、時刻 $t=0$ において 1〔V〕の電圧をかけることになるので、単位ステップ関数 $u(t)$ を使います。$x(t)=u(t)$ なので、これをラプラス変換します。ラプラス変換表から $u(t)$ は s 領域では $\frac{1}{s}$ になります。

$$\pounds[x(t)]=\pounds[u(t)] \quad \cdots\cdots⑦$$

$$X(s)=\frac{1}{s} \quad \cdots\cdots⑧$$

式⑧と式⑥を使うと、RLC 回路に $t=0$ で 1〔V〕の電圧を加えたときのコンデンサ C の両端に現われる電圧の変化がわかります。$R=500$〔Ω〕、$L=1$〔H〕、$C=25\mu$〔F〕とすると、

$$Y(s)=\frac{1}{LC}\cdot\frac{1}{s^2+\frac{R}{L}s+\frac{1}{LC}}\cdot\frac{1}{s} \quad \cdots\cdots⑨$$

$$Y(s)=40000\cdot\frac{1}{s^2+500s+40000}\cdot\frac{1}{s} \quad \cdots\cdots⑩$$

となるので、これを因数分解して、部分分数展開します。

$$Y(s)=40000\cdot\frac{1}{s(s+100)(s+400)} \quad \cdots\cdots⑪$$

$$Y(s)=40000\times\left(\frac{\alpha}{s}-\frac{\beta}{s+100}+\frac{\gamma}{s+400}\right) \quad \cdots\cdots⑫$$

α、β、γ は $\alpha=\frac{3}{120000}$、$\beta=\frac{4}{120000}$、$\gamma=\frac{1}{120000}$ となりますから、次のようになります。

$$Y(s)=\frac{1}{3}\left(\frac{3}{s}-\frac{4}{s+100}+\frac{1}{s+400}\right) \quad \cdots\cdots⑬$$

(3)　ステップ応答の時間領域表現

s 領域のステップ応答をラプラス逆変換して時間領域の関数に戻します。

式⑬の両辺をラプラス逆変換します。

$$\pounds^{-1}[Y(s)]=\pounds^{-1}\left(\frac{1}{s}\right)-\frac{4}{3}\pounds^{-1}\left(\frac{1}{s+100}\right)+\frac{1}{3}\pounds^{-1}\left(\frac{1}{s+400}\right) \quad \cdots\cdots⑭$$

ラプラス変換するときに $y(t)$ の s 領域の関数を $Y(s)$ としたので逆変換すると $Y(s)$ は $y(t)$ となります。そこで式⑭は式⑮のように時間領域の関数に変換されます。

$$y(t)=1-\frac{4}{3}e^{-100t}+\frac{1}{3}e^{-400t} \quad \cdots\cdots⑮$$

解説（その9） むだ時間のあるシステムの伝達関数

注目点

制御対象としてむだ時間を含むモデルを扱うことがあります。蛇口から出てくる水に薬品を混合するシステムを例にしてむだ時間について考えます。

図 6-9-1 のように、蛇口から出てくる水に薬品を混合するシステムを考えてみます。

蛇口が A の位置にある場合は、すぐに薬品が混ざった水が出ますが、B にあるときは L〔s〕だけ遅れて出てきます。蛇口が A にある場合の応答を $x(t)$ とすると、蛇口が B にある場合の応答 $y(t)$ は、

$$y(t)=x(t-L) \quad \cdots\cdots①$$

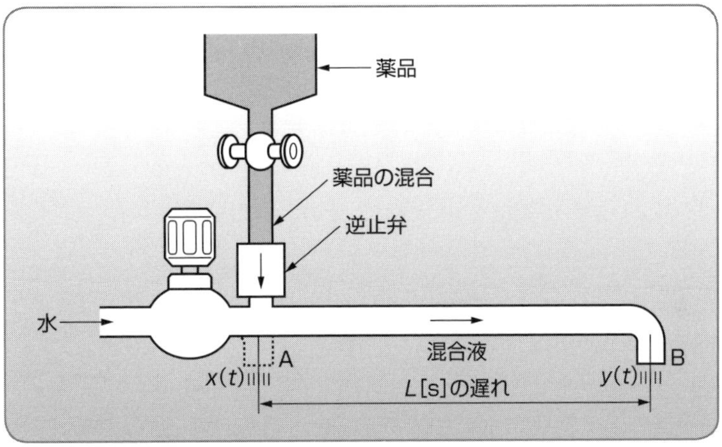

図 6-9-1　むだ時間を含む系

と表され、**図 6-9-2** に示すように時間 L だけ遅れた応答波形となります。このような要素を「むだ時間要素」といい、L〔s〕を「むだ時間」と呼びます。

式①をラプラス変換します。

$$\mathcal{L}[y(t)]=\mathcal{L}[x(t-L)] \quad \cdots\cdots②$$
$$Y(s)=e^{-Ls}X(s) \quad \cdots\cdots③$$

入力に対する出力の比が伝達関数ですから、むだ時間の伝達関数 $G(s)$ は次のように求まります。

$$G(s)=\frac{Y(s)}{X(s)}=e^{-Ls} \quad \cdots\cdots④$$

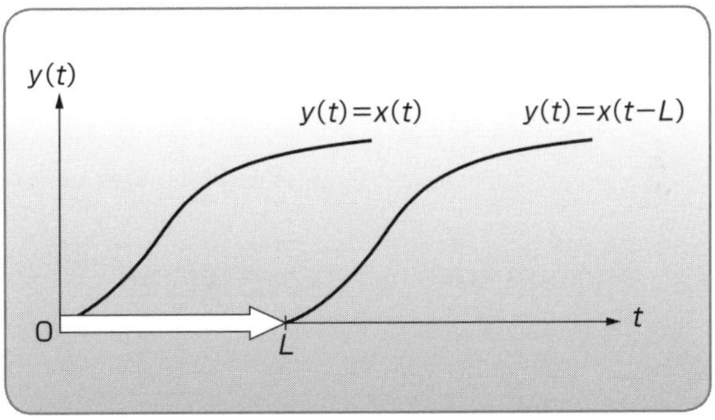

図 6-9-2　むだ時間要素の応答

ここがポイント

「ラプラス変換の定理表」（75 頁）から、むだ時間要素のラプラス変換は次式で表されます。

むだ時間要素のラプラス変換：$\mathcal{L}[x(t-L)]=e^{-Ls}X(s)$

解説（その10）　1次遅れ要素+積分要素の伝達関数

注目点　1次遅れ系に積分要素が加わったシステムの伝達関数を求めます。

（1）　質量-ダンパ系の伝達関数

図6-10-1は質量-ダンパ系のシステムです。

スライドブロックなどの全可動部を含めた質量 m〔kg〕の物体がリニアガイドで支持され、かつダンパ（粘性減衰係数：c〔Ns/m〕）が取り付けられています。

図6-10-1のように、物体に力 $x(t)$〔N〕をリニアガイドに平行に入力したとします。物体の中立点（N.P.）からの変位を $y(t)$〔m〕、そのときの速度を $v(t)\left(=\dfrac{dy(t)}{dt}\right)$〔m/s〕とします。

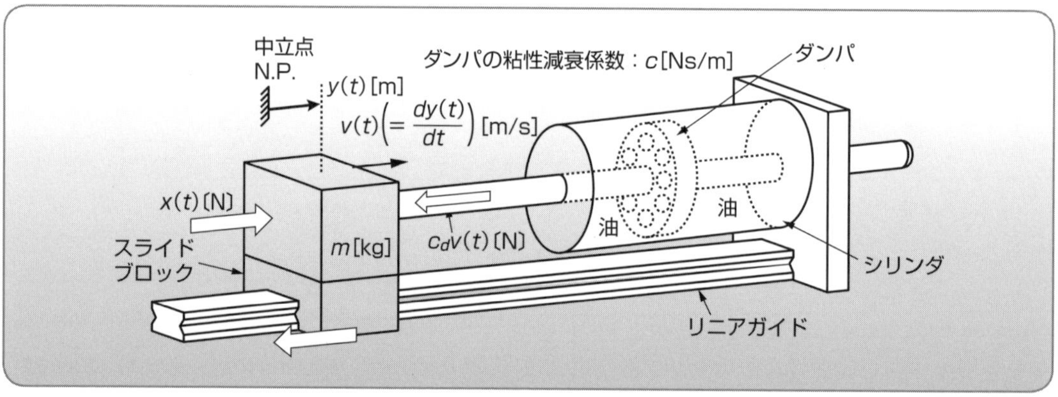

図6-10-1　質量-ダンパ系の制御対象

（2）変位を出力としたときの伝達関数

出力を物体の変位 $y(t)$〔m〕としたときの伝達関数と、ブロック線図を用いた入出力表現を求めます。

図の右方向を正とします。物体に働く力は、入力による力 $x(t)$〔N〕が正の向き、ダンパの粘性摩擦による力が逆向き（負の向き）に作用します。

したがって、運動方程式は次式となります。

$$m\frac{d^2y(t)}{dt^2}=-cv(t)+x(t)\quad\cdots\cdots①$$

$v(t)=\dfrac{dy(t)}{dt}$ の関係を用いると、式①は式②となります。

$$m\frac{d^2y(t)}{dt^2}=-c\frac{dy(t)}{dt}+x(t)\quad\cdots\cdots②$$

初期値を0と置いて両辺をラプラス変換し、入出力の比を求めると、伝達関数は式③となります。

$$m\mathcal{L}\left(\frac{d^2}{dt^2}y(t)\right) = -c\mathcal{L}\left(\frac{d}{dt}y(t)\right) + \mathcal{L}[x(t)]$$
$$ms^2Y(s) = -csY(s) + X(s)$$
$$G(s) = \frac{Y(s)}{X(s)} = \frac{1}{s(ms+c)} \quad \cdots\cdots③$$

ちょうど 1 次遅れ系の伝達関数の、分母に s がかかっている形になっているので、1 次遅れ要素を積分したものになっています。

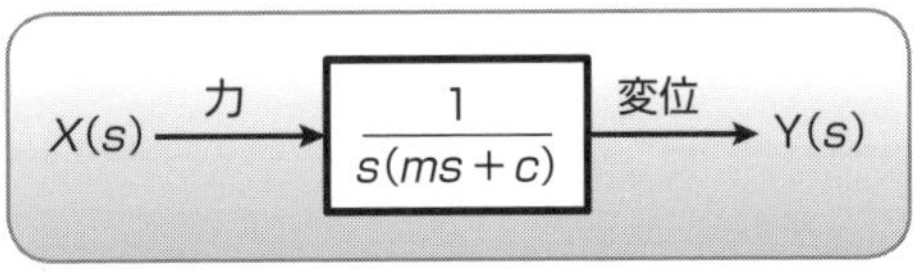

図 6–10–2 「力–変位」のブロック線図

このときのブロック線図による入出力表現は**図 6–10–2** となります。

(3) 1 次遅れ要素＋積分要素の単位ステップ応答

1 次遅れ要素＋積分要素の標準形の伝達関数一般形は、次のようになります。

$$Y(s) = \frac{K}{s(Ts+1)} \quad \cdots\cdots④$$

これに単位ステップ入力 $U(s) = \frac{1}{s}$ を与えたときの出力は式⑤のようになります。

$$Y(s) = \frac{K}{s(Ts+1)} \cdot \frac{1}{s} \quad \cdots\cdots⑤$$

これを部分分数に展開してラプラス逆変換することで、時間応答である単位ステップ応答を求めます。

$$\mathcal{L}^{-1}[Y(s)] = \mathcal{L}^{-1}\left(\frac{K}{s(Ts+1)} \cdot \frac{1}{s}\right)$$
$$\mathcal{L}^{-1}[Y(s)] = \mathcal{L}^{-1}\left(\frac{K}{s^2} + TK\left(\frac{1}{s+\frac{1}{T}} - \frac{1}{s}\right)\right)$$
$$y(t) = Kt + TK\left(e^{-\frac{1}{T}t} - 1\right) \quad \cdots\cdots⑥$$

この時の単位ステップ応答を**図 6–10–3** に示します。

出力はゆっくりと立ち上がり、ある程度時間が経過した後は、一定の傾き K（ゲイン定数）で増大し続けます。そのときの接線が時間軸と交差する時刻は時定数 T となります。

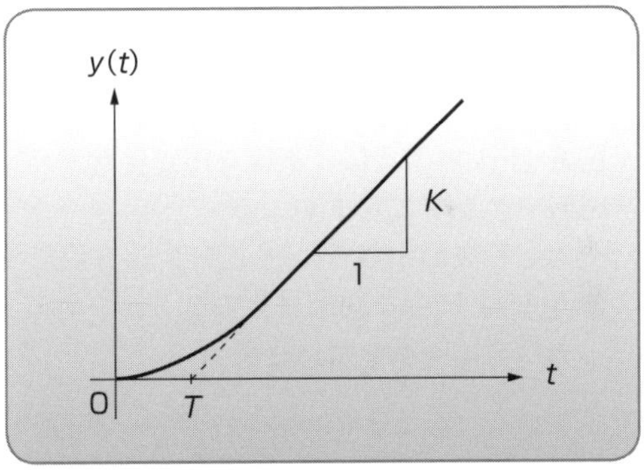

図 6–10–3 1 次遅れ要素＋積分要素の単位ステップ応答

ここがポイント

1 次遅れ要素＋積分要素の伝達関数の一般形は次のようになります。

$$G(s) = \frac{K}{s(Ts+1)}$$

・ゲイン定数 K：単位ステップ入力を与えて、出力の増加が直線的になったときの傾き
・定数 T：単位ステップ応答の出力の増加が直線的になったときの接線が時間軸と交差する交点における時刻

解説（その11）　伝達関数を実験的に求める

注目点

制御対象の伝達関数がわからない場合に、制御対象にステップ入力を与えて、その出力をグラフにして、伝達関数を推定することがあります。

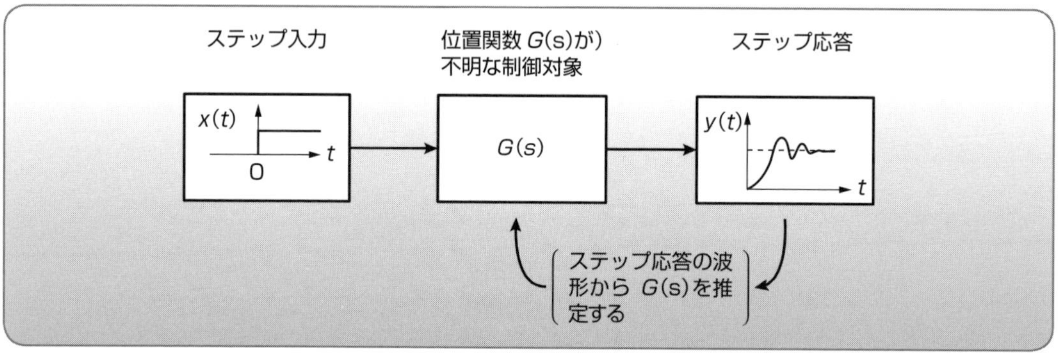

図 6-11-1　ステップ応答の波形を使った伝達関数の指定

1次遅れ系や2次遅れ系などでの比較的簡単な制御対象であれば、その系のステップ応答は理論的に導びくことができます。

逆に2次遅れ系の制御対象であるがパラメータがわからないときには、ステップ応答の結果のグラフから伝達関数を構成する時定数や、ゲイン定数などの各パラメータを推定することができます。

図 6-11-1 のように、不明な伝達関数 $G(s)$ をもつ制御対象にステップ入力を与えたときのステップ応答をグラフにします。

その応答波形から $G(s)$ を推定する方法です。

表 6-11-1 に主な制御対象のステップ応答を示します。実験時に求めたステップ応答のグラフから、表の右に記載した伝達関数のパラメータを推定します。

ここがポイント

たとえば2次遅れ系の伝達関数の一般形は T を時定数、ζ を減衰定数、K をゲイン定数として次のように表わせます。

$$G(s)=\frac{K}{T^2s^2+2\zeta Ts+1}$$

このステップ応答は、ζ の値によって次のように変化します。

$$\begin{cases} \zeta \geq 1：振動しない \\ 0<\zeta<1：オーバーシュートが出る \\ \zeta=0：持続振動になる \end{cases}$$

そこで、$0<\zeta<1$ の範囲で表 6-11-1 の2次遅れ要素のステップ応答をとって、得られた T_{max} と y_{max} の値から ω_n と ζ を決定します。$T=\frac{1}{\omega_n}$ となります。

表 6-11-1　実験的に求めたステップ応答と伝達関数

<table>
<tr><th colspan="2">制御対象の性質</th><th>ステップ応答</th><th>伝達関数</th></tr>
<tr><td rowspan="1">(1)無定位性</td><td>1 次遅れ要素
+積分要素</td><td>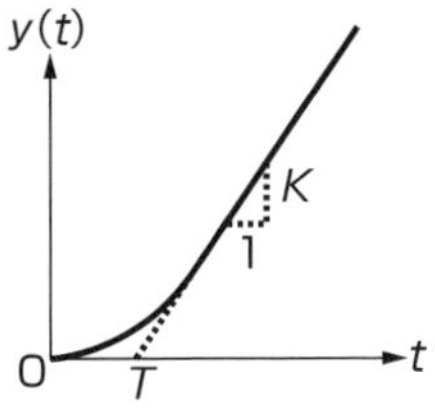</td><td>$\dfrac{K}{s(Ts+1)}$</td></tr>
<tr><td rowspan="2">(2)定位性</td><td>1 次遅れ要素</td><td>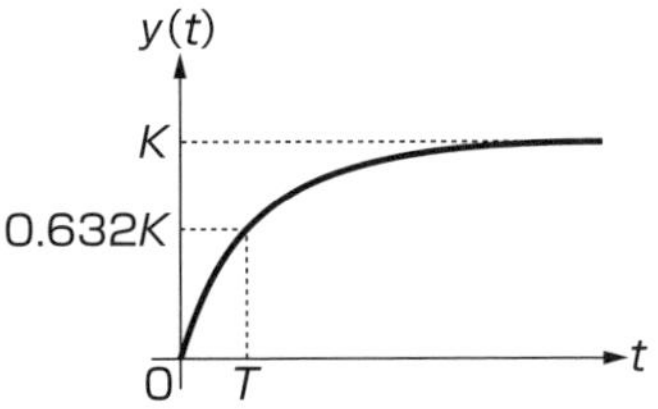</td><td>$\dfrac{K}{Ts+1}$</td></tr>
<tr><td>2 次遅れ要素</td><td>$\omega_n=\sqrt{\left(\dfrac{1}{T_{\max}}\ln\dfrac{K}{y_{\max}-K}\right)^2+\left(\dfrac{\pi}{T_{\max}}\right)^2}$
$\zeta=\dfrac{1}{\omega_n T_{\max}}\ln\dfrac{K}{y_{\max}-K}$
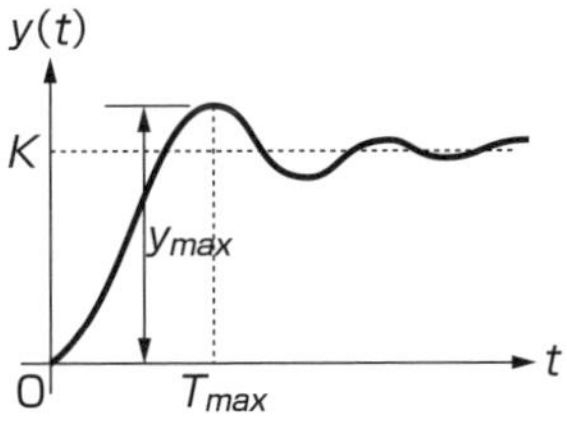</td><td>$\dfrac{K\omega_n^2}{s^2+2\zeta\omega_n s+\omega_n^2}$</td></tr>
<tr><td rowspan="2">(3)むだ時間を含む制御対象</td><td>無定位性
（積分要素）</td><td>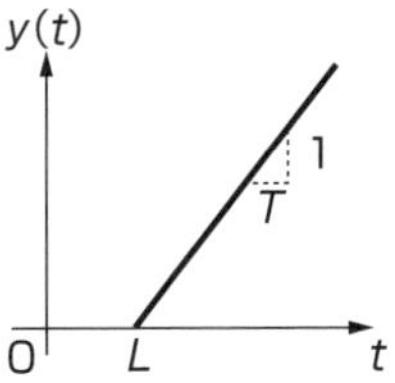</td><td>$\dfrac{e^{-Ls}}{Ts}$</td></tr>
<tr><td>定位性
（1 次遅れ要素）</td><td>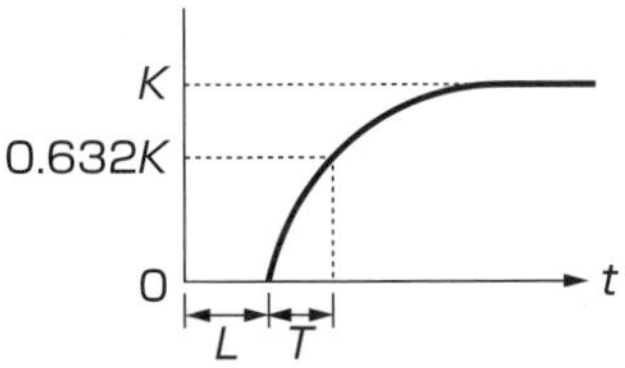</td><td>$\dfrac{Ke^{-Ls}}{Ts+1}$</td></tr>
</table>

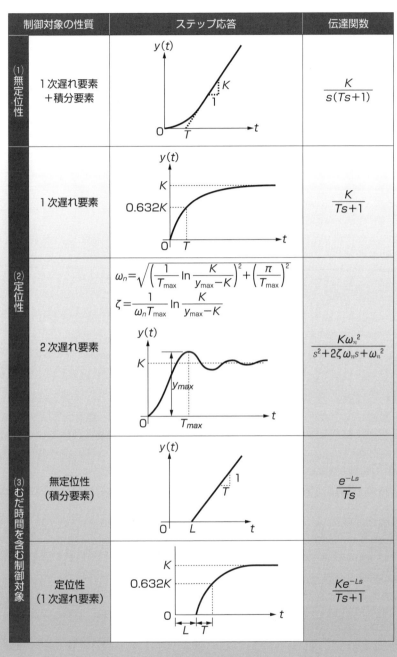

コラム　2次遅れ系のパラメータ同定

(1) 単位ステップ応答からパラメータを同定する

減衰振動の応答を表す2次遅れ要素に関して、その応答波形から伝達関数のパラメータであるゲイン定数K、固有角周波数ω_nおよび減衰定数ζを同定することができます。

2次遅れ系のシステムに1〔V〕の単位ステップを入力を与えたら**図1**のような応答になったとします。このとき、最大行き過ぎ時間$T_{\max}$は次式で求まります。

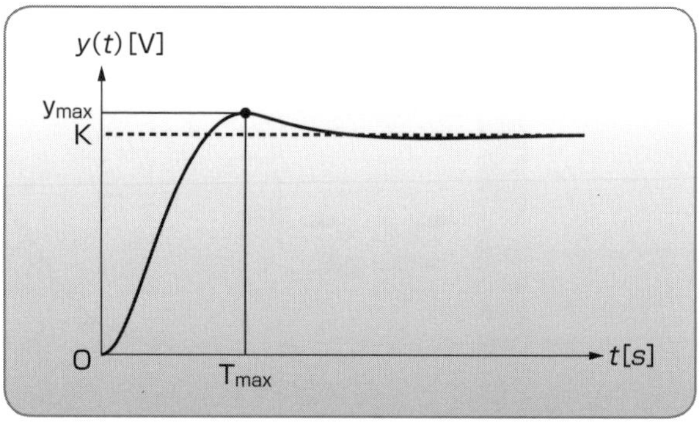

図1　RLC回路の単位ステップ応答

$$T_{\max}=\frac{\pi}{\omega_n\sqrt{1-\zeta^2}} \quad \cdots\cdots①$$

さらに、最大ピーク値$y_{\max}$は、最大行き過ぎ時間$T_{\max}$、固有角周波数ω_n、減衰定数ζを使って、次のように表せます。

$$y_{\max}=y(T_{\max})=K(1+e^{-\zeta\omega_n T_{\max}}) \quad \cdots\cdots②$$

上記の2つの式より、固有角周波数ω_nと減衰係数比ζを求めると次式となります。

$$\omega_n=\sqrt{\left(\frac{1}{T_{\max}}\ln\frac{K}{y_{\max}-K}\right)^2+\left(\frac{\pi}{T_{\max}}\right)^2} \quad \cdots\cdots③$$

$$\zeta=\frac{1}{\omega_n T_{\max}}\ln\frac{K}{y_{\max}-K} \quad \cdots\cdots④$$

すなわち、制御対象が2次遅れ系であるとわかっているときに、最大行き過ぎ時間$T_{\max}$と、最大ピーク値$y_{\max}$およびゲイン定数Kを計測できれば、固有角周波数ω_nと減衰係数比ζを求めることができるのです。

(2) 2次遅れ系の制御対象のパラメータ同定の例

たとえばRLC直列回路の単位ステップ応答が次のようなデータになったとしたときの伝達関数を求めてみます。

ステップ応答のデータ	・最大行き過ぎ時間$T_{\max}=0.2$[s] ・最大ピーク値$y_{\max}=2.2$[V] ・ゲイン定数$K=2.0$[V]

すると固有角周波数ω_nと減衰定数ζは、次のようになります。

$$\omega_n=\sqrt{\left(\frac{1}{0.2}\ln\frac{2.0}{2.2-2.0}\right)^2+\left(\frac{\pi}{0.2}\right)^2}=19.47[\mathrm{rad/s}] \quad \cdots\cdots⑤$$

$$\zeta=\frac{1}{19.47\times0.2}\ln\frac{2.0}{2.2-2.0}=0.5911 \quad \cdots\cdots⑥$$

したがって、制御対象の伝達関数$G(s)$は次式となります。

$$G(s)=\frac{K\omega_n^2}{s^2+2\zeta\omega_n s+\omega_n^2}=\frac{2.0\times19.47^2}{s^2+2\times0.5911\times19.47s+19.47^2}$$

$$\fallingdotseq\frac{759}{s^2+23.0s+379} \quad \cdots\cdots⑦$$

第7章

s 領域における PID 制御

微分方程式で記述された制御対象をラプラス変換して、s 領域の伝達関数を導き出します。特に典型的によく利用される、1 次遅れ系と 2 次遅れ系の伝達関数を使って PID 制御を行ったときに応答特性や定常偏差、オーバーシュートなどがどのように変化するか検証します。さらにこの制御対象に外乱が入ってきたときの影響について議論します。

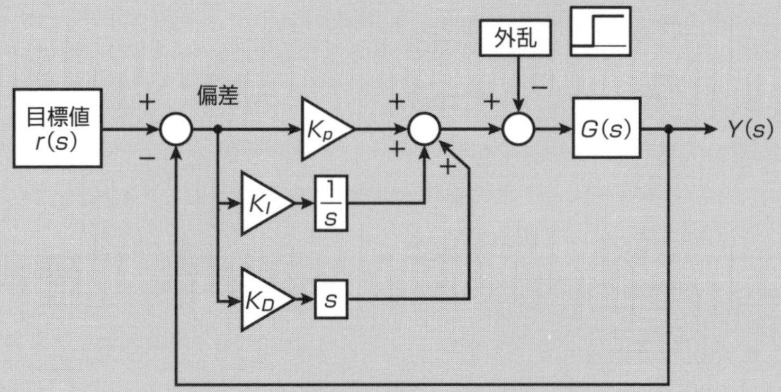

解説（その1）　なぜフィードバックするのか

注目点

PID 制御では、システムの出力値をフィードバックして制御します。なぜフィードバックする必要があるのでしょうか。

（1）　ステップ入力による制御の問題点

電気ポットのような１次遅れ系の制御対象にステップ入力を与えたときのブロック線図は、**図 7–1-1** のようになりました。

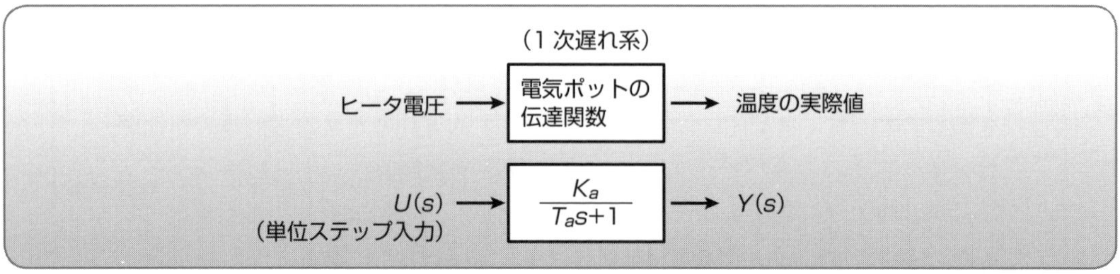

図 7–1–1　単位ステップ入力を 1 次遅れ系に与える

ここで単位ステップ入力 $U(s)=\frac{1}{s}$ ですから、$Y(s)$ は次のようになります。

$$Y(s)=\frac{1}{s}\cdot\frac{K_a}{T_a s+1} \quad \cdots\cdots①$$

定常値は s を掛けて $s\to 0$ にしますから、K_a になります。

$$\lim_{t\to\infty} y(t)=\lim_{s\to 0} Y(s)\cdot s=\frac{1}{s}\cdot\frac{K_a}{T_a s+1}\cdot s=K_a \quad \cdots\cdots②$$

ここで、目標値を 1 にしたいのであれば、入力を $\frac{1}{K_a}$ 倍すればよいので、**図 7–1–2** のようなブロック線図にします。

すると、出力 $Y(s)$ は次のようになります。

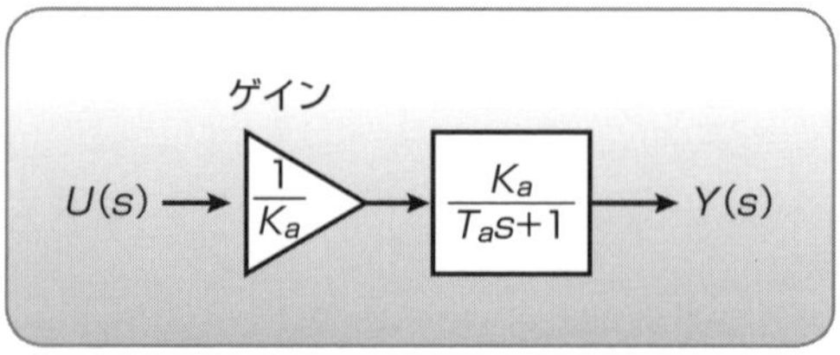

図 7–1–2　単位ステップ入力を $\frac{1}{K}$ 倍する

$$Y(s)=\frac{1}{s}\cdot\frac{1}{K_a}\cdot\frac{K_a}{T_a s+1} \quad \cdots\cdots③$$

最終値の定理から次のようにして定常値は 1 になります。

$$\lim_{t\to\infty} y(t)=\lim_{s\to 0} s\cdot Y(s)=\lim_{s\to 0}\frac{s}{s}\cdot\frac{1}{K_a}\cdot\frac{K_a}{T_a s+1}=1 \quad \cdots\cdots④$$

このようにゲインを調節することで、目標となる定常値を変えることができるわけです。

しかしながら、まだ問題があります。このままでは定常値に近づくまでの時間は変化させることができないのです。

図7-1-3 の電気ポットの例で考えてみると、お湯の温度を最終的に50℃にしたければ、定常状態において50℃になるようなヒータ電圧を最初から与えておくことになります。

いつ50℃になるのかは制御対象の伝達関数によって決定されてしまっていて、それを改善することはできません。本来であればポットが冷えていればゲインを大きくして、早く50℃に近づくようにして、50℃に近づいたら定常値が50℃になるようなゲインに戻すという方法が好ましいといえるでしょう。

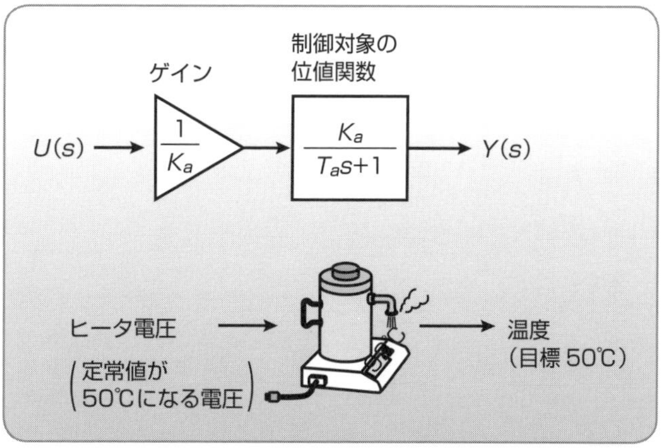

図7-1-3　電気ポットの例

自動的にそのようなゲイン調節をしてくれる制御方法はあるのでしょうか。

(2)　フィードバックによる制御の改善

そこで考え出されたものが、出力値をフィードバックして目標値との差をとって、その差が大きいときには入力値を大きくする制御方法です。そのブロック線図は、**図7-1-4** のようになります。

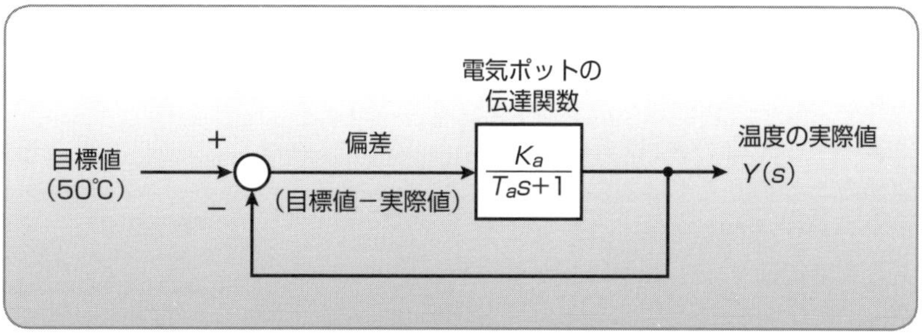

図7-1-4　実際値のフィードバック

目標値から実際値を引いたものを偏差とすると、偏差が大きいときには電気ポットのヒータ電圧が高くなり、偏差が小さくなると、ヒータ電圧を低くする効果があることがわかります。

このように、実際値をフィードバックして偏差をヒータの制御量とするような制御方法にすることで、偏差が大きいときに制御量を大きくする働きをつくるわけです。

もう少し改善して、**図7-1-5** のように、さらにこの偏差に比例ゲイン K_p を掛けたものが「比例制御（P制御）」と呼ばれる制御方法です。

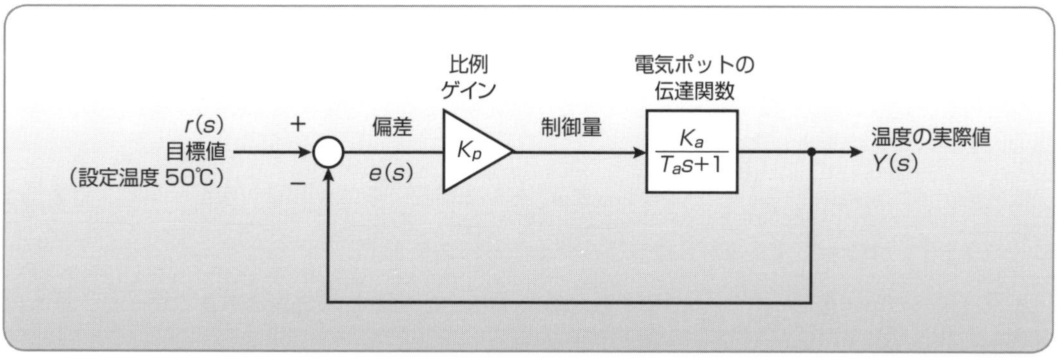

図7-1-5　比例制御（P制御）

目標値を $r(s)$、偏差を $e(s)$ として、図 7-1-5 の出力 $Y(s)$ の値を計算してみると次のようになります。

$$\begin{cases} Y(s)=e(s)\times K_p\times\dfrac{K_a}{T_as+1} \\ e(s)=r(s)-Y(s) \end{cases} \quad \cdots\cdots⑤$$

式⑤から $e(s)$ を消去します。

$$Y(s)=(r(s)-Y(s))\frac{K_pK_a}{T_as+1} \quad \cdots\cdots⑥$$

$$\left(1+\frac{K_pK_a}{T_as+1}\right)Y(s)=r(s)\frac{K_pK_a}{T_as+1} \quad \cdots\cdots⑦$$

$$Y(s)=\frac{K_pK_a}{T_as+K_pK_a+1}\cdot r(s) \quad \cdots\cdots⑧$$

$$\text{伝達関数}=\frac{Y(s)}{r(s)}=\frac{\dfrac{K_pK_a}{K_pK_a+1}}{\dfrac{T_a}{K_pK_a+1}s+1} \quad \cdots\cdots⑨$$

K_p を比例ゲインとした比例制御にすると、$r(s)$ から $Y(s)$ への伝達関数が式⑨のようになります。これをブロック線図にしたものが**図 7-1-6** です。

図 7-1-6 の中の K_p は自由に設定することができますから、電気ポットの伝達関数を K_p によってある程度調節できるようになります。

このように制御対象にフィードバックを付加することによって、制御対象の特性である伝達関数を変更したと同じような効果を得ることができるわけです。

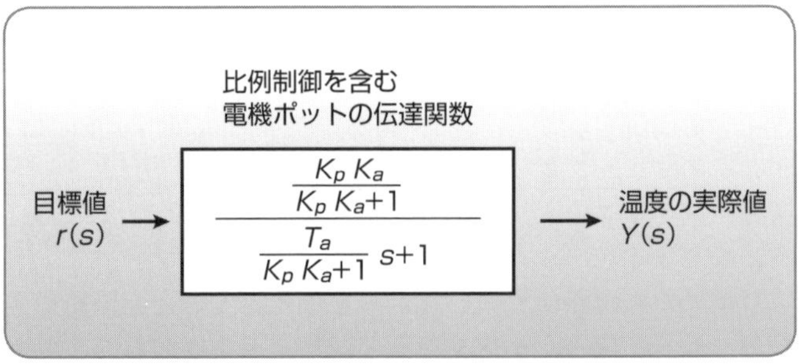

図 7-1-6　比例制御を導入した伝達関数

(3)　1次遅れ系のゲイン定数と時定数

1次遅れ系の標準形は次のようになっています。

$$G(s)=\frac{K}{Ts+1} \quad \cdots\cdots⑩$$

K をゲイン定数といい、この値が大きいと出力の値も大きくなります。また、T は時定数といい、出力の応答の即応性を表します。

式⑨のゲイン定数は $\dfrac{K_pK_a}{K_pK_a+1}$ ですから、K_pK_a を 1 よりも十分に大きくすると、ゲイン定数は 1 に近づきます。すなわち定常値が目標値に近づくことになります。

また、式⑨の時定数は $\dfrac{T_a}{K_pK_a+1}$ ですから、K_pK_a を大きくすると時定数は小さくなって、早く出力 $Y(s)$ が目標値 $r(s)$ に近づくことになります。

解説
(その2)

P制御の定常偏差

注目点

1 次遅れ系の比例制御（P 制御）を例にして比例制御の定常偏差を考えてみます。

1 次遅れ系の制御対象に比例制御を付加したものは、**図 7-2-1** のようなブロック線図になります。

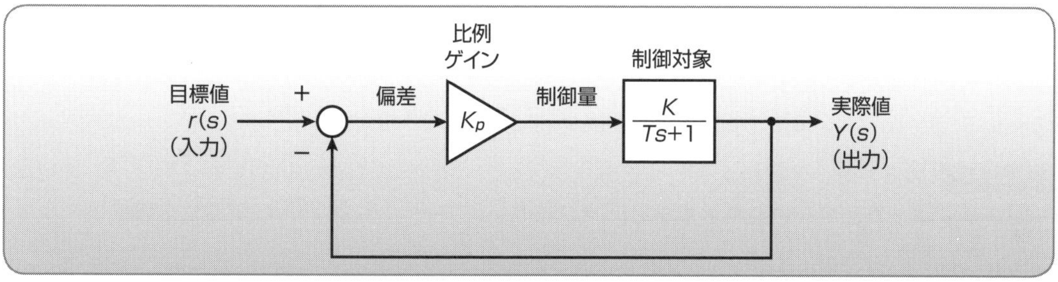

図 7-2-1　1 次遅れ系の比例制御

この入出力の関係は、次のようになります。

$$Y(s)=\frac{\dfrac{K_pK}{K_pK+1}}{\dfrac{T}{K_pK+1}s+1}r(s) \quad \cdots\cdots①$$

このシステムに大きさ 50 のステップ入力を与えてみます。単位ステップ $U(s)=\frac{1}{s}$ なので、ステップ入力は $50\times\frac{1}{s}$ になりますから、式①に $r(s)=\frac{50}{s}$ を代入します。

$$Y(s)=50\frac{\dfrac{K_pK}{K_pK+1}}{\dfrac{T}{K_pK+1}s+1}\frac{1}{s} \quad \cdots\cdots②$$

定常値を求めてみます。最終値の定理から、

$$\lim_{s\to 0} sY(s)=50\times\frac{K_pK}{K_pK+1} \quad \cdots\cdots③$$

となります。

ゲイン $K_p\times K$ の値が 1 とすると、定常値は 25 ということになります。$K_p\times K$ を 100 にしても 50 $\times\frac{100}{101}=49.5$ までしか大きくならず、どんなにゲインを大きくしても 50 になることはありません。このように 1 次遅れ系の比例制御では、時間が無限に経過した定常状態における実際値は、目標値に達することはありません。すなわち定常偏差が 0 にならないことになります。

解説（その 3）　1 次遅れ系の外乱の影響

注目点　1 次遅れ系の制御対象に外乱が入ったときの影響と PI 制御の効果について考えます。

(1)　外乱のある 1 次遅れ系のステップ応答

1 次遅れ系に外乱が入った時の影響を考えてみます。

図 7-3-1 のように、制御対象の伝達関数は $G = \dfrac{3}{1.5s+1}$ となっているものとします。

ケース 1　外乱がないときのステップ応答

図 7-3-2 は、外乱がないときの単位ステップ応答

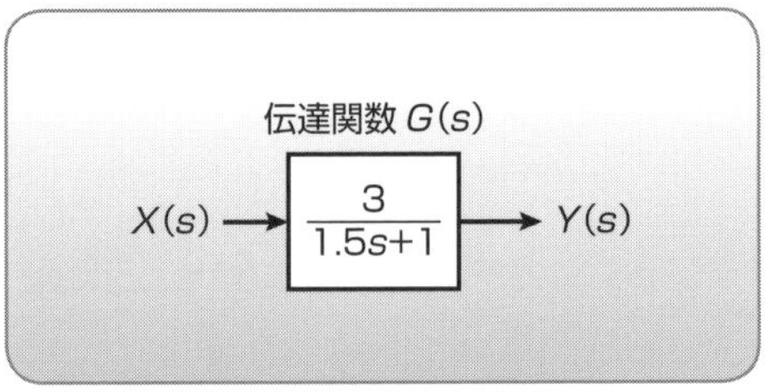

図 7-3-1　ブロック線図

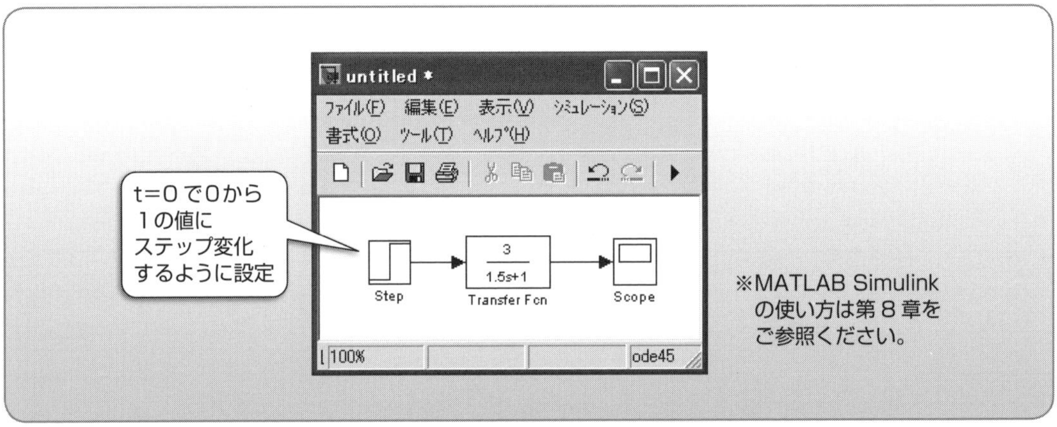

図 7-3-2　1 次遅れ系の単位ステップ応答のモデル

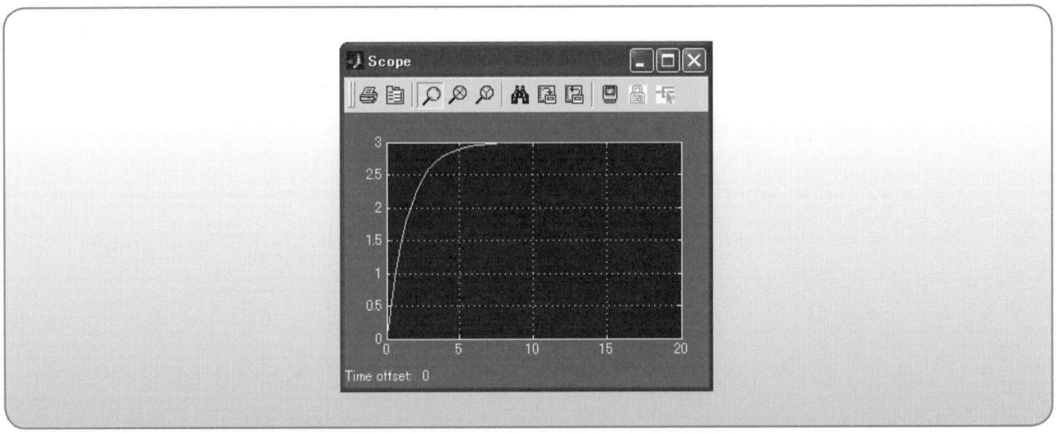

図 7-3-3　外乱がないときの単位ステップ応答

を求めるブロック線図をMATLAB Simulinkを使って記述したものです。

図7-3-3 はそのシミュレーション結果です。最終値がゲイン定数の3に収束しています。

ケース2 外乱を加えたときの変化

図7-3-4 は、同じ1次遅れ系に外乱を加えたブロック線図です。

外乱としてStep1を追加しました。この外乱の大きさを0.2のステップ入力として、外乱を与える時刻を10秒としたときのシミュレーション結果が**図7-3-5** です。外乱の影響で収束値が変化します。

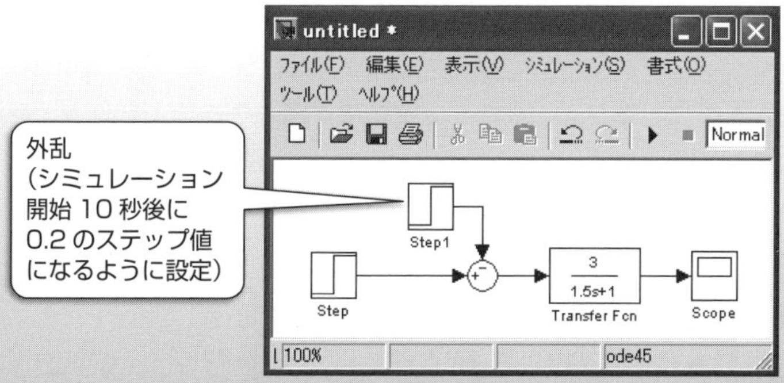

図7-3-4　0.2の外乱を時刻10秒に印加

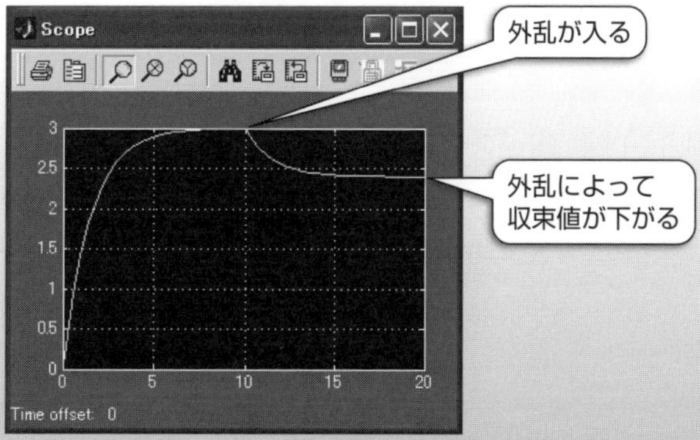

図7-3-5　外乱の影響で収束値が変化する

(2)　外乱のある1次遅れ系の比例制御

外乱のある1次遅れ系を比例制御したときの特性を見てみます。

MATALAB Simulinkで比例制御を追加したブロック線図が**図7-3-6** です。

目標値は0秒で1の大きさになる単位ステップ入力にしてあります。

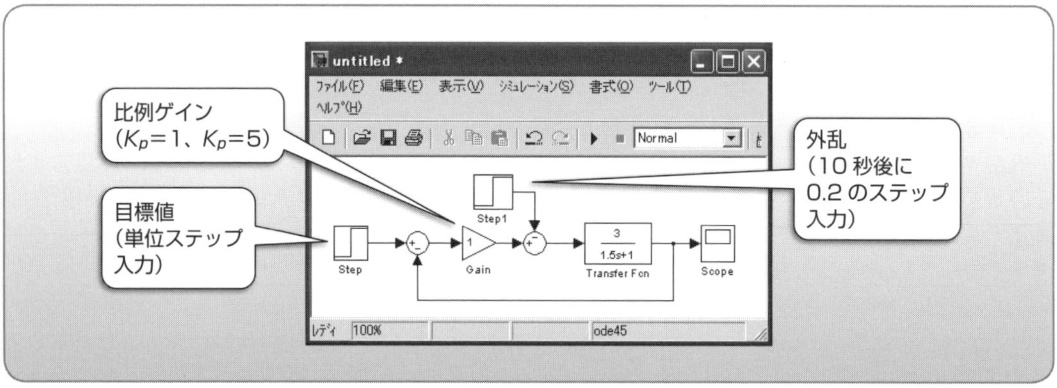

図 7-3-6　外乱のある比例制御モデル

比例ゲイン（K_p）を 1 にしたシミュレーション結果が**図 7-3-7** で、比例ゲインを 5 にした結果が**図 7-3-8** です。

比例ゲインを大きくすると、偏差は小さくなりますが、外乱の影響は残ったままです。

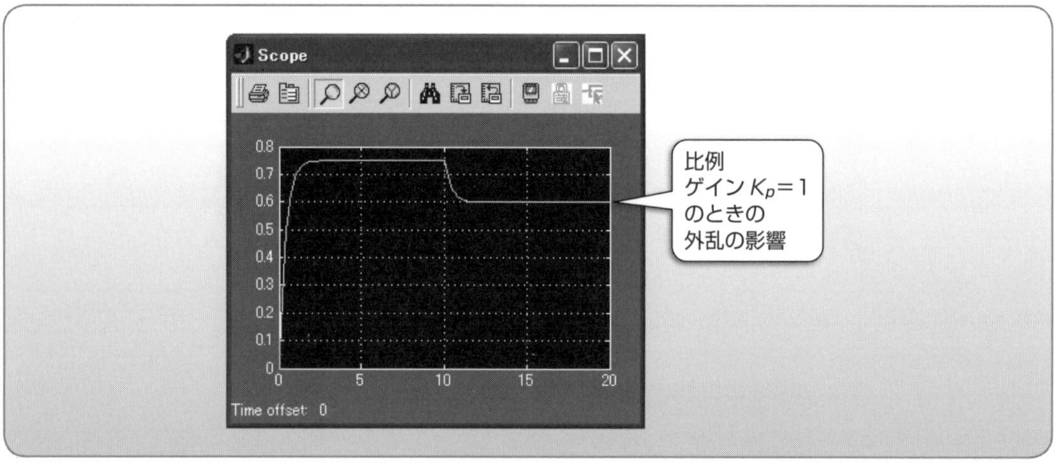

図 7-3-7　比例ゲイン K_p=1 の単位ステップ応答波形

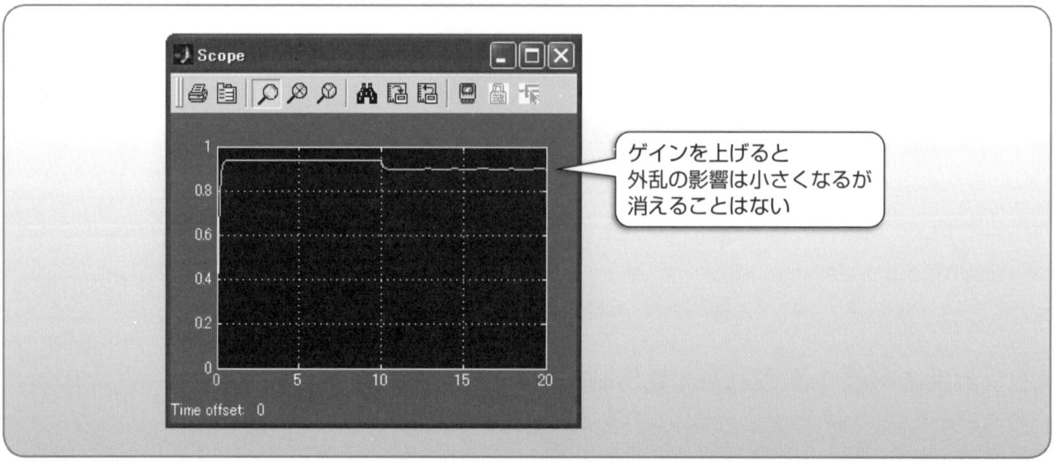

図 7-3-8　比例ゲイン K_p=5 の単位ステップ応答波形

(3)　外乱のある 1 次遅れ系の PI 制御

図 7-3-9 は、P 制御に積分制御（I 制御）を追加して、PI 制御を構成したものです。

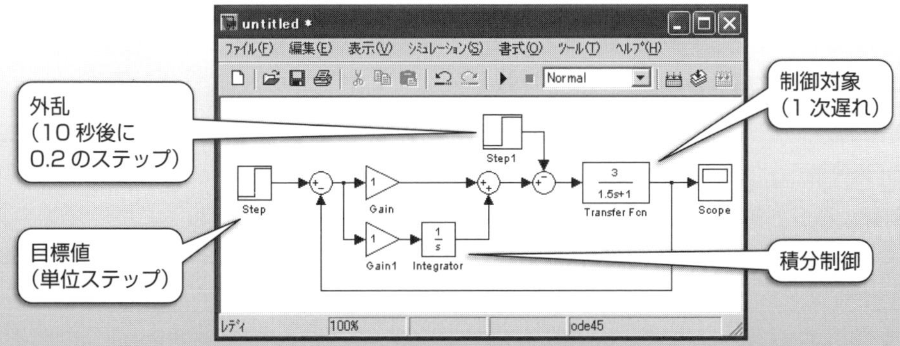

図 7-3-9　外乱のある 1 次遅れ系の PI 制御

図 7-3-10 は比例ゲイン 1、積分ゲイン 1 としたときの PI 制御の結果です。PI 制御によって外乱の影響による定常偏差の不具合が修正されています。

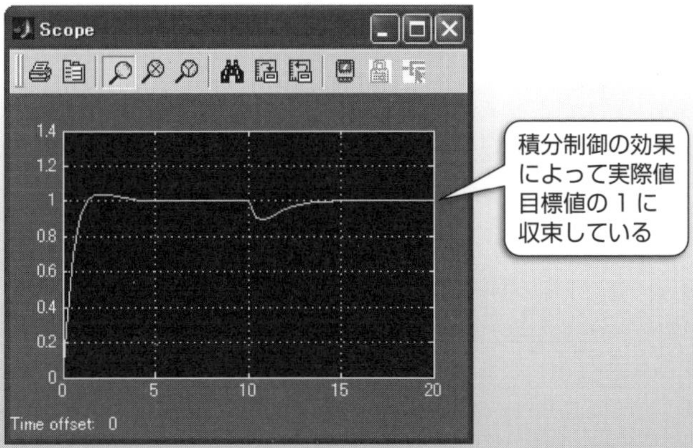

図 7-3-10　外乱のある PI 制御の応答

ここがポイント

積分制御を入れて PI 制御にすることで、外乱の影響による定常偏差の変化が改善されます。

解説(その4)　1次遅れ系にはPI制御を使う

注目点

PI 制御にすると、P 制御で残ってしまう定常偏差を 0 にすることができます。I 制御は実際値を時間の経過と共に加え合せる計算をするので「積分制御」と呼ばれます。

(1)　PI 制御による定常偏差の改善

比例制御に積分制御を付加したブロック線図は、**図 7-4-1** のようになります。

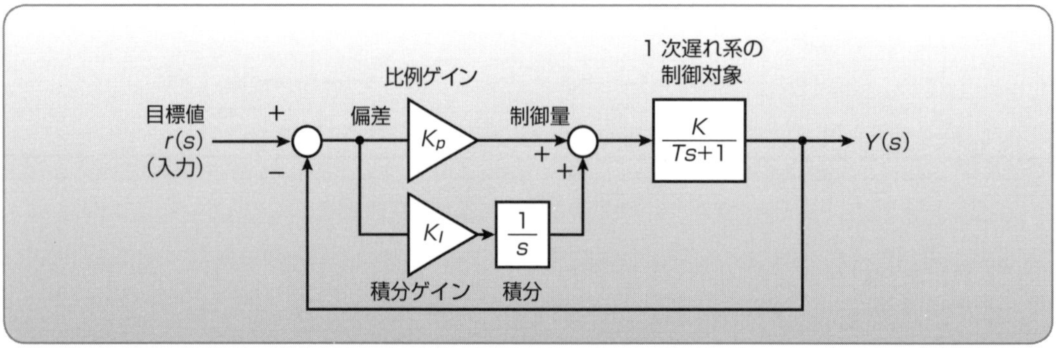

図 7-4-1　PI 制御のブロック線図

この出力 $Y(s)$ は次のようになります。

$$\boldsymbol{Y(s)=\frac{\left(K_P+K_I\dfrac{1}{s}\right)\dfrac{K}{Ts+1}}{1+\left(K_P+K_I\dfrac{1}{s}\right)\times\dfrac{K}{Ts+1}}\cdot r(s)}\quad\cdots\cdots①$$

整理します。

$$\boldsymbol{Y(s)=\frac{K_ps+K_I}{\dfrac{T}{K}s^2+\left(K_P+\dfrac{1}{K}\right)s+K_I}\cdot r(s)}\quad\cdots\cdots②$$

(2)　PI 制御のステップ応答

このシステムに単位ステップ入力を与えるとすると、$r(s)$ を単位ステップ関数 $\dfrac{1}{s}$ にすればよいので、単位ステップ応答は次のようになります。

(単位ステップ応答)　(伝達関数)　(単位ステップ関数)

$$\boldsymbol{Y(s)=\frac{K_ps+K_I}{\dfrac{T}{K}s^2+\left(K_P+\dfrac{1}{K}\right)s+K_I}\cdot\frac{1}{s}}\quad\cdots\cdots③$$

最終値の定理を使って、時間が無限に経過したときの出力値を求めてみます。時間領域における定常値を $y(\infty)$ とします。

$$y(\infty)=\lim_{s\to 0} s\cdot\frac{K_p s+K_I}{\frac{T}{K}s^2+\left(K_P+\frac{1}{K}\right)s+K_I}\cdot\frac{1}{s}=\frac{K_I}{K_I}=1 \quad \cdots\cdots④$$

このように値が 1 である単位ステップ入力の定常値が 1 になるので、定常偏差は 0 になることがわかります。

(3) 1 次遅れ系の PID 制御

1 次遅れ系の PID 制御のシミュレーションをしてみましょう。

図 7-4-2 の MATLAB Simulink のモデル画面は 1 次遅れの伝達関数をもつ制御対象に PID 制御をつけたものです。

このシステムに単位ステップ入力を与えたときの応答出力を Scope に表示するようになっています。

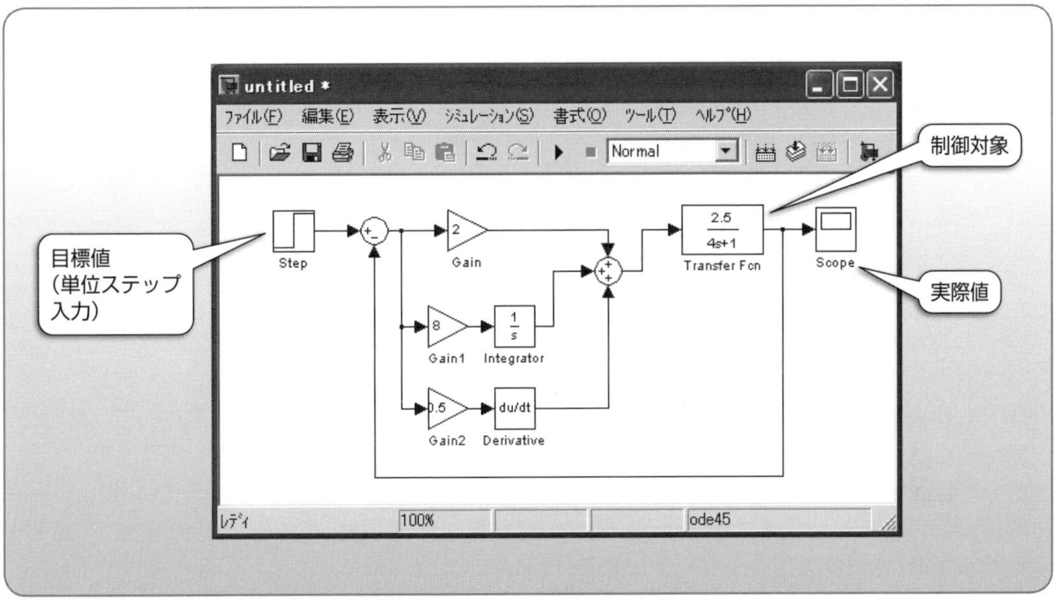

図 7-4-2 Simulink による PID 制御のシミュレーション

制御対象の伝達関数は $\frac{2.5}{4s+1}$ にしてあります。図中の Gain が比例ゲイン（K_P）で、Gain1 が積分ゲイン（K_I）、Gain2 が微分ゲイン（K_D）です。時刻 0 のときに単位ステップ入力（値は 1）を与えたときの時間応答が Scope にグラフ表示されます。

(4) 比例制御のシミュレーション結果

次頁の**図 7-4-3** は、$K_P=2$、$K_I=0$、$K_D=0$ として、ゲイン 2 の比例制御にした結果です。目標値は単位ステップ入力の値である 1 ですから、0.18 程度の定常偏差が残っていることがわかります。

(5) PI 制御のシミュレーション結果

次頁の**図 7-4-4** は、$K_P=2$ にしたまま $K_I=2$ にしたときの PI 制御の単位ステップ応答です。5 秒程度で 1 に収束して、定常偏差が解消されていることがわかります。

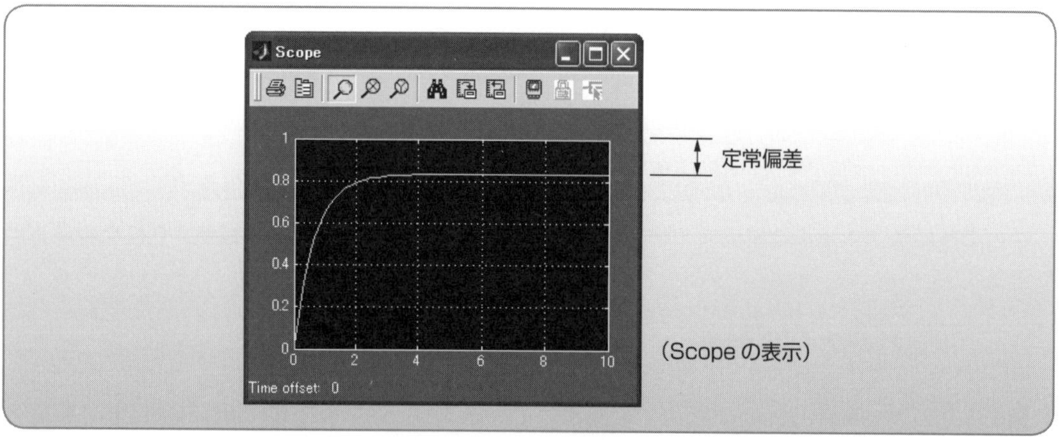

図 7-4-3　K_P=2 のときの比例制御の実際値の変化

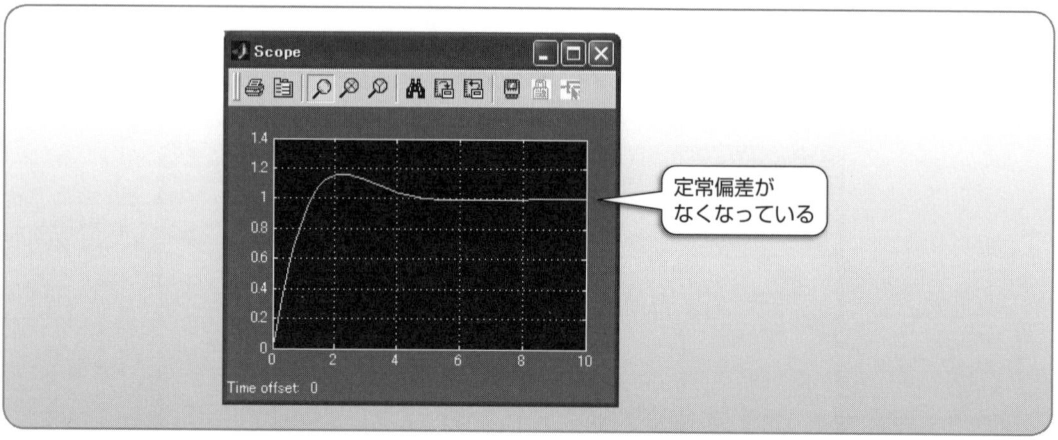

図 7-4-4　K_P=2、K_D=2 の PI 制御の実際値の変化

(6)　1 次遅れ系の PID 制御

図 7-4-5 は、さらに $K_D=2$ として微分制御を加えたものです。

微分制御を入れても応答特性は改善されませんでした。1 次遅れ系の制御対象では P 制御のときに即応性をゲイン K_P で改善できますが、定常偏差が残ります。1 次遅れ系の制御対象を PI 制御すると即応性の改善と定常偏差をなくすことの両方ができるようになります。

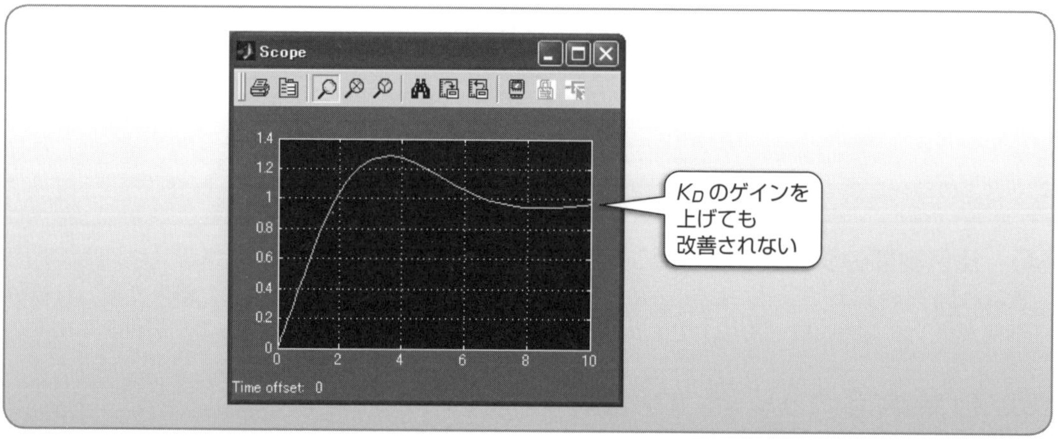

図 7-4-5　K_P=2、K_I=2、K_D=2 の PID 制御の実際値の変化

解説（その5） 2次遅れ系のステップ応答

注目点　2次遅れ系にステップ入力を与えたときの応答はゲイン定数と時定数、減衰定数の値によって変化します。特に減衰定数が1より大きくなるか、小さくなるかによって振動的な特性になるかどうかが大きく左右されます。

(1)　2次遅れ系のRLC回路の伝達関数

直列形のRLC回路を例にとって2次遅れ系のステップ応答を考えてみます。

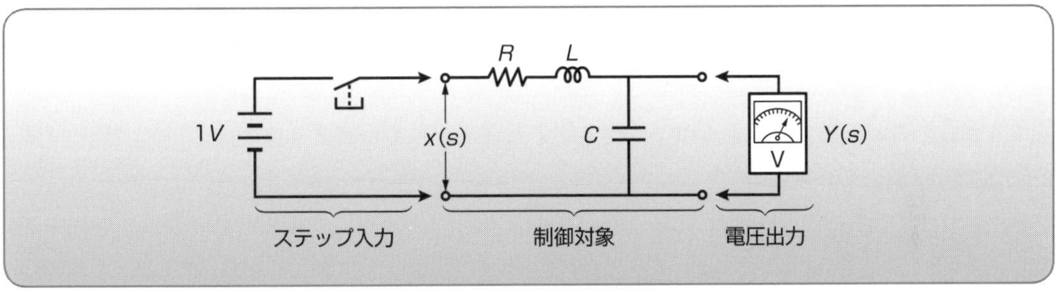

図7-5-1　RLC直列回路

図7-5-1のRLC回路に、時刻0で1〔V〕のステップ入力を与えたとき、コンデンサCの両端に現われる電圧を考えます。まず、制御対象の伝達関数を2次遅れ系の一般形に変形してみます。

入力を$x(t)$として回路方程式をたてると次のようになります。

$$\begin{cases} x(t) = Ri(t) + L\dfrac{d}{dt}i(t) + y(t) \\ y(t) = \dfrac{1}{C}\cdot\displaystyle\int_0^t i(\tau)d\tau \end{cases} \quad \cdots\cdots①$$

初期値を0としてラプラス変換します。

$$\begin{cases} \pounds[x(t)] = R\pounds[i(t)] + L\pounds\left(\dfrac{d}{dt}i(t)\right) + \pounds[y(t)] \\ \pounds[y(t)] = \dfrac{1}{C}\pounds\left(\displaystyle\int_0^t i(\tau)d\tau\right) \end{cases} \quad \cdots\cdots②$$

$$\begin{cases} X(s) = RI(s) + LsI(s) + Y(s) \\ Y(s) = \dfrac{1}{Cs}I(s) \end{cases} \quad \cdots\cdots③$$

したがって$Y(s)$の伝達関数は次のようになります。

$$\frac{Y(s)}{X(s)} = \frac{1}{LCs^2 + RCs + 1} \quad \cdots\cdots④$$

2次遅れ系の伝達関数の一般形は次のようになっていました。

$$G(s)=\frac{Y(s)}{X(s)}=\frac{1}{T^2s^2+2\zeta Ts+1} \quad \cdots\cdots⑤$$

T：時定数、ζ：減衰定数

この２次遅れ系のステップ応答は次のようになります。

$$\begin{cases} \zeta>1：振動しない過減衰 \\ \zeta=1：振動しない限界 \\ 0<\zeta<1：オーバーシュートの振動が出る \\ \zeta=0：持続振動 \end{cases} \quad \cdots\cdots⑥$$

そこで制御対象の RLC 直列回路の伝達関数を変形して、式⑤の一般形と対応させます。時定数 $T=\sqrt{LC}$ と考えて $\sqrt{LC}$ を使って式④を変形します。

$$G(s)=\frac{Y(s)}{X(s)}=\frac{1}{LCs^2+RCs+1}=\frac{1}{(\sqrt{LC})^2s^2+2\left(\frac{R}{2}\sqrt{\frac{C}{L}}\right)\sqrt{LC}s+1} \quad \cdots\cdots⑦$$

すると式⑦のように変形できるので、時定数 T と減衰定数 ζ が定まります。

$$\begin{cases} T=\sqrt{LC} \\ \zeta=\frac{1}{2}R\sqrt{\frac{C}{L}} \end{cases} \quad \cdots\cdots⑧$$

(2)　単位ステップ応答のシミュレーション

L＝0.5〔H〕、$C=200\mu$〔F〕としてみると、時定数 $T=0.01s$ になります。$\sqrt{\frac{C}{L}}=0.04$ になるので、R の値を変更すれば時定数を変化させずに ζ の値を決定できます。下記はその例です。

$$\begin{cases} R=100〔\Omega〕のとき & \zeta=2(過減衰) \\ R=50〔\Omega〕のとき & \zeta=1(振動しない限界) \\ R=25〔\Omega〕のとき & \zeta=0.5(オーバーシュートが出る) \\ R=0〔\Omega〕のとき & \zeta=0(持続した振動になる) \end{cases} \quad \cdots\cdots⑨$$

すなわち、伝達関数は次のようになります。

$$G(s)=\frac{Y(s)}{X(s)}=\frac{1}{(0.01)^2s^2+2\zeta\times0.01s+1} \quad \cdots\cdots⑩$$

この $G(s)$ に単位ステップ入力 $X(s)=\frac{1}{s}$ を与えたときの出力 $Y(s)$ を求めてみます。

条件１　過減衰：$\zeta=2$ のときのステップ応答

$$G(s)=\frac{1}{0.0001s^2+0.04s+1}$$

図 7-5-2 のように、MATLAB Simulink の

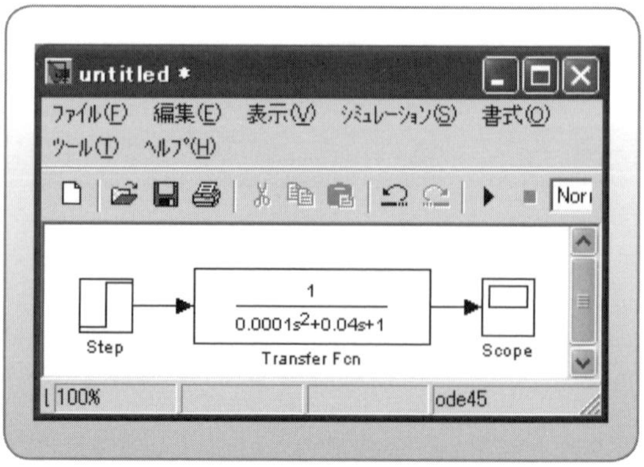

図 7-5-2　Matlab Simulink のモデル

シミュレーションモデルをつくります。

図 7-5-2 のシミュレーションモデルからステップ応答を求めたものが**図 7-5-3** です。

条件 2 過減衰の限界：$\zeta=1$ のときの単位ステップ応答

$$G(s)=\frac{1}{0.0001s^2+0.02s+1} \quad \cdots\cdots ⑪$$

制御対象の伝達関数の $\zeta=1$ としたときのステップ応答は**図 7-5-4** のようになります。

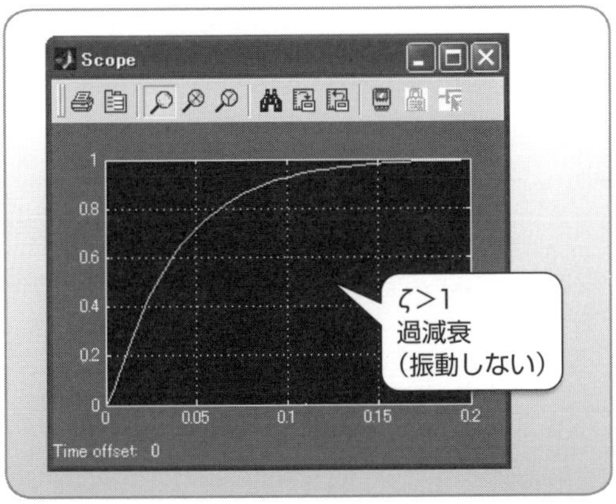

図 7-5-3　$\zeta=2$ のときのステップ応答

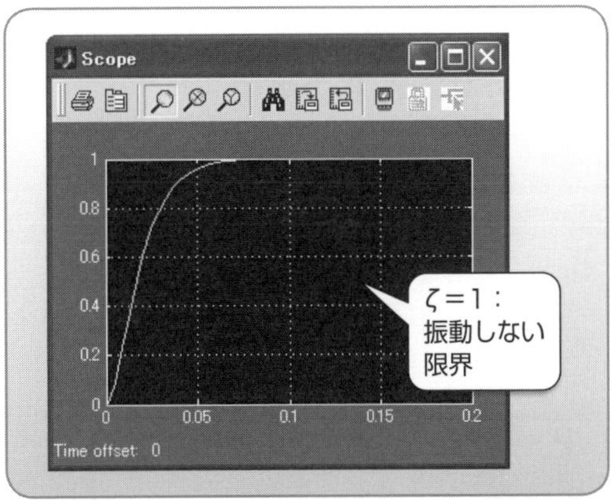

図 7-5-4　$\zeta=1$ のときのステップ応答

条件 3 オーバーシュート：$\zeta=0.5$ のときの単位ステップ応答

$$G(s)=\frac{1}{0.0001s^2+0.01s+1} \quad \cdots\cdots ⑫$$

制御対象の伝達関数の $\zeta=0.5$ としたときのステップ応答は、**図 7-5-5** のようになります。

条件 4 持続振動：$\zeta=0$ のときの単位ステップ応答

$$G(s)=\frac{1}{0.0001s^2+1} \quad \cdots\cdots ⑬$$

$\zeta=0$ としたときのステップ応答は、**図 7-5-6** のようになります。

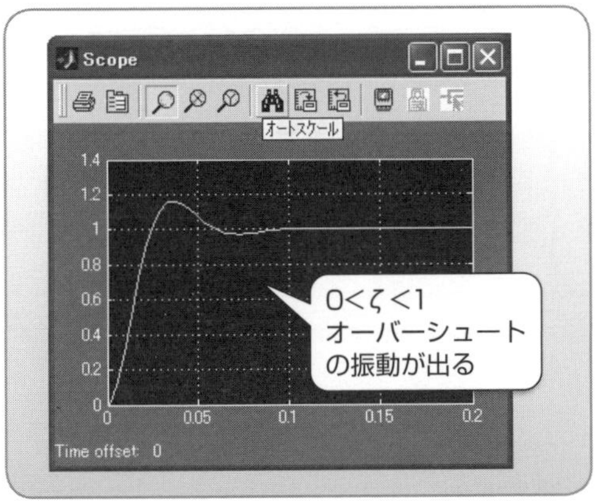

図 7-5-5　$\zeta=0.5$ のときのステップ応答

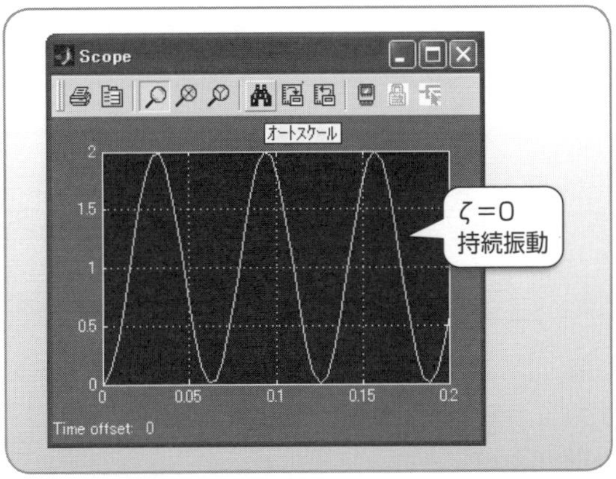

図 7-5-6　$\zeta=0$ のときのステップ応答

解説（その6）　2次遅れ系のPID制御

注目点

2 次遅れ系の制御対象を PID 制御したときに、どのように特性が改善されるか見てみましょう。

(1)　2 次遅れ系の単位ステップ応答

2 次遅れ系の RLC 直列回路の伝達関数を求めて、単位ステップ応答をとってみます。

図 7-6-1 の直列回路に、下記の条件を入れます。

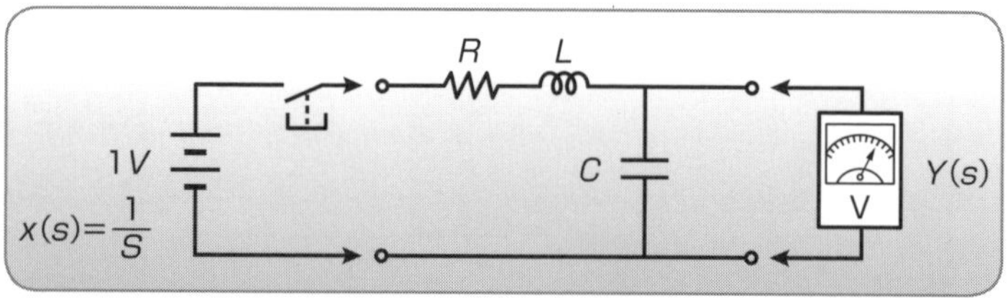

図 7-6-1　RLC 直列回路

抵抗：$\boldsymbol{R=20}$〔Ω〕
コイル：$\boldsymbol{L=0.5}$〔H〕
コンデンサ：$\boldsymbol{C=200\mu}$〔F〕
時定数：$\boldsymbol{T=\sqrt{LC}=0.01}$
減衰定数：$\boldsymbol{\zeta=\frac{1}{2}R\sqrt{\frac{C}{L}}=0.2}$　……①

すると伝達関数 $G(s)$ は次のようになります。

$$G(s)=\frac{1}{(0.01)^2s^2+2\times0.2\times0.01s+1} \quad \cdots\cdots②$$

このときの単位ステップ応答を MATLAB Simulink でシミュレーションしてみると、**図 7-6-2** のようになります。

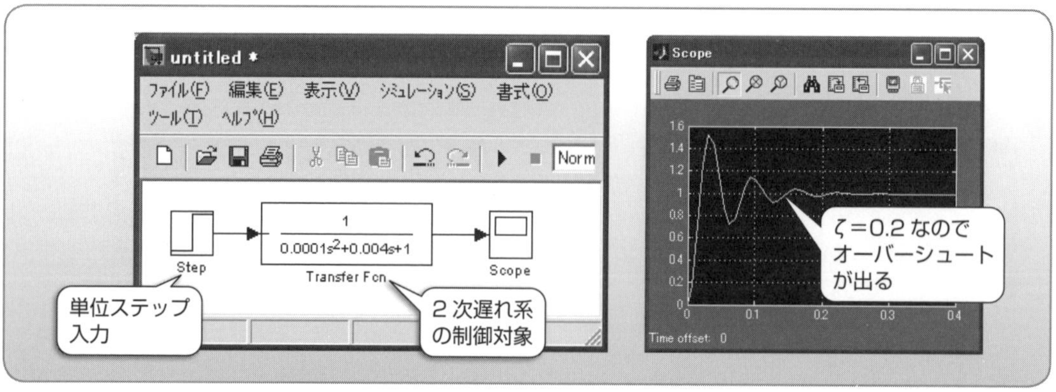

図 7-6-2　ζ=0.2 のときのステップ応答

(2)　2 次遅れ系の P 制御

この 2 次遅れ系の伝達関数をもつ制御対象に、比例制御を加えてステップ応答をとったものが**図 7-6-3** です。定常値が 0.64 のあたりで収束していて目標値の 1V になりません。

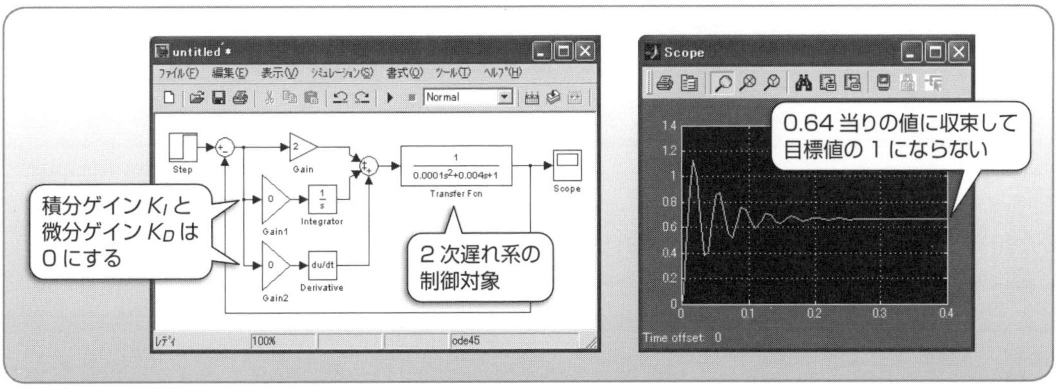

図 7-6-3　ζ=0.2 のときの P 制御の結果 1（Kp=2）

（3） 2 次遅れ系の PI 制御

積分ゲイン K_I を 50 として、PI 制御にすると**図 7-6-4** のように定常値が目標値の 1V に収束するようになります。

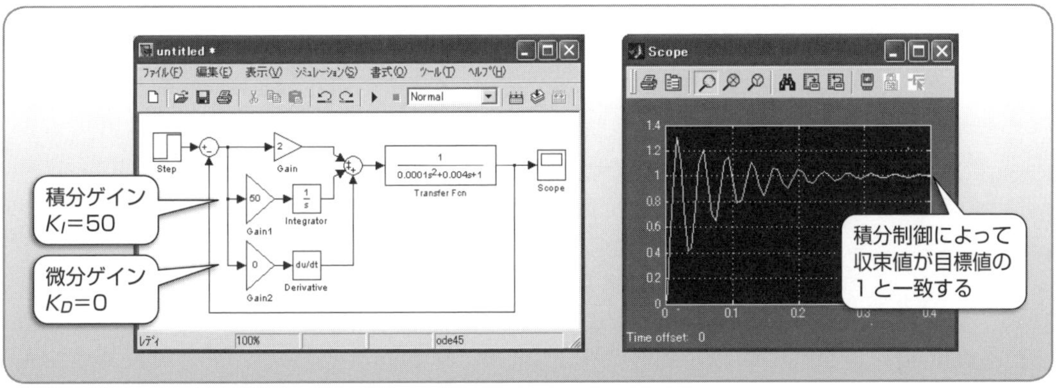

図 7-6-4　ζ=0.2 のときの PI 制御の結果 1（K_P=2、K_I=50）

（4） 2 次遅れ系の PID 制御

図 7-6-5 は、さらに微分ゲイン K_D=0.2 にして、PID 制御にすることで PI 制御の振動的な特性が改善されます。

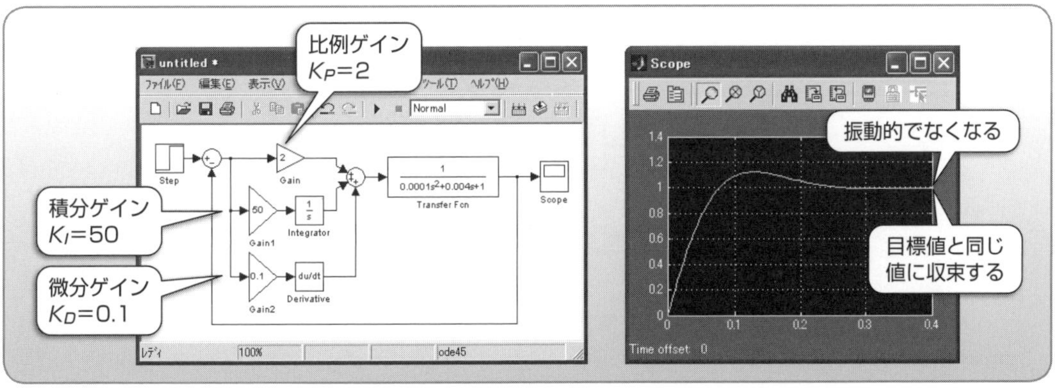

図 7-6-5　ζ=0.2 のときの PID 制御の結果（K_P=2、K_I=50、K_D=0.1）

解説（その7）　2次遅れ系の外乱の影響

注目点　2次遅れ系に外乱が入ったときのPID 制御の効果を確認します。

【解説（その6)】と同じ RLC 回路を使って外乱が入ったときの特性を見てみます。伝達関数が次のような2次遅れ系になっているシステムを制御対象とします。減衰定数 $\zeta=0.2$ になっているので、ステップ応答はオーバーシュートが出てから収束します。

$$G(s)=\frac{1}{(0.01)^2s^2+2\times0.2\times0.01s+1} \quad \cdots\cdots①$$

PID 制御のブロック線図は**図 7-7-1** のようになります。

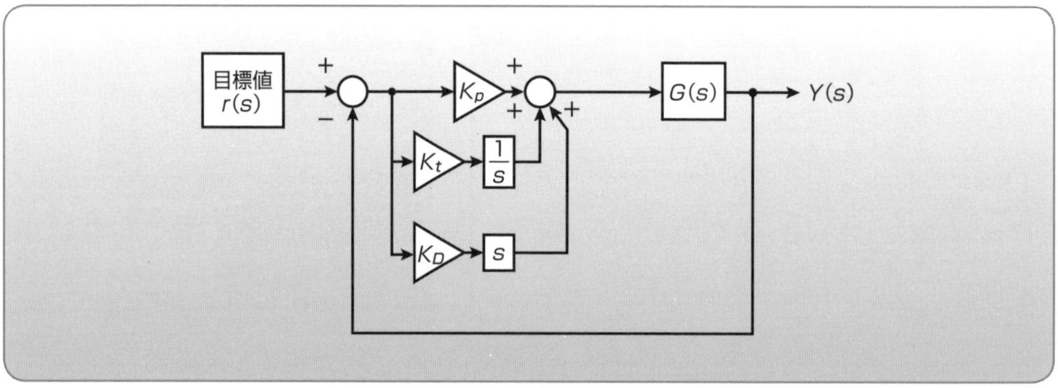

図 7-7-1　制御対象 $G(s)$ の PID 制御ブロック線図

この制御対象に外乱が入ったときのブロック線図の表現は**図 7-7-2** のようになります。

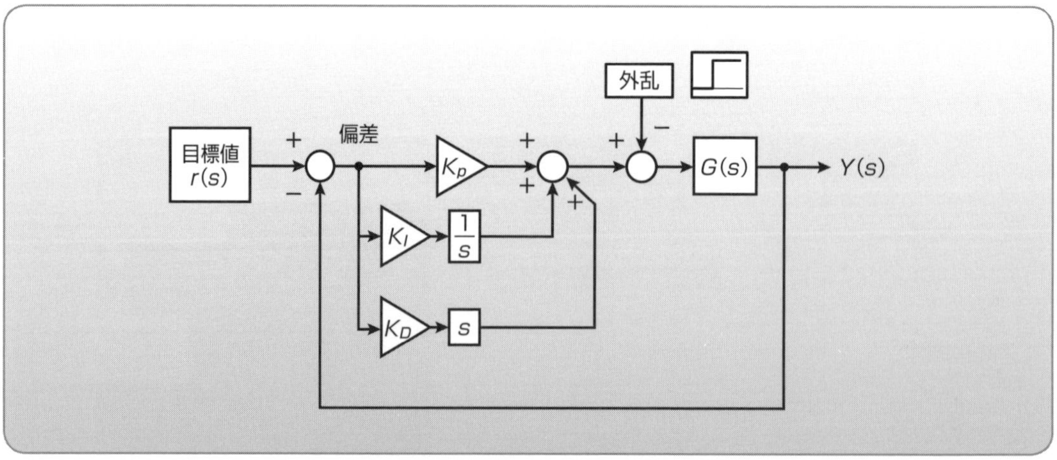

図 7-7-2　制御対象に対する外乱

この外乱が、大きさ0.2のステップ関数となっている場合を考えてみます。いま、$K_I=0$、$K_D=0$として比例制御だとすると、偏差をK_P倍したものが制御量になりますが、外乱によってその制御量が小さくなるために、$Y(s)$の定常値は下がってしまうことになります。

この外乱は制御量を下げる効果があるので、その分を積分制御によって補ってあげる必要があります。

図7-7-3は、$K_I=0$、$K_D=0$として比例制御をしているときのシミュレーション結果です。

0秒で1Vのステップ関数を目標値として与えたままにして、0.3秒後に0.2Vのステップ関数の外乱が入ったときの出力特性です。

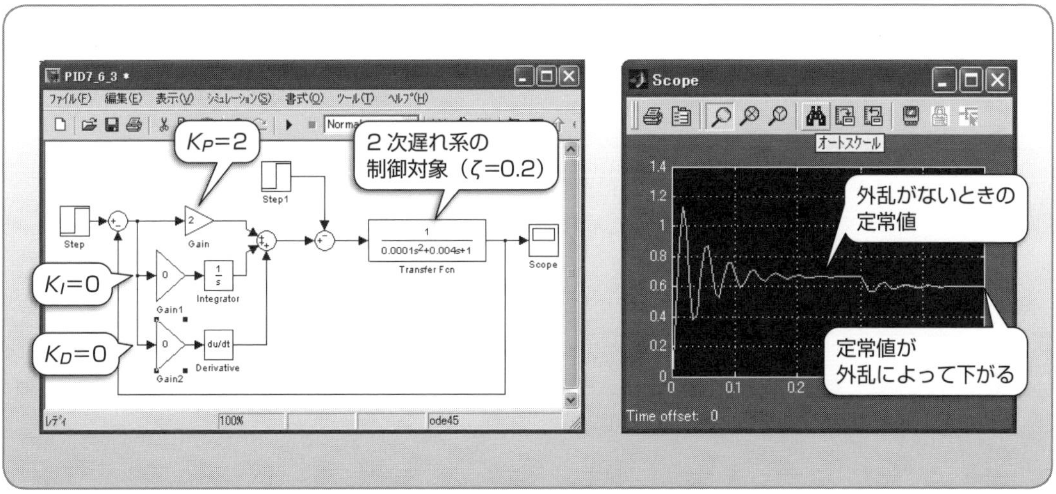

図7-7-3　P制御のときの外乱の影響

0.3秒の時点で0.2Vの外乱が入って、制御量が0.2Vマイナスされたために定常値が下げられています。

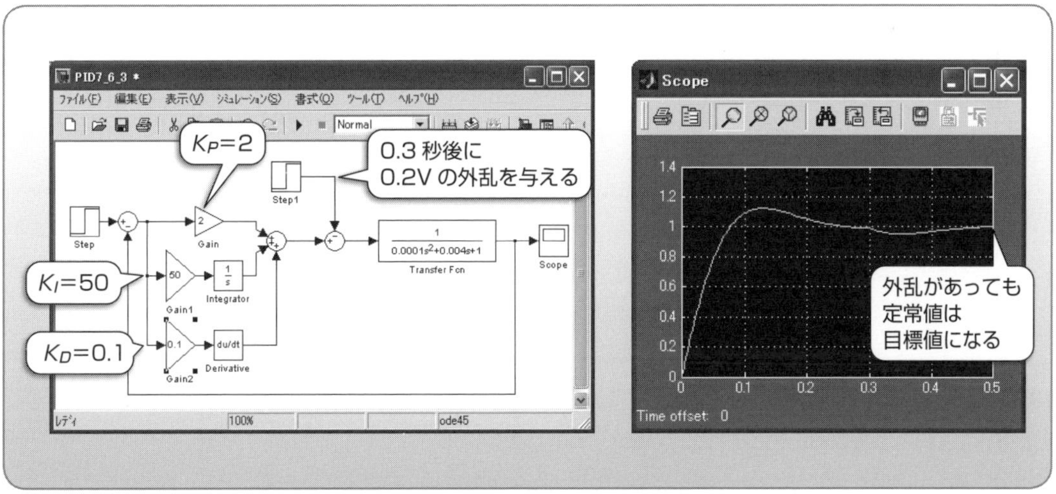

図7-7-4　PID制御による外乱の抑制

図7-7-4は、$K_P=2$、$K_D=50$、$K_I=0.1$としたときのPID制御の結果です。0.3秒のところで0.2Vの外乱を与えていますが、積分制御の効果によって定常値は目標値に戻っていることがわかります。また微分制御を入れたことで、振動的だった特性が改善されています。

第8章

MATLABによるPID制御のシミュレーション

MATLAB Simulink を使って、1 次遅れ系や 2 次遅れ系のステップ応答の出力波形を観察する方法や、PID 制御のシミュレーションを行う方法を紹介します。ラプラス変換や実験で得られた結果とシミュレーション結果を比較して議論します。

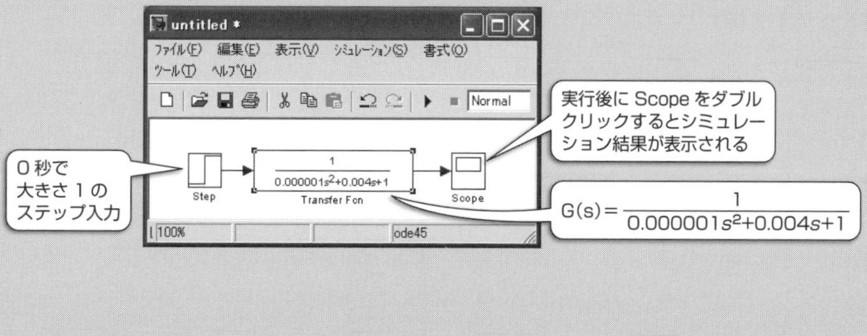

シミュレーション（その 1）　制御対象の回路方程式をつくる

注目点

RLC 回路を制御対象としたときに、回路方程式がどのようになるかを考えてみます。制御対象を数式で表現すれば、出力の時間変化を計算できるようになります。

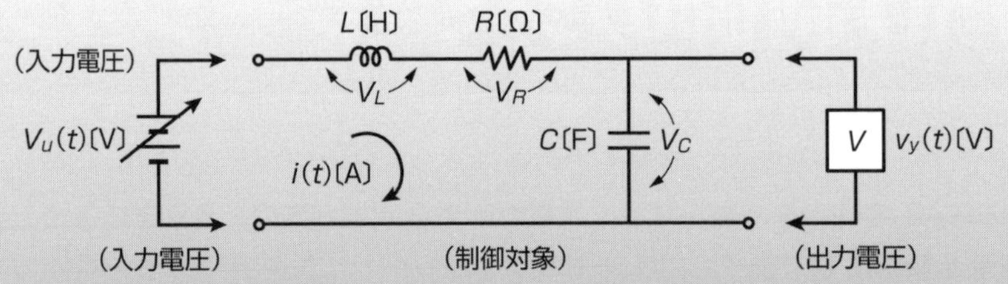

図 8-1-1　制御対象としての RLC 回路

図 8-1-1 のような RLC 回路を制御対象と考えて、この制御対象を数式で表現してみます。電源 $V(t)$ から出た電流 $i(t)$ は、回路を 1 周してすべて電源に戻ってきますから、R、L、C 流れる電流は同じ値になります。そこで電流 $i(t)$ が流れたときの R、L、C の両端にかかる電圧 V_R、V_L、V_C を数式で表わしてみましょう。

抵抗 R にかかる電圧 v_R はオームの法則によって次のようになります。

$$\boldsymbol{V_R = R \cdot i(t)}$$

L と C に $i(t)$ が流れたときの電圧 V_L と V_C は次のようになります。

$$\boldsymbol{V_L = L \cdot \frac{d}{dt} i(t)}$$

$$\boldsymbol{V_C = \frac{1}{C} \cdot \int_0^t i(\tau) d\tau}$$

この 3 つの電圧をたし合わせると入力電圧の $V_u(t)$ に等しくなります。

回路方程式に、$V_u(t) = V_R + V_L + V_C$ と $V_y(t) = V_C$ という関係を使うと、**図 8-1-2** のように表現できます。

$$(1)\quad v_u(t) = R_i(t) + L\frac{d}{dt}i(t) + v_y(t)$$

$$(2)\quad v_y(t) = \frac{1}{C}\int_0^t i(\tau)d\tau$$

図 8-1-2　回路の方程式

シミュレーション（その2）制御対象の回路方程式をラプラス変換する

注目点

MATLABでシミュレーションするときには、時間領域ではなく、ラプラス変換して求めたs領域の回路を使います。時間領域をs領域に変換するにはラプラス変換表を使います。

(1)　ラプラス変換するときの5つの性質

図8-2-1のRLC回路を制御対象としたときの回路方程式を、ラプラス変換表でs領域に変換してみましょう。

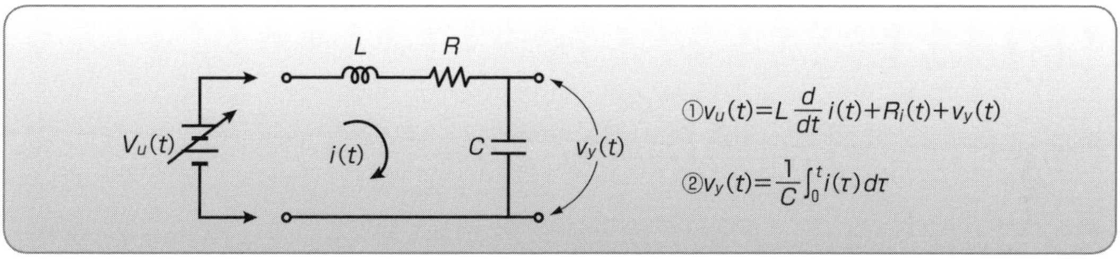

図8-2-1　制御対象の回路方程式

図中の①と②の回路方程式をラプラス変換します。この回路をラプラス変換するときには、次の5つの性質を使います。

性質1　tをsで置き換える

ラプラス変換を£〔　〕とすると、次のように時間領域のtをs領域のsに置き換えることになります。

$$\pounds[f(t)]=F(s)$$

ラプラス変換された関数は、時間領域と区別するために大文字にすることがよくあります。

性質2　時間領域の積分はs領域では$\frac{1}{s}$を掛ける

時間積分は積分する関数に$\frac{1}{s}$を掛けるようにすると、s領域の積分になります。関数のtをsに置き換えて、関数に$\frac{1}{s}$を掛けます。

$$\pounds\left[\int f(t)dt\right]=\frac{1}{s}F(s)$$ **（ただし$t=0$の初期値を0とします）**

性質3　時間領域の微分はs領域ではsを掛ける

時間微分は微分する関数のtをsに置き換えて、関数にsを掛けます。

$$\pounds\left[\frac{d}{dt}f(t)\right]=sF(s)$$ **（ただし$t=0$のときの初期値を0とします）**

性質4　単位ステップ関数はs領域では$\frac{1}{s}$になる

単位ステップ関数は**図8-2-2**のように時間領域では$u(t)$と表現できます。これをラプラス変換

すると $\frac{1}{s}$ になります。

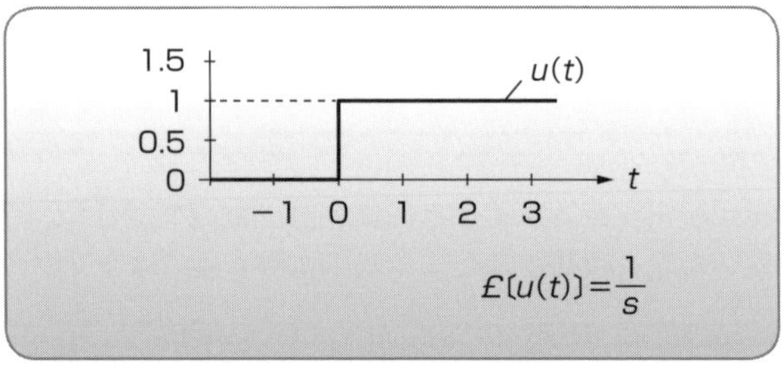

図 8-2-2　単位ステップ関数

性質 5　s を変数と考えて代数式として計算できる

ラプラス変換をした s 領域の関数は、s を変数とみなして四則演算をすることができます。ラプラス変換は線形代数として扱えるので分配法則が成り立ちます。

例 1：$£[af_1(t)+bf_2(t)]=a£[f_1(t)]+b\,£[f_2(t)]$
$=aF_1(s)+bF_2(s)$

例 2：$$£\left(\int f(t)dt+\frac{d}{dt}f(t)\right)=£\left(\int f(t)dt\right)+£\left(\frac{d}{dt}f(t)dt\right)$$
$$=\frac{1}{s}F(s)+sF(s)=\frac{1}{s}(s^2+1)F(s)$$

(2)　制御対象のラプラス変換

制御対象を以下の 1～5 の手順でラプラス変換して単位ステップ応答出力を求めます。

手順 1　入力のラプラス変換

$v_u(t)$ を時間 0 で 1〔V〕にステップ状に変化する単位ステップ関数 $u(t)$ とすると、次のようになります。

$$v_x(t)=u(t)\xrightarrow{\text{ラプラス変換}}\frac{1}{s}$$

$$£[u(t)]=\frac{1}{s}$$

手順 2　変数のラプラス変換

$v_y(t)$ は求める関数なので、そのまま大文字にして t を s に置き換えます。

$$v_y(t)\xrightarrow{\text{ラプラス変換}}V_y(s)$$

$$£[v_y(t)]=V_y(s)$$

手順 3　微分と積分の変換

$Ri(t)$、$L\frac{d}{dt}i(t)dt$、$\frac{1}{C}\int_0^t i(t)dt$ は次のようになります。初期値はすべて 0 とします。

$$Ri(t)\xrightarrow{\text{ラプラス変換}}R\cdot I(s)$$

$$£[Ri(t)]=R\cdot I(s)$$

$$L\frac{d}{dt}i(t)\xrightarrow{\text{ラプラス変換}}L\cdot s\cdot I(s)$$

$$£\left(\frac{d}{dt}i(t)\right)=L\cdot s\cdot I(s)$$

$$\frac{1}{C}\int_0^t i(\tau)d\tau\xrightarrow{\text{ラプラス変換}}\frac{1}{C}\cdot\frac{1}{s}\cdot I(s)$$

$$£\left(\frac{1}{C}\int_0^t i(\tau)d\tau\right)=\frac{1}{C}\cdot\frac{1}{s}\cdot I(s)$$

手順 4　s 領域の方程式にする

時間領域の関数を s 領域に変換します。

上記の手順 1～手順 3 の変換を行い、図 8-2-1 の時間領域の RLC 回路方程式を s 領域に書き換えます。すると**図 8-2-3** のようになります。

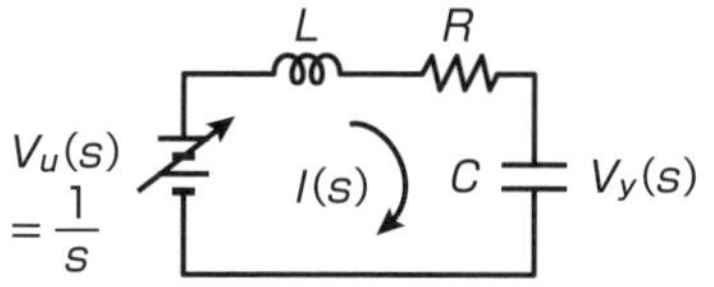

③ $\frac{1}{s}=RI(s)+s\cdot LI(s)+V_y(s)$

④ $V_y(s)=\frac{1}{s}\cdot\frac{1}{C}I(s)$

図 8-2-3　制御対象の回路の s 領域の表現

手順 5　出力特性を求める

出力特性を求めます。

図 8-2-3 の④の式から $I(s)=sCV_y(s)$ となるので、これを③に代入して $I(s)$ を消去します。

$$\boldsymbol{\frac{1}{s}=s^2\cdot LCV_y(s)+s\cdot RCV_y(s)+V_y(s)}$$

この式から $V_y(s)$ について解くと**図 8-2-4** になります。

$$V_y(s)=\frac{1}{LCs^2+RCs+1}\times\frac{1}{s}$$

出力電圧　制御対象の伝達関数　入力電圧（単位ステップ関数）

図 8-2-4　RLC 回路に単位ステップ関数を与えたときの出力 $V_y(s)$

(3)　RLC 回路のブロック線図

このように、出力電圧 $V_y(s)$ はステップ関数に $\frac{1}{LCs^2+RCs+1}$ を掛けたものになることがわかります。そこで図 8-2-4 の方程式はブロック線図にすると、**図 8-2-5** のように表わすことができます。その具体的なイメージは**図 8-2-6** のようになっています。

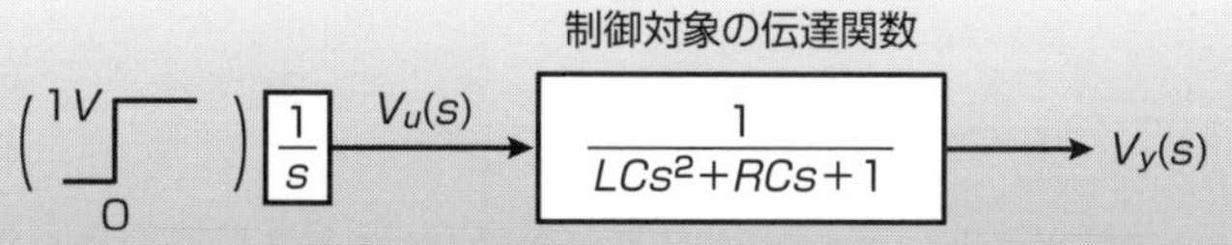

図 8-2-5　単位ステップ入力を RLC 回路に与えたときのブロック線図

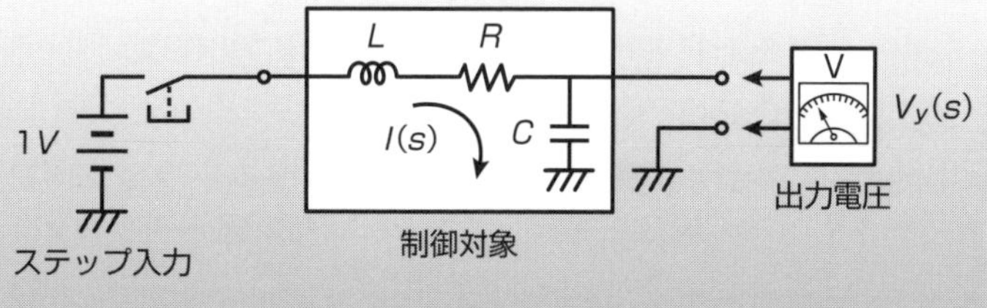

図 8-2-6　RLC 回路に単位ステップ電圧を与えたときのイメージ

シミュレーション（その 3）　MATLAB Simulink を使った制御対象のステップ応答

注目点　RLC 回路を例にとって、制御対象にステップ入力を与えたときの出力電圧の変化をシミュレーションします。

（1）　制御対象

制御対象は、**図 8-3-1** のような直列の RLC 回路で出力はコンデンサ両端の電圧とします。$V_x(s)$ を単位ステップ入力としたときのブロック線図は**図 8-3-2** のようになります。このブロック線図を使って単位ステップ応答をシミュレーションします。

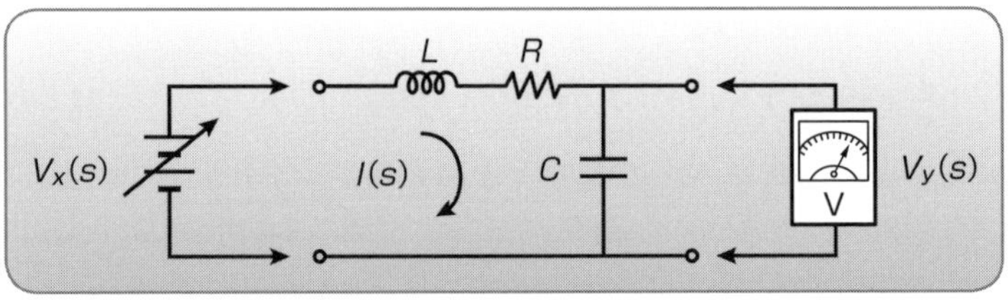

図 8-3-1　RLC 直列回路

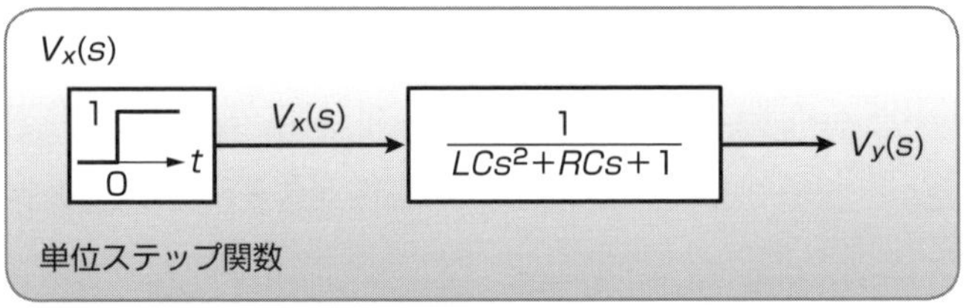

図 8-3-2　単位ステップ応答のブロック線図

（2）　MATLAB Simulink によるステップ応答のシミュレーション

図 8-3-2 のブロック線図を使い MATLAB Simulink でシミュレーションしてステップ応答を観測してみます。

手順 1　Simulink の立上げ

MATLAB から Simulink を立ち上げたら、**図 8-3-3** のように「ファイル」→「新規作成」→「モデル」と操作してモデルウィンドウを開きます。

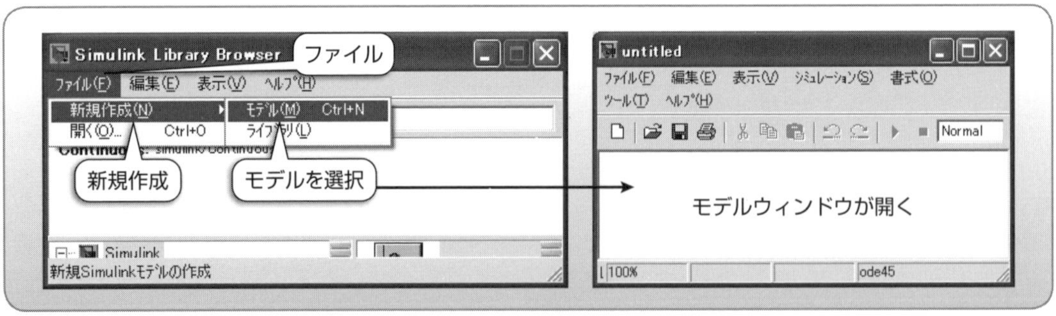

図 8-3-3　Simulink のモデルウィンドウの作成

手順 2　シミュレーション部品の貼付

「Simulink Library Browser」の中に、**図 8-3-4** のようにシミュレーション画面をつくるのに必要な部品が格納されています。この部品を選択してモデル画面に**図 8-3-5** のようにドラッグして貼り付けます。

出力を表示する「Scope」は「Sinks」の中に入っています。ステップ入力は、「Sources」の中に「Step」の名前で入っています。

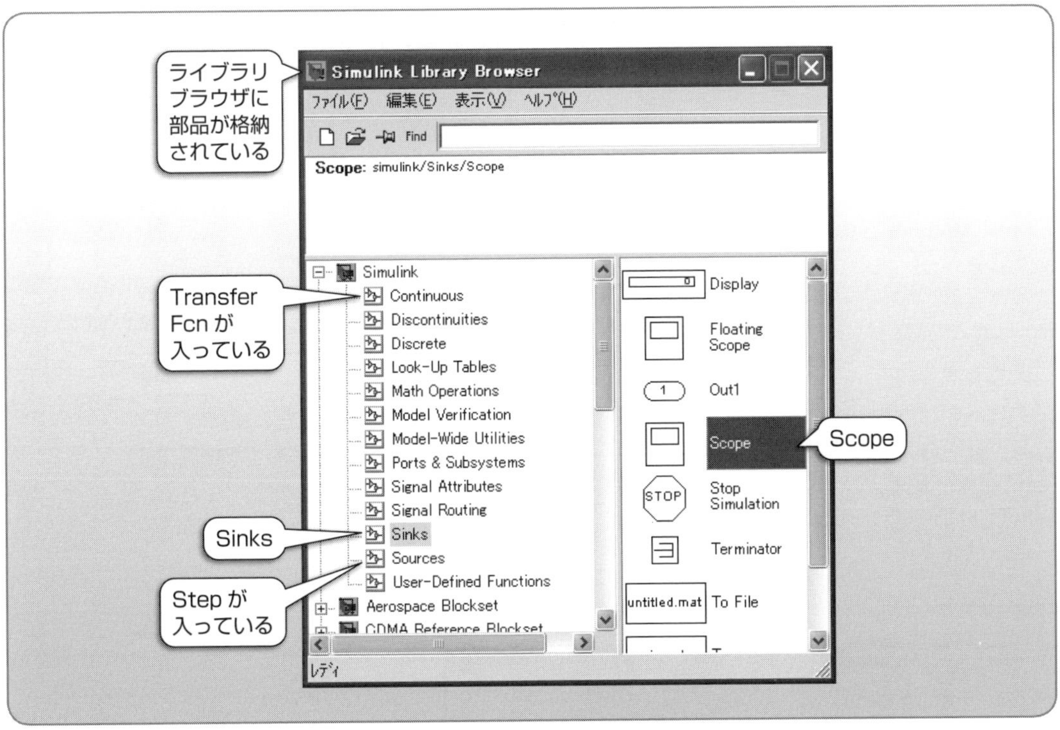

図 8-3-4　Library Browserの部品の選択

伝達関数は「Continuous」の中の「Transfer Fcn」を使います。

手順3 部品の配線

部品の端子同士をマウスでクリックし、ドラッグすると次頁の**図 8-3-6**のように配線ができます。

手順4 Step関数の設定

各部品の値を設定します。

まずStep関数のアイコンをダブルクリックして、**図 8-3-7**のように設定します。

手順5 Transfer Fcnの設定

次にTransfer Fcnのアイコンをダブルクリックし、**図 8-3-8**の設定画面を呼び出して分母を［0.000001　0.004　1］と設定します。

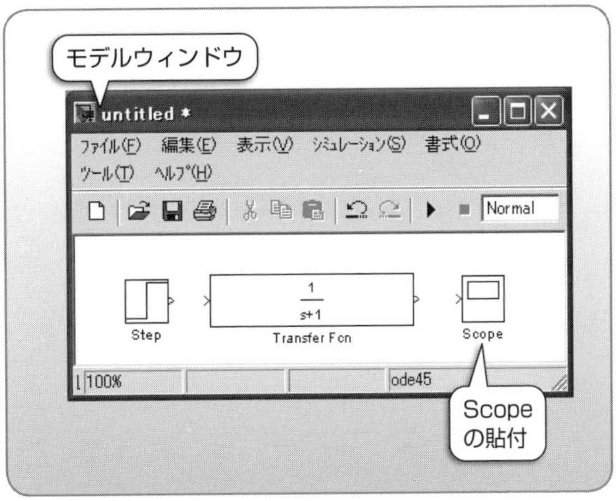

図 8-3-5　部品をモデル画面に貼り付ける

$R=4\mathrm{k}[\Omega]$、$L=1[\mathrm{H}]$、$C=1\mu[\mathrm{F}]$

ですから、$LC=0.000001$、$RC=0.004$になります。したがって伝達関数は次のようになります。

$$G(s)=\frac{1}{LCS^2+RCS+1}=\frac{1}{0.000001s^2+0.004s+1} \quad \cdots\cdots\cdots ①$$

そこで、分母の第1項を0.000001、第2項を0.004、第3項を1に設定します。その結果として**図 8-3-9**のような画面になります。

手順 6　シミュレーションパラメータの設定

メニューバーの「シミュレーション」→「シミュレーションパラメータ」と操作して**図 8-3-10** のウィンドウを開きます。この中の「シミュレーション時間」の「終了時間」を「0.02」に設定します。

手順 7　シミュレーションの実行

シミュレーションはメニューバーの「シミュレーション」→「開始」と操作して実行します。

メニューバーの「▶」マークをクリックしても実行できます。実行結果は画面の「Scope」をダブルクリックすると**図 8-3-11** のようなシミュレーション結果が表示されます。

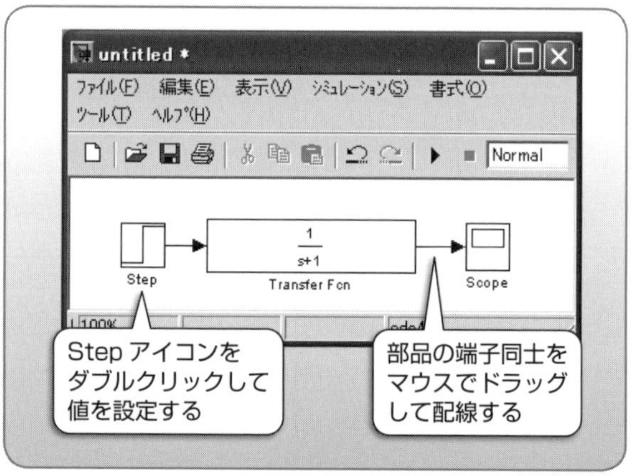

図 8-3-6　部品同士を配線する

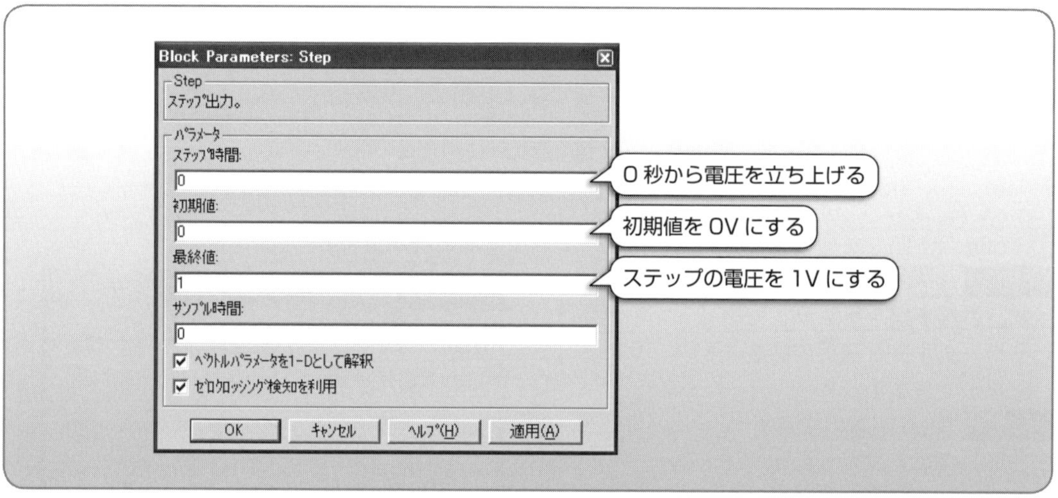

図 8-3-7　Step 関数の設定

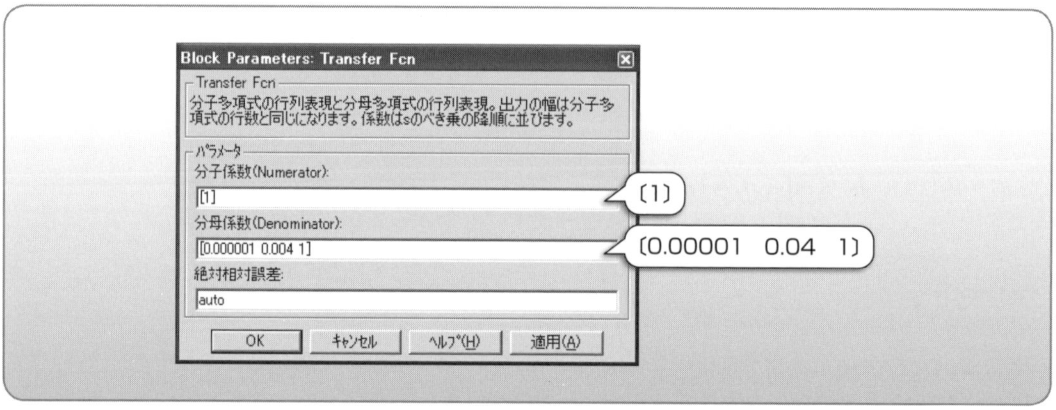

図 8-3-8　Transfer Fcn の設定

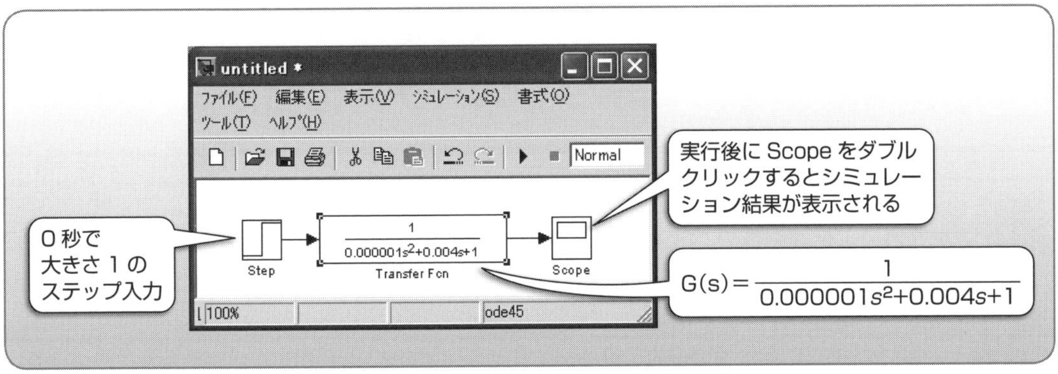

図 8-3-9　シミュレーションモデルの完成

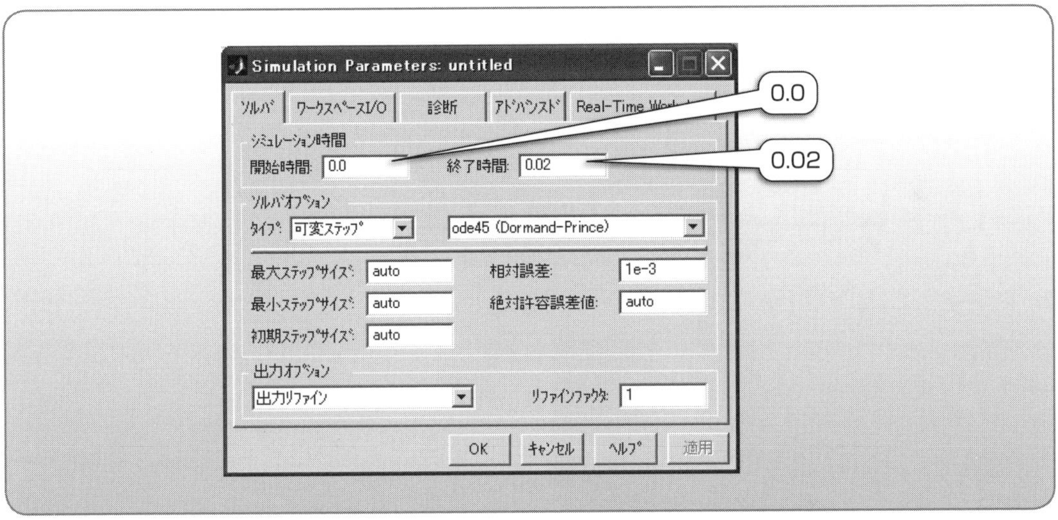

図 8-3-10　シミュレーションパラメータの設定

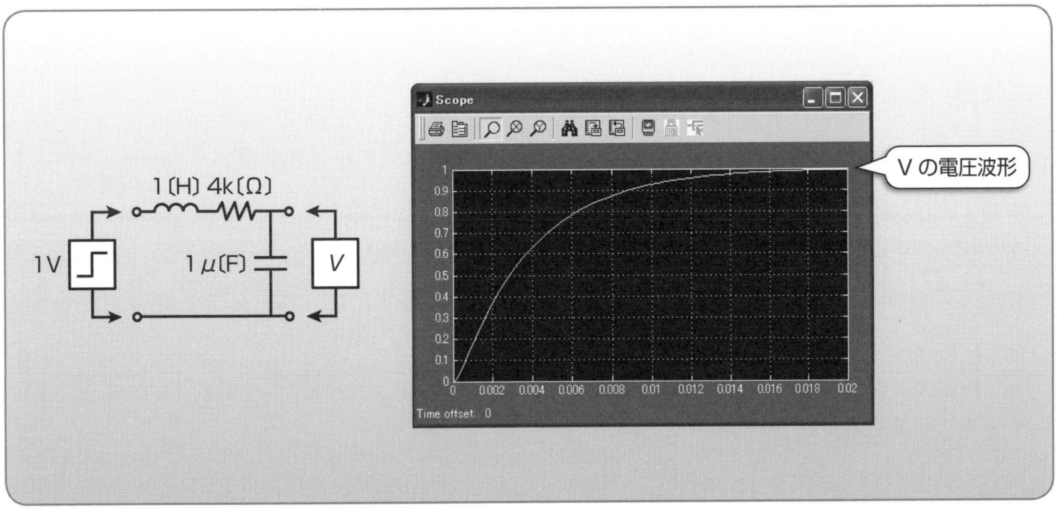

図 8-3-11　シミュレーション結果

シミュレーション（その４）　２次遅れ系は伝達関数のパラメータによってステップ応答が変化する

注目点　２次遅れ系の伝達関数のパラメータを変更してステップ応答がどのように変化するか観察します。

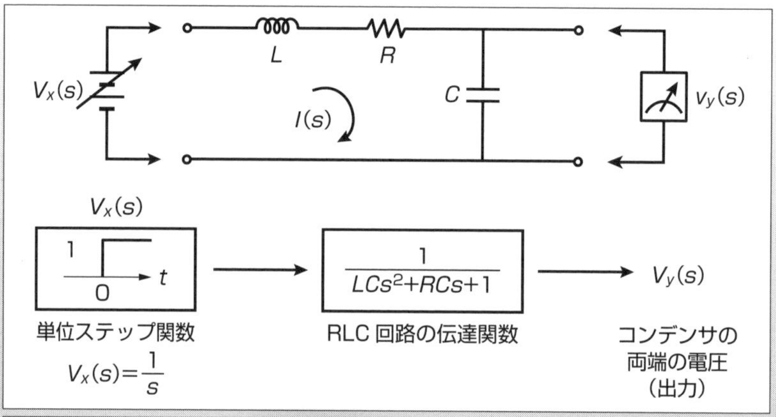

シミュレーションの条件と理論上の特性	ケース１	過減衰	T=1m〔s〕、ζ=2
		R=4k〔Ω〕、L=1〔H〕、C=1μ〔F〕	
	ケース２	オーバーシュート	T=1m〔s〕、ζ=0.5
		R=1k〔Ω〕、L=1〔H〕、C=1μ〔F〕	
	ケース３	持続振動	T=1m〔s〕、ζ=0
		R=0〔Ω〕、L=1〔H〕、C=1μ〔F〕	

図 8-4-1　RLC 直列回路の伝達関数

（1）制御対象

図 8-4-1 の RLC 直列回路におけるコンデンサ両端の電圧出力の伝達関数は、$\frac{1}{LCs^2+RCs+1}$ となるので２次遅れ系です。

この RLC 回路では、$V_x(s)$を入力として出力を $V_y(s)$としてあります。$V_x(s)$を単位ステップ入力とすると $V_x(s)=\frac{1}{s}$ となります。２次遅れ系の応答を調べるときには、時定数 T と減衰定数 ζ を使います。

RLC 回路の条件がケース１、ケース２、ケース３の３つのケースについてのステップ応答をシミュレーションで求めます。

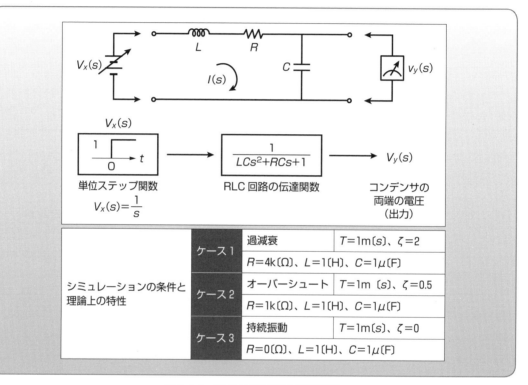

(2) 2 次遅れ系のステップ応答

RLC 回路の伝達関数を変形します。

$$G(s)=\frac{1}{LCs^2+RCs+1}$$
$$=\frac{1}{(\sqrt{LC})^2s^2+2\left(\frac{R}{2}\sqrt{\frac{L}{C}}\right)\sqrt{LC}\,s+1} \quad \cdots\cdots①$$

この伝達関数の時定数 T と減衰定数 ζ は、次のようになります。

$$\begin{cases} T=\sqrt{LC} \\ \zeta=\frac{R}{2}\sqrt{\frac{L}{C}} \end{cases} \quad \cdots\cdots②$$

$L=1$〔H〕、$C=1\mu$〔F〕とすると時定数 T が 1ms になります。このとき、$\sqrt{\frac{C}{L}}=0.001$ になるので、ζ の値は R の値によって任意に設定できます。

$\zeta=2$ の場合：$R=4k$〔Ω〕
$\zeta=1$ の場合：$R=2k$〔Ω〕
$\zeta=0.5$ の場合：$R=1k$〔Ω〕
$\zeta=0$ の場合：$R=0$〔Ω〕

(3) Simulink による 2 次遅れ系のシミュレーション

図 8-4-2 のように、MATLAB Simulink のモデルをつくります。Step 関数は時刻 0 で 1 の値になるように設定して Transfer Fcn の分母は [0.000001 0.004 1] としておきます。

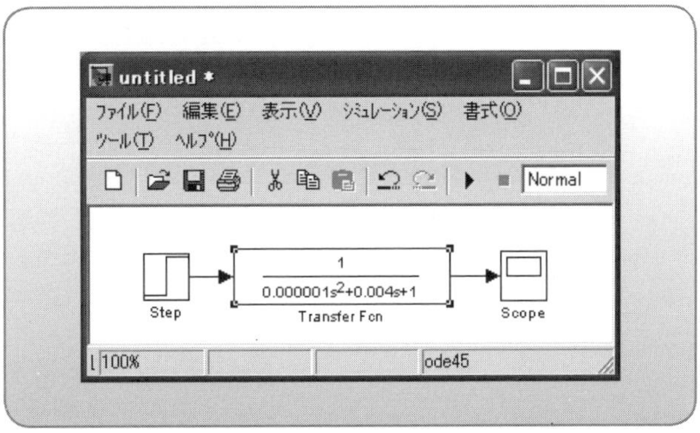

図 8-4-2 シミュレーションモデル

ケース 1 $\zeta=2$ の場合

$R=4k$〔Ω〕、$L=1$〔H〕、$C=1\mu$〔F〕とすると $\zeta=\frac{1}{2}R\sqrt{\frac{C}{L}}=2$になります。

このときに $LC=0.000001(1\times10^{-6})$ で、$RC=0.004(4\times10^{-3})$ となるので、伝達関数は

$G(s)=\frac{1}{0.000001s^2+0.004s+1}$ となります。

この伝達関数の値を Simulink の Transfer Fcn に設定して、シミュレーションした結果が次頁の**図 8-4-3** です。

ケース 2 $\zeta=0.5$ の場合

$\zeta=0.5$ にするために、R の値を 1k〔Ω〕に変更して Transfer Fcn を $\frac{1}{0.000001s^2+0.001s+1}$ にします。シミュレーションを実行すると**図 8-4-4** のようにな結果なります。

ケース 3 $\zeta=0$ の場合

R の値を 0〔Ω〕にすると $\zeta=0$ になるので、**図 8-4-5** のように持続振動になります。Transfer Fcn は$\frac{1}{0.000001s^2+1}$ になっています。

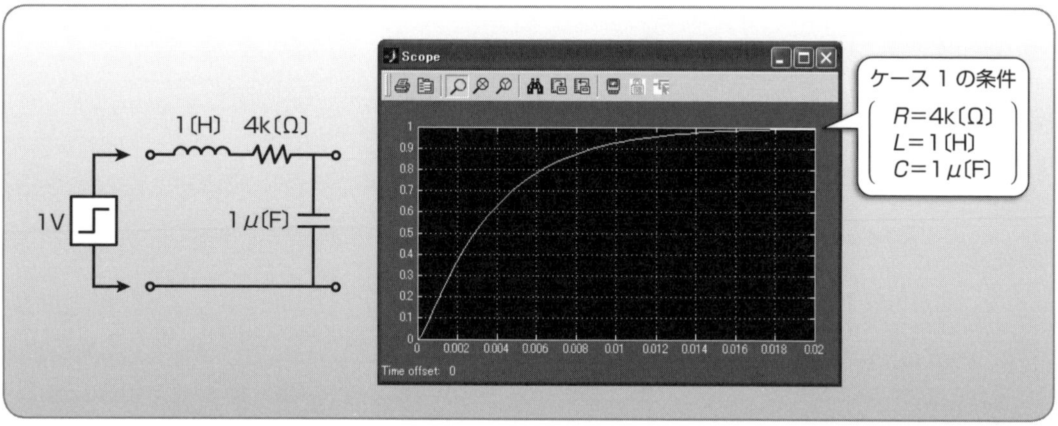

図 8-4-3　シミュレーション結果（ケース 1）ζ=2

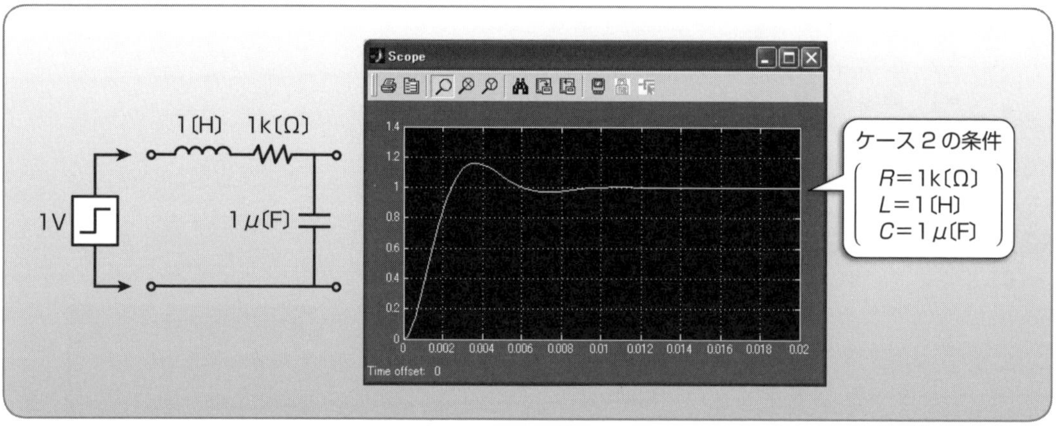

図 8-4-4　シミュレーション結果（ケース 2）ζ=0.5

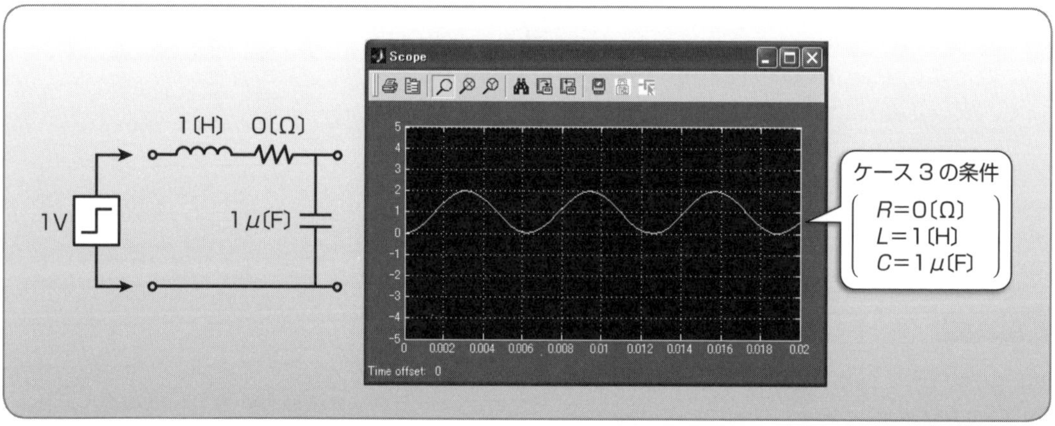

図 8-4-5　シミュレーション結果（ケース 3）ζ=0

シミュレーション（その5）

MATLAB Simulinkによる PID制御のシミュレーション

注目点

MATLAB Simulink を使って PID 制御回路をつくり、制御対象の伝達関数の入力に接続します。この制御系に 5V の目標値を与えたときの出力波形の変化を観察します。

(1)　*s* 領域の PID 制御のブロック線図

PID 制御の一般的なブロック線図の表現は、**図 8-5-1** のようになります。

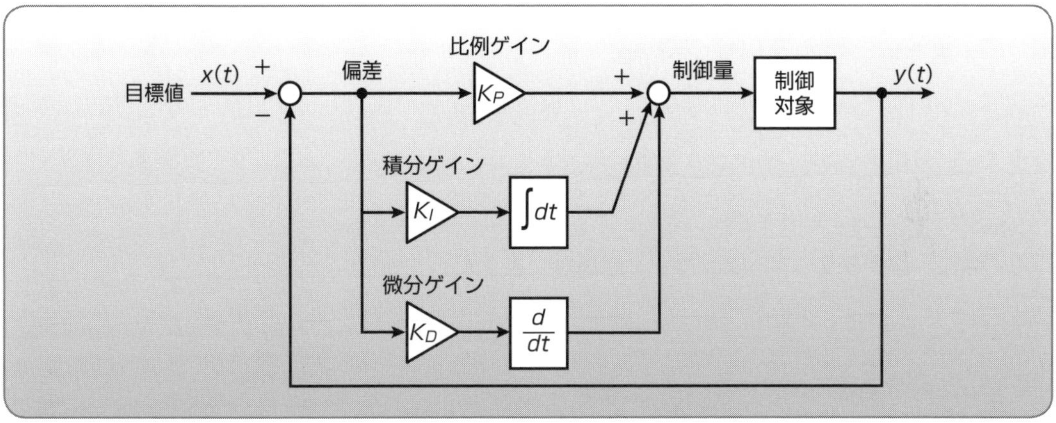

図 8-5-1　PID 制御のブロック線図

制御対象を RLC 直列回路としてコンデンサ両端の電圧を出力とすると、制御対象は**図 8-5-2** のようになります。

制御対象の伝達関数を求めてみます。

$\pounds[V_{in}(t)] = V_{in}(s)$、

$\pounds[V_{out}(t)] = V_{out}(s)$

として、初期値を 0 としてラプラス変換します。

すると伝達関数は次のようになります。

$$G(s) = \frac{V_{out}(s)}{V_{in}(s)} = \frac{1}{LCs^2 + RCs + 1}$$

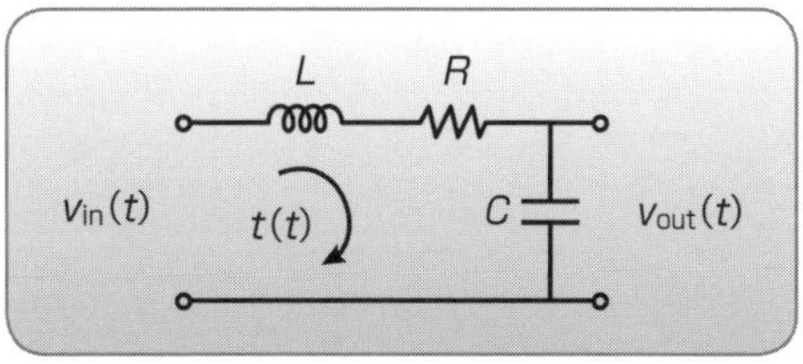

図 8-5-2　制御対象

(2)　RLC 回路のステップ応答

L = 1〔H〕、C = 10μ〔F〕、R = 2*K*〔Ω〕として、まず RLC 回路に 5*V* のステップ入力を与えたときの応答を確認します。

次頁の**図 8-5-3** のように、MATLAB Simulink でモデルをつくって実行すると、**図 8-5-4** のような応答波形が得られます。

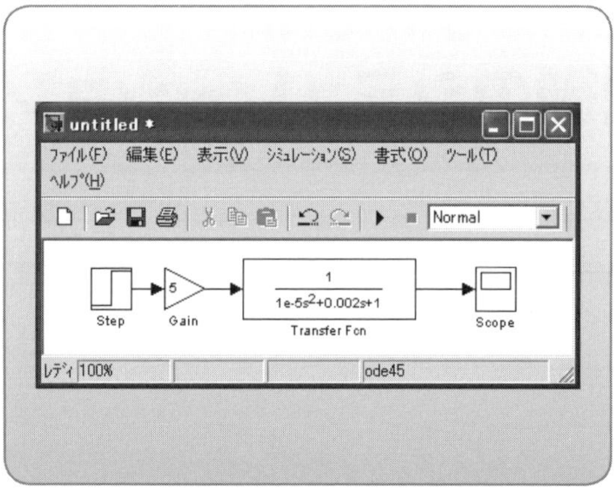

図 8-5-3　RLC 回路のステップ応答モデル

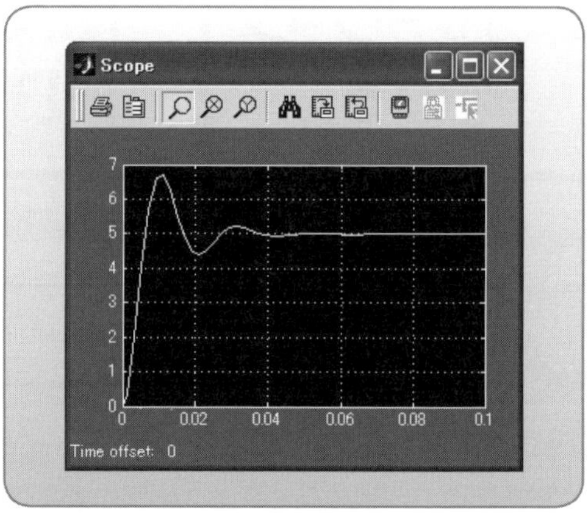

図 8-5-4　RLC 回路の 5V ステップ応答

(3)　s 領域におけるブロック線図

図 8-5-1 の時間領域の PID 制御のブロック線図を s 領域で表現します。積分は $\frac{1}{s}$、微分は s となります。目標値を 5V のステップ関数にしてみると、$X(t)=5u(t)$ となるので s 領域では $X(s)=5\times\frac{1}{s}$ となります。

その結果、**図 8-5-5** のようなブロック線図ができます。

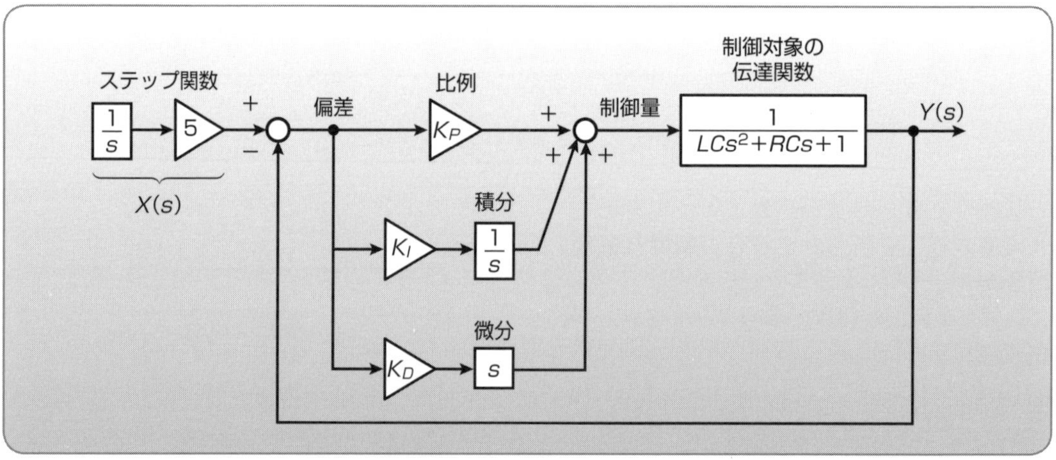

図 8-5-5　s 領域における PID 制御のブロック線図

(4)　P 制御

図 8-5-6 は、出力をフィードバックして比例制御（P 制御）を組んだものです。比例ゲインを 2 にした結果、**図 8-5-7** のような特性が得られました。

この P 制御では目標値の 5V に対して 3.3V 程度までしか出力電圧が上がらず定常偏差が残ってしまうことがわかります。

(5)　PI 制御

図 8-5-8 は、比例制御に積分フィードバックを加えて PI 制御にした Simulink のモデルです。積分ゲインを 50 にしたときの 5V ステップ応答は**図 8-5-9** のようになります。

時間の経過とともに目標値の 5*V* に近づいていき、定常偏差が小さくなることがわかります。

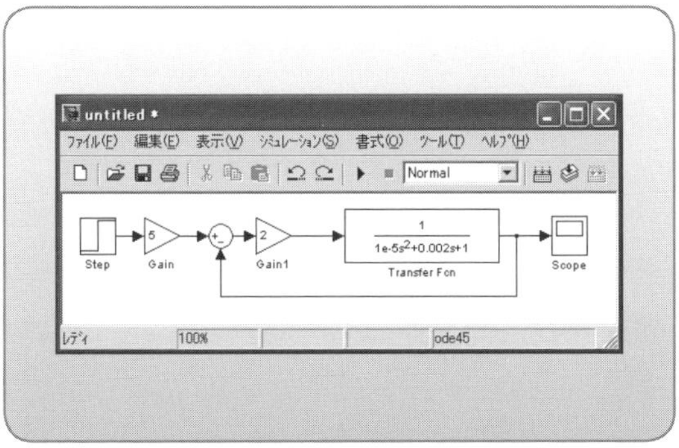

図 8-5-6 RLC 回路の P 制御

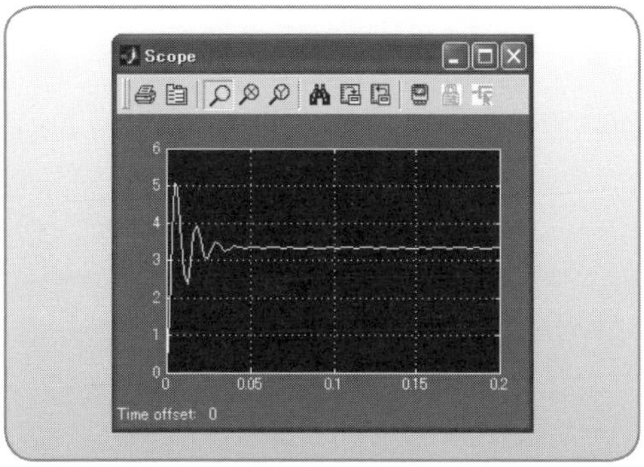

図 8-5-7 RLC 回路の P 制御のステップ応答（目標値：5*V*）

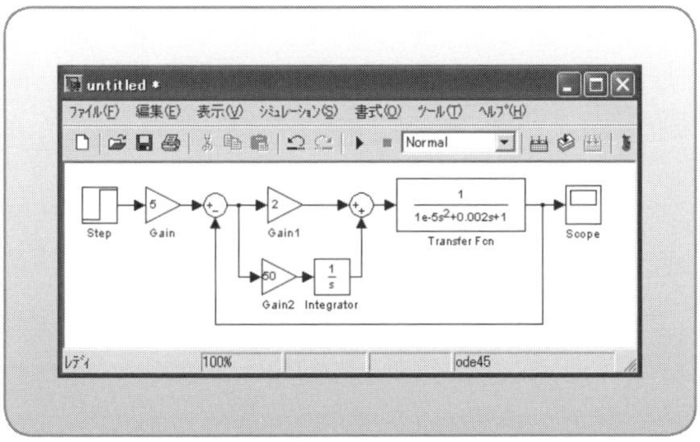

図 8-5-8 RLC 回路の PI 制御のモデル

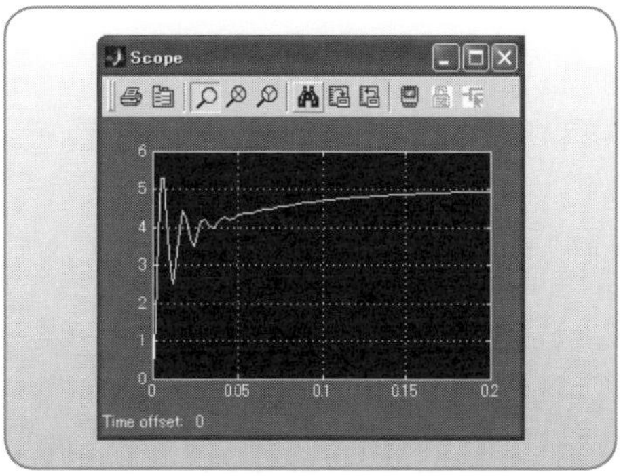

図 8-5-9 RLC 回路の PI 制御のステップ応答

(6) PID 制御

図 8-5-10 は、さらに D 制御を追加して PID 制御にしたものです。D 制御のゲインは 0.02 としてあります。5*V* のステップ入力を与えたときの応答は**図 8-5-11** のようになり、PI 制御の振動的な動作がなめらかな動作になっています。

D 制御を入れることで振動的になることを抑える働きがあるので、比例ゲインをさらに上げることができるようになります。このように PID 制御にすることで、定常偏差をなくし応答性を良くすることができるのです。

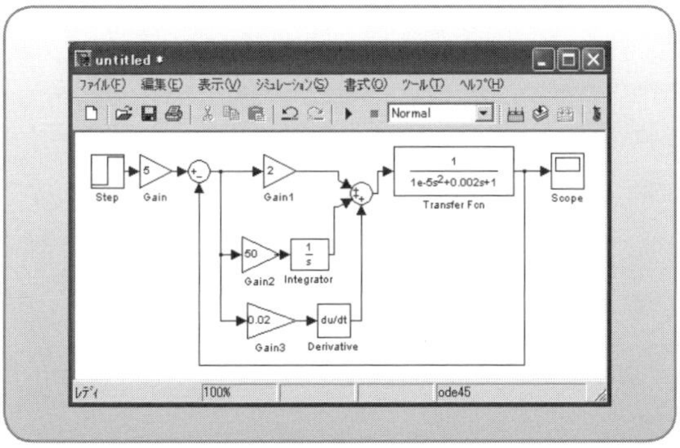

図 8-5-10 RLC 回路の PID 制御のモデル

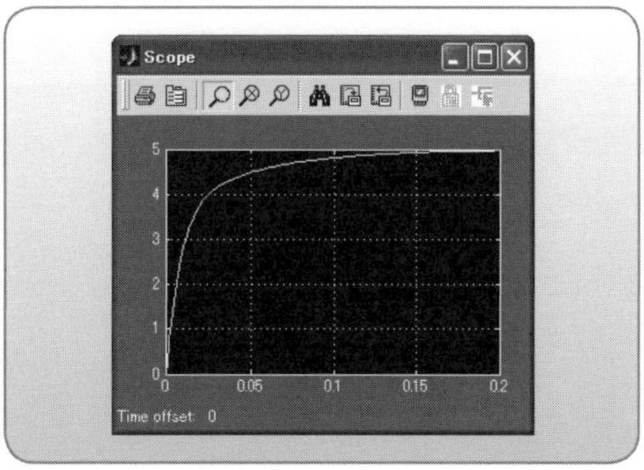

図 8-5-11 RLC 回路の PID 制御のステップ応答

第9章 コンピュータを使ったPID制御

コンピュータやPLCを使って制御対象をPID制御するためのプログラムの構造と実際の作り方を学びます。具体例として、C言語を使ったPID制御プログラムとPLCを使ったラダー図でのPID制御のつくり方を解説します。
特に、微分と積分のプログラミング方法について詳細に解説します。コラムとして、1次遅れ系や2次遅れ系の制御対象のパラメータ同定の方法や、PID制御の*Kp*、*Ki*、*Kd*の最適なパラメータの選定方法に言及します。

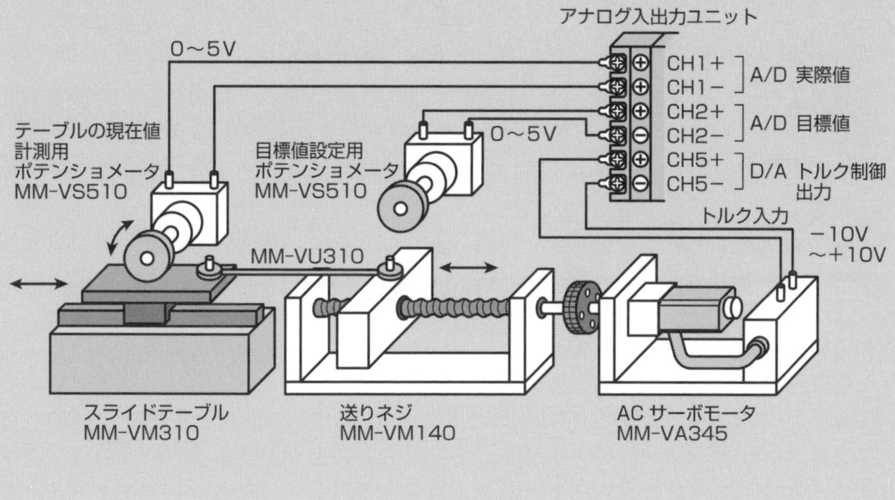

解説（その1）　アナログ入出力を使ったPID制御

注目点　コンピュータにアナログ入出力ユニットを増設してPID制御をするプログラムをつくってみましょう。

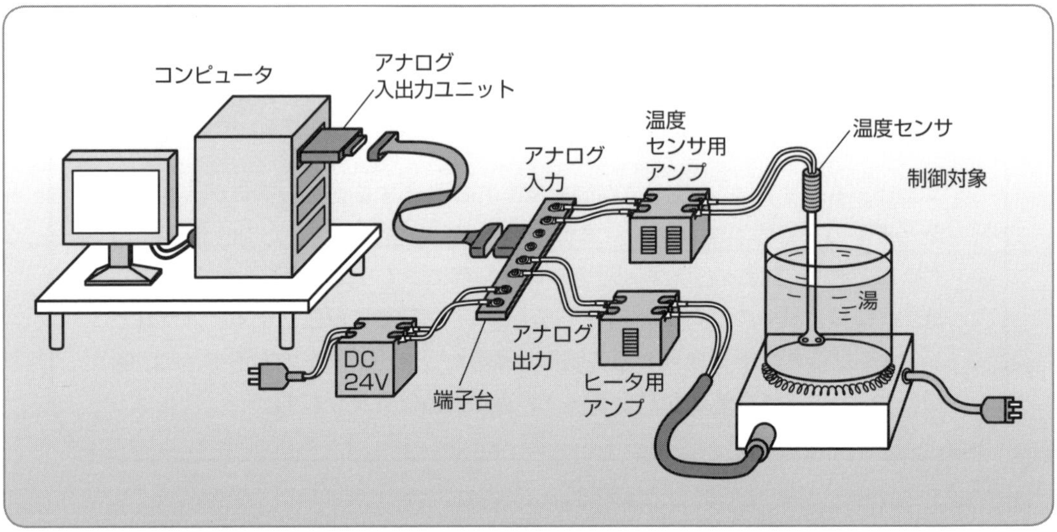

図9-1-1　アナログ入出力ボードを使ったPID制御装置

(1)　装置の概要

図9-1-1は、コンピュータのスロットに搭載するアナログ入出力ユニットを使って湯温のPID制御をする装置です。コンピュータのような電子機器で実際値を測定して、制御量を与えるためには、実際値や制御量が電気信号に変換されている必要があります。

今回の実験装置では、実際値の温度は、0℃から100℃を0Vから5Vの電圧に変換される温度センサで計測します。ヒータも0Vから5Vまでの電圧でヒータの熱量を指定できるようなアンプをもっているものを選定します。このようにして、ヒータに与えるエネルギーや温度を電気回路で扱えるようにします。

これを、コンピュータを使ってデジタル制御しようとすると、電圧のようなアナログ量では計算ができないので、数値に変換する必要があります。その変換を行うのが「アナログ入出力ユニット」です。

アナログ入出力のイメージは、**図9-1-2**のようになります。アナログ入力ユニットは、電圧や電流のような電気的に測定したアナログ量を数値に変換して、アナログ入力ユニットの中のバファメモリにデータとして格納する機能をもっています。そして、そのバファメモリに格納された数値は、パソコンのアプリケーションやプログラムで読み取ることができるようになっています。アナログ入力ユニットは、アナログ電気量をデジタル数値に変換し、コンピュータがデータとして取り込めるようになっているもので、この変換を「A/D変換」と呼んでいます。

アナログ出力ユニットは、ユニットの中のバファメモリに格納された数値データを電圧や、電流のような電気的なアナログ量に変換して出力する機能をもっています。バファメモリの数値は、パソコンのアプリケーションやプログラムで自由に書き換えができるようになっています。

アナログ出力ユニットは、このようにコンピュータで設定したデジタル数値をアナログ電気量に変換して出力するもので、この変換を「D/A 変換」と呼んでいます。

(2) コンピュータを使った比例制御プログラム

アナログ入出力ユニットを使い、コンピュータで電気ポットを制御するシステムにしたものが、**図 9-1-3** です。

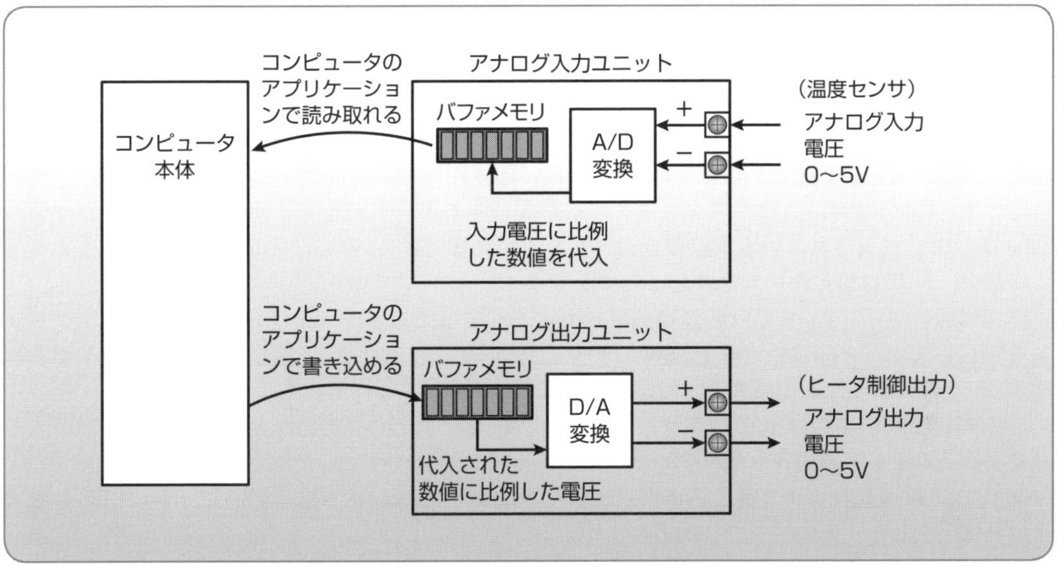

図 9-1-2 A/D 変換と D/A 変換

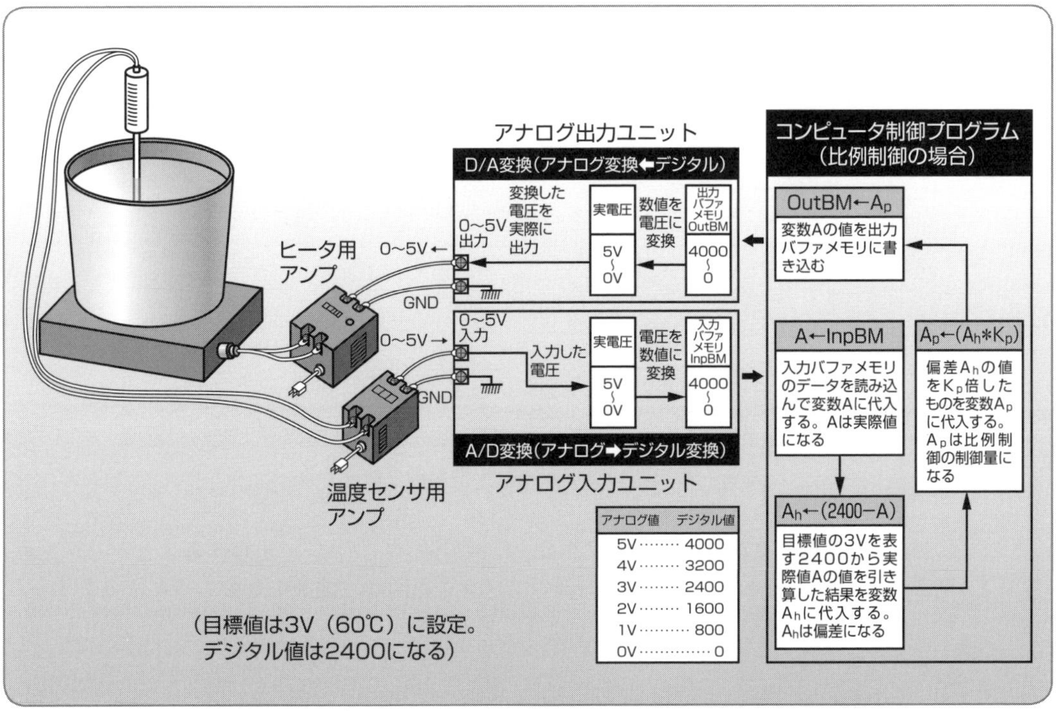

図 9-1-3 コンピュータによる電気ポットの湯温を調節する実験装置

電気ポットの温度センサの出力は0℃から100℃の温度が0Vから5Vの電圧値になって、アナログ入力ユニットに入ってきます。アナログ入力ユニットでは、入ってきた電圧を自動的に数値に変換して入力バファメモリ（InpBM）に格納する処理が行われます。このときの変換の分解能を4000とすると、最大値（100℃）の5Vのときに4000、0V（0℃）のときに0となって、それが比例配分されます。

そこで、もしInpBMに格納された数値データが1600であれば、温度センサから入力した電圧は2Vであったことになり、実際の温度は40℃であったことがわかります。

図9-1-3のコンピュータ制御プログラムでは、比例制御が行なわれています。はじめにInpBMに格納されたデータをA←InpBMというプログラムで読み込んで、InpBMにある数値を変数Aに代入しています。矢印は値を代入するという意味です。このときAの値が実際値になります。ここで、Aに1600という値が入ったとしましょう。

目標となる温度をアナログ量で3Vの60℃とすると、デジタル値では2400に相当します。

目標値から実際値を減算すると、目標値2400－実際値1600＝偏差800という計算ができます。

そこで、A_h←(2400－A）というプログラムを実行すると、右辺を先に計算するので、目標値の2400からAに代入されている実際値を引き算した結果を変数A_hの値に代入することができます。この結果、A_hには偏差が代入されたことになります。

比例制御のゲインK_pをこの偏差に掛けたものをつくるために、A_p←(A_h＊K_p）というプログラムを実行します（＊印は掛け算を意味します)。すると、右辺のA_hは偏差ですから、偏差であるA_hにK_pを掛け算したものがA_pに代入されることになります。

このA_pの値が、比例制御の制御量になるので、それをアナログ出力ユニットの出力バファメモリに書き込みます。その書き込みプログラムがOutBM←A_pです。

OutBMに制御量が数値で書き込まれれば、アナログ出力ユニットは自動的にそれに対応したアナログ電圧をヒータ用のアンプに出力します。

K_pを1とすると、ヒータのアンプには、800に相当する電圧である1.0Vが印加されることになります。同じ偏差でもK_pを2とすれば、2Vが印加されます。

この比例制御のプログラムを続けて書くと、**図9-1-4**の【プログラム1】のようになります。

```
［初期条件］
（最初に一度だけ実行する）
    Kp ← 1
［比例制御の演算］
（微小時間ΔT秒ごとに繰り返す）
    A ← InpBM
    Ah ← (2400－A)
    Ap ← (Ah＊Kp)                 ※2400は目標値の
    OutBM ← Ap                      3V（60℃）を意味します。
```

図9-1-4　【プログラム1】比例制御プログラム

このプログラムを連続して繰り返し実行すれば、比例制御をパソコンで実現することができます。このプログラムによって実行される比例制御のブロック線図は、**図9-1-5**のようになります。

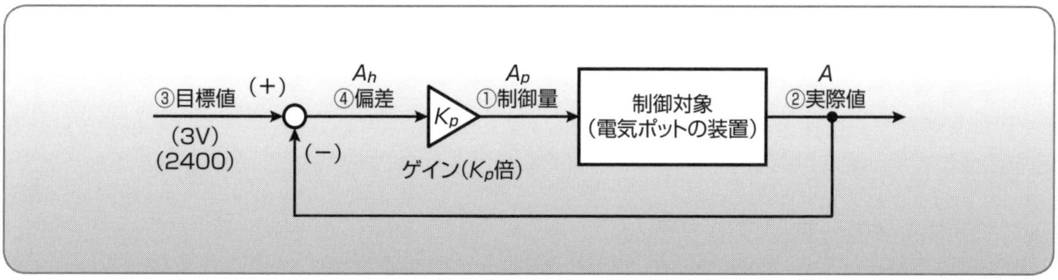

図 9-1-5 比例制御のブロック線図

(3) 簡易的な積分制御プログラム

積分制御を簡易的に実行するには、**図 9-1-6** の【プログラム 2】のようなアルゴリズムが考えられます。

積分に使う微小時間を ΔT とおいて、ΔT 秒ごとに 1 回積分演算を実行します。

ここでは積分ゲイン $K_i=1$ としてあります。目標値は 60 ℃なので 2400 になります。この演算では、偏差（2400－A）に ΔT を掛け算したものを、ΔT 秒ごとに足し合わせているにすぎませんが、実行してみると積分の効果が現れます。

```
[初期条件]
(最初に一度だけ実行する)
    A1 ← 0
    Ki ← 1
[積分演算]
(ΔT 秒ごとに実行する)
    A ← InpBM                   : A/D 入力
    Ah ← (2400 - A)             : 偏差
    At ← (Ah * Ki) * ΔT         : ΔT の面積
    Ai ← (A1 + At)              : 面積の合計
    OutBM ← Ai                  : D/A 出力
    A1 ← Ai                     : 次の積分演算に使う値の保存
```

図 9-1-6 【プログラム 2】積分制御プログラム

もう少し精度が良いプログラムは、この後の解説（その 2）の中で述べているので参照してください。このプログラムをブロック線図にすると**図 9-1-7** のようになります。

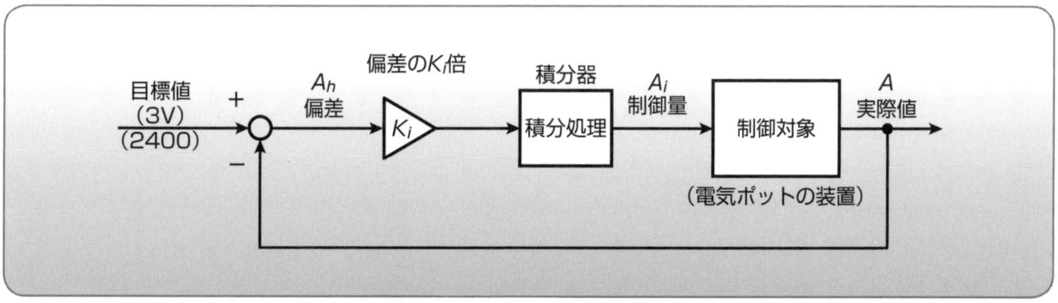

図 9-1-7 積分制御のブロック線図

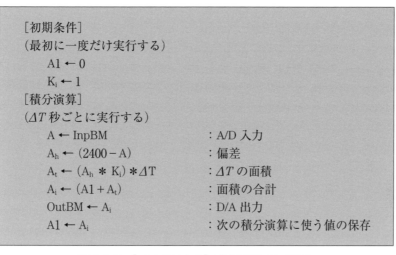

このブロック線図は積分制御だけになっていますが、実際には積分制御だけで制御することはありません。【プログラム1】でつくった比例制御の制御量 A_p に積分制御量の A_i を足し合わせたものを制御対象への制御量とします。この制御を「PI制御」と呼んでいます。

ΔT は小さい方が精度が高くなりますが、ΔT が小さすぎても雑音に弱くなることも考えられるので注意します。また、ΔT の時間間隔が一定でないときには、誤差が大きくなるので注意します。

(4)　簡易的な微分制御プログラム

微分制御を簡単にプログラミングするには、微分する時間を ΔT とおいて、ΔT 秒ごとに一度微分演算を実行するようにします。微分は、ΔT 秒前の偏差と現在の偏差の変化の度合いですから、ΔT 秒間における偏差の傾きに相当します。

そこで、微分制御のアルゴリズムは図 9-1-8 の【プログラム3】のようになります。

微分ゲイン K_d は1にしてあります。

［初期条件］
（最初に一度だけ実行する）
　　A2 ← (2400 − InpBM) ∗ K_d
　　K_d ← 1
［微分演算］
（ΔT 秒ごとに実行する）
　　A ← InpBM　　　　　　　　：A/D 入力
　　A_h ← (2400 − A)　　　　　：偏差
　　A_0 ← (A_h ∗ K_d)　　　　：微分ゲインを掛ける
　　A_d ← (A_0 − A2) ÷ ΔT　　：微分値の計算
　　OutBM ← A_d　　　　　　：D/A 出力
　　A2 ← A_0　　　　　　　　：次の微分演算に使う値の保存

図 9-1-8　【プログラム3】微分制御プログラム

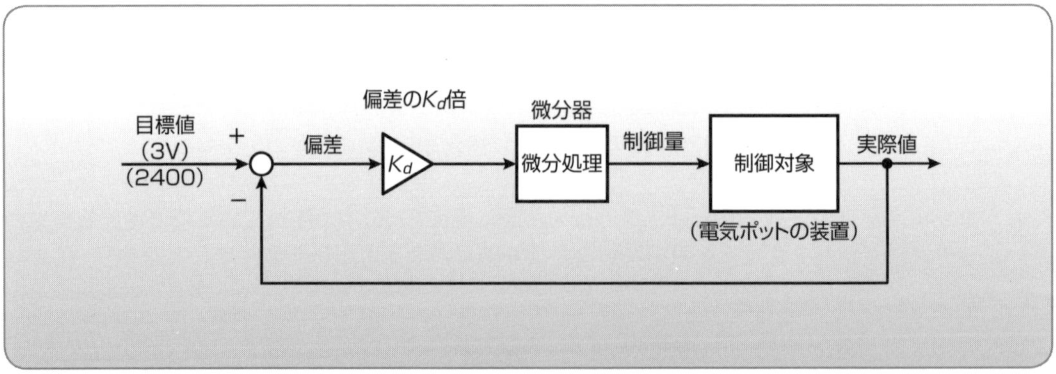

図 9-1-9　微分制御のブロック線図

微分演算の中で、A2には ΔT 秒前の偏差を K_d 倍したものが格納されています。A_d は現在の偏差から1つ前の偏差を差し引いて K_d 倍したものを経過した時間で割っているので、その傾きになっています。このプログラムは、偏差の差を微小時間の ΔT 秒で割っているので誤差が大きくなりやすく、そのまま使うと問題になることもあるので注意が必要です。

安定した微分演算を行う方法は、この後の解説（その3）で説明します。

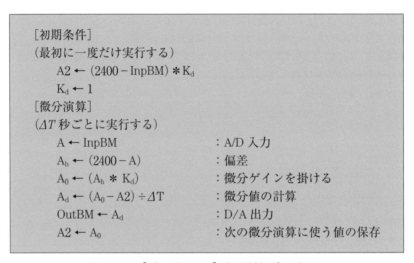

図9–1–9は微分制御の部分をブロック線図にしたものです。微分制御で計算した制御量は比例制御の制御量に加算して、PD制御とするか、さらに積分制御も追加してPID制御にして利用します。

(5) PID制御のプログラム

PID制御は、上記【プログラム1】〜【プログラム3】の中の出力変数A_p、A_i、A_dの3つを足し合わせたものを制御量とすればでき上がります。すなわち、**図9–1–10**の【プログラム4】のようになります。

```
OutBM ← Ap + Ai + Ad          : PID制御のD/A出力
```

図9–1–10 【プログラム4】PID制御の出力部

PID制御プログラムをまとめて書くと、**図9–1–11**の【プログラム5】のようになります。

```
[初期条件]
(最初に一度だけ実行する)
    Kp ← 1
    Ki ← 1
    Kd ← 1
    A1 ← 0
    A2 ← (2400 − InpBM) ∗ Kd

[PID制御の演算]
(ΔT秒ごとに繰り返す)
[偏差演算]
    A ← InpBM
    Ah ← (2400 − A)
[比例演算]
    Ap ← (Ah ∗ Kp)                : 比例制御の制御量
[積分演算]
    At ← (Ah ∗ Ki) ∗ ΔT
    Ai ← (A1 + At)                : 積分制御の制御量
    A1 ← Ai                       : 次の積分演算に使う値の保存
[微分演算]
    A0 ← (Ah ∗ Kd)
    Ad ← (A0 − A2) ÷ ΔT           : 微分制御の制御量
    A2 ← A0                       : 次の微分演算に使う値の保存
[PID制御出力]
    OutBM ← Ap + Ai + Ad          : PID制御のD/A出力
```

図9–1–11 【プログラム5】PID制御プログラム

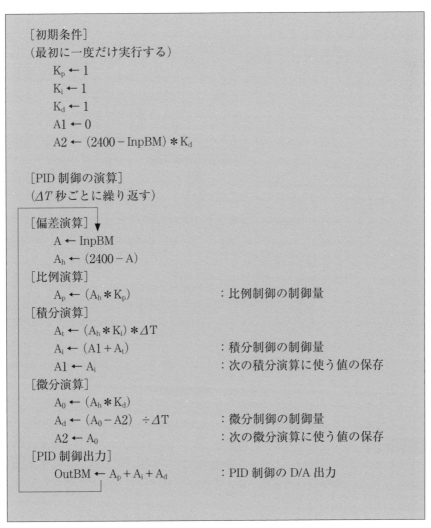

解説(その2)　PID制御によるリニアモータの位置決め制御

注目点

リニアモータとリニアエンコーダを使った位置決め制御を、コンピュータを用いたPID 制御で実現します。

(1)　装置の概要

図 9-2-1 のような装置をPID 制御してみましょう。負荷装置にはリニアモータを使い、位置の計測にはリニアエンコーダを使っています。指令値を与えたときに、指令値で示す位置まで移動して停止するようにリニアモータを制御します。

エンコーダ出力は、カウンタボードを経由してパソコンにデータとして入力します。

パソコンから D/A 変換器を使ってリニアモータの制御入力に電圧を与えると、リニアモータの出力軸に直進運動の推力が発生します。

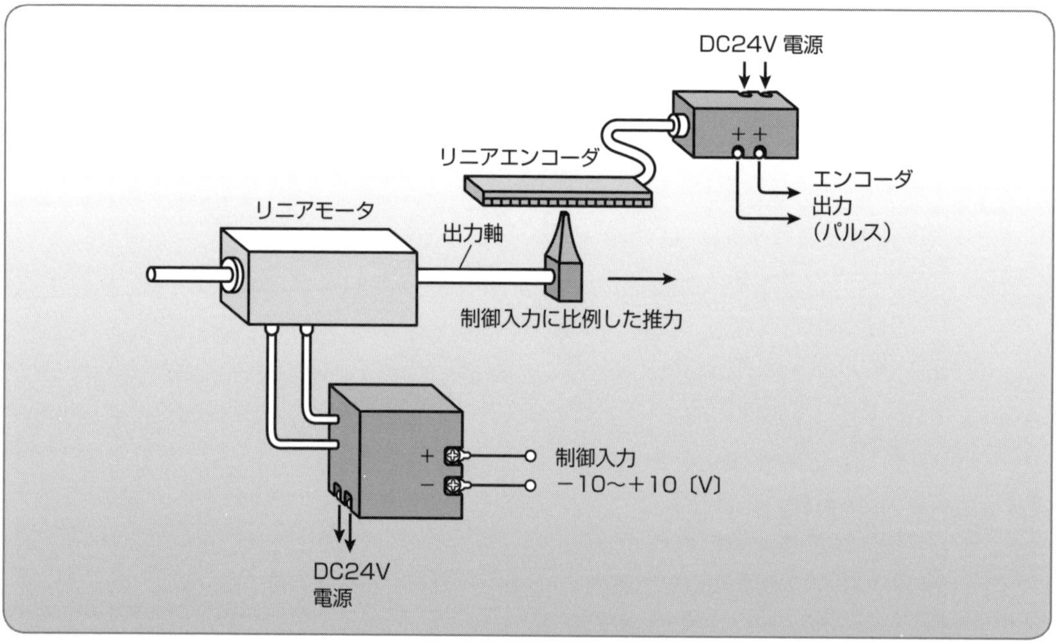

図 9-2-1　装置の概要

(2)　入出力インターフェイス

インターフェイス1　インターフェイスの機能

パソコンで PID 制御をするには、モータを駆動するモータドライバへの指令値の出力やセンサからの応答値を取得するために必要なパソコンで動作するプログラムと、実世界を結ぶインターフェイスが必要です。

そのインターフェイスとして、ここでは、アナログ出力デバイスとエンコーダカウンタを使います。

図 9-2-2 に、リニアモータを用いた PID 制御システムの構成を示します。光学式のリニアエン

コーダにより、位置情報をエンコーダカウンタボードに入力し、数値データとしてパソコンに取込めるようにしています。

その数値データを、コンピュータのプログラムで演算して、出力する制御量を算出します。その制御量を、D/A変換ボードを用いてリニアモータに印加する制御電流の指令値として出力をします。コンピュータとしては、リアルタイムOSを搭載したパソコンやDSP、マイコンなどを使用します。

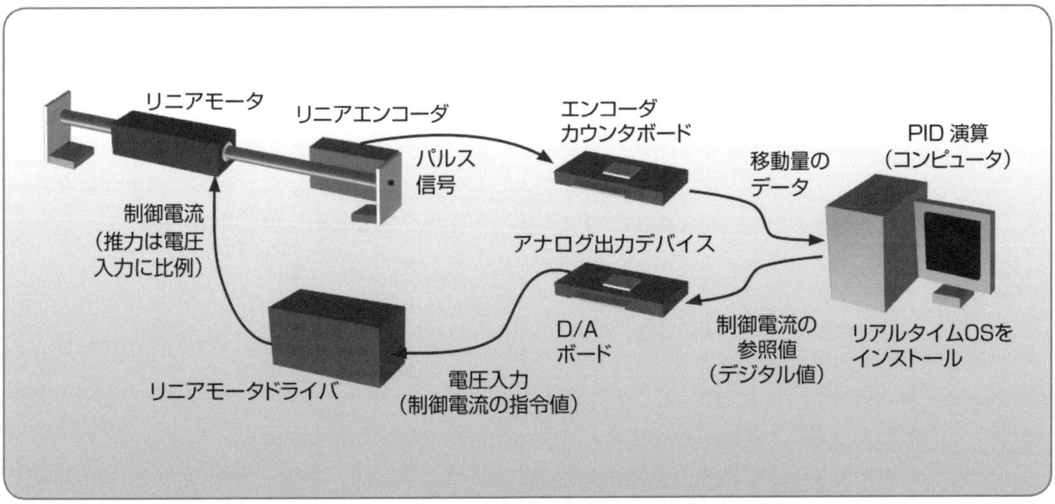

図9-2-2　リニアモータを用いたPID制御システム構成例

コンピュータのプログラムで、リニアモータへの制御電流の参照値が生成されますが、これはデジタル値であるため、D/A変換してアナログの制御電圧値（制御電流の大きさを指令する電圧値）に変換を行います。この様子をあらわしたものが**図9-2-3**です。

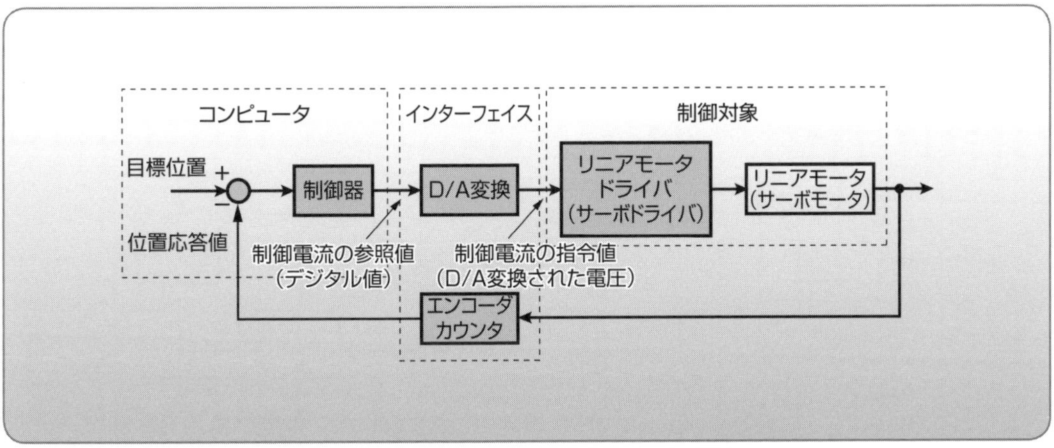

図9-2-3　一般的なサーボモータのデジタル位置制御系

リニアモータドライバには、D/A変換された制御電圧に比例した電流がリニアモータへ印加されるようになっています。モータに与えた電流はモータのトルクに比例するので、制御電圧によってモータのトルクを直接制御できるようになっています。

リニアモータの位置情報はエンコーダカウンタによりデジタル値としてコンピュータに取り込まれます。

インターフェイス２ アナログ出力（D/A変換）ボード

ここでは、アナログ出力デバイスとして、16bitの分解能のD/A変換回路を8chもった、Interface社製PCI-3340のD/Aボードを例に説明を行います。このD/Aボードの動作の概要を**図9-2-4**に示します。

まず、制御電流の参照値を、あらかじめ使用するリニアモータドライバに対応するアナログの電

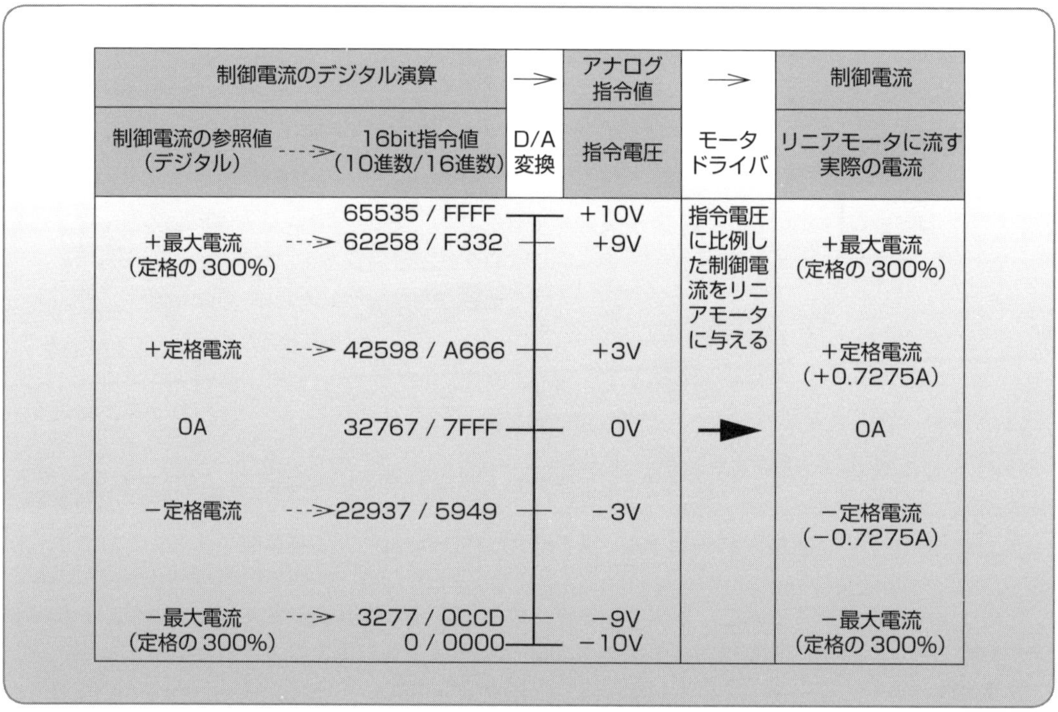

図9-2-4　D/Aボードの動作

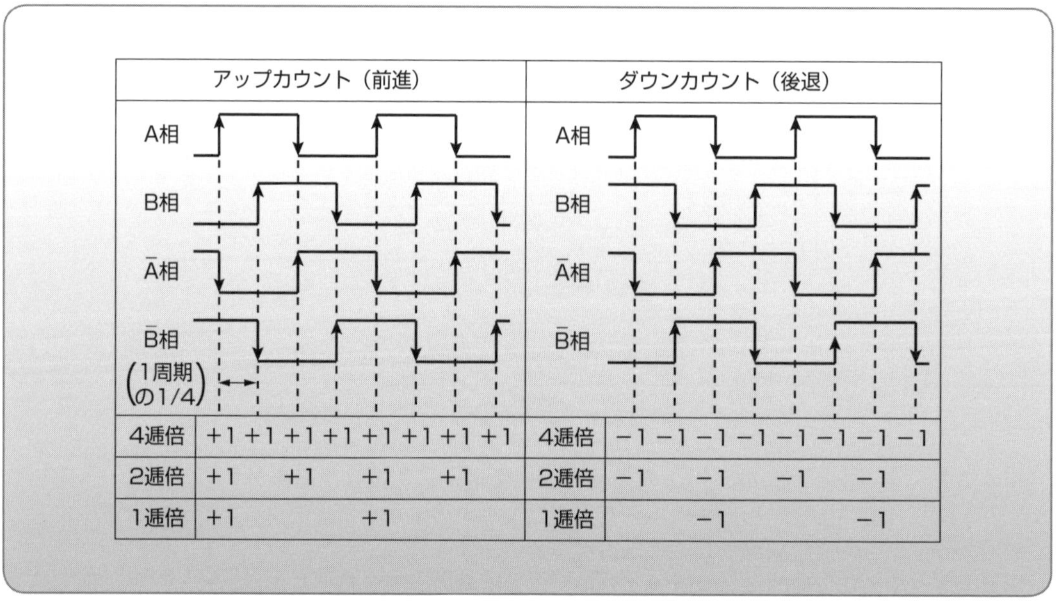

図9-2-5　エンコーダカウンタボードの動作

圧指令値に換算しておきます。図9-2-4のようにD/Aボードに16bitの数値で与えられた指令値を、+10V～−10Vの電圧に置き換えて出力するようにD/Aボードのパラメータを設定します。リニアモータドライバは、印加された指令値の電圧に比例した制御電流をリニアモータに流すようになっているので、パソコンからの指令値を0～65535の範囲で変化させると、リニアモータの動作を自由にコントロールすることができます。

インターフェイス3 エンコーダカウンタボード

エンコーダカウンタボードの動作の概要を**図9-2-5**に示します。エンコーダより出力される90°（1/4周期）位相のずれた信号を用いることにより、カウントの増減を検知できます。たとえば、A相の信号が立ち上がるときに、B相の信号がOFFなら前進、ONなら後退というように判断するわけです。このときのカウントの方法によって1逓倍、2逓倍、4逓倍の選択ができます。逓倍数が大きくなるに従って、エンコーダの読み取り可能な分解能が大きくなり、より細かい位置変動の検出が可能となります。この逓倍数は、カウンタボードのパラメータ設定によって任意に決定できます。

(3) PID制御のブロック線図

比例制御（P制御）、積分制御（I制御）、微分制御（D制御）を使って、制御対象であるリニアモータに制御量を与えるように構成したブロック線図を**図9-2-6**に示します。このような制御器は「PID制御器」または「PIDコントローラ」と呼ばれています。

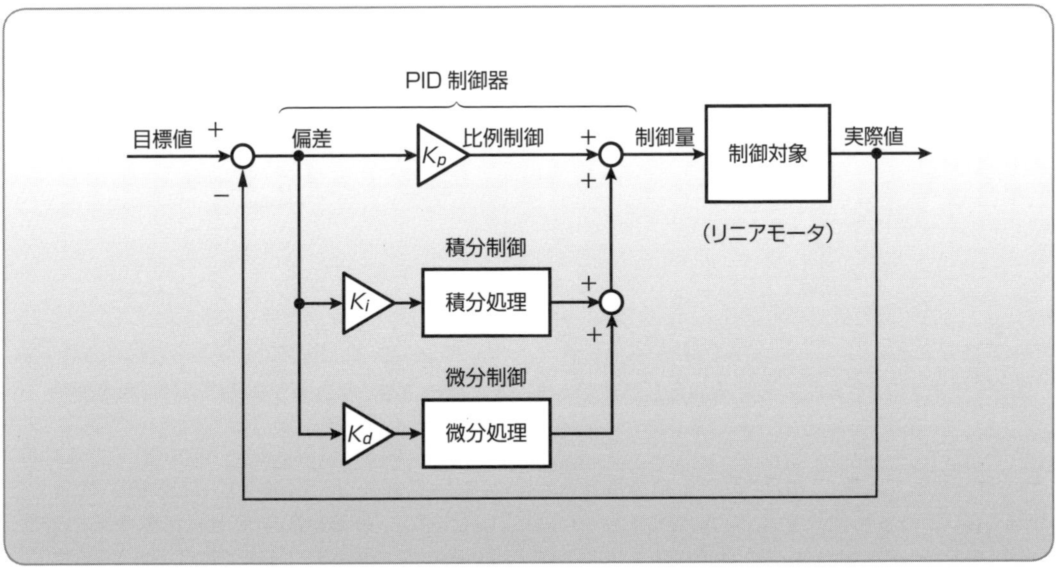

図9-2-6 PID制御装置のブロック線図

ラプラス変換をしたs領域で考えると、積分処理はs領域で演算子$\frac{1}{s}$を掛けることが時間領域での積分と同じことなので、積分処理の部分を$\frac{1}{s}$のブロックに置き換えて記述できます。また、時間領域で時間微分することはs領域で演算子sを掛けることと同じことなので、s領域におけるPID制御装置のブロック線図は、次頁の**図9-2-7**のように表すことができます。

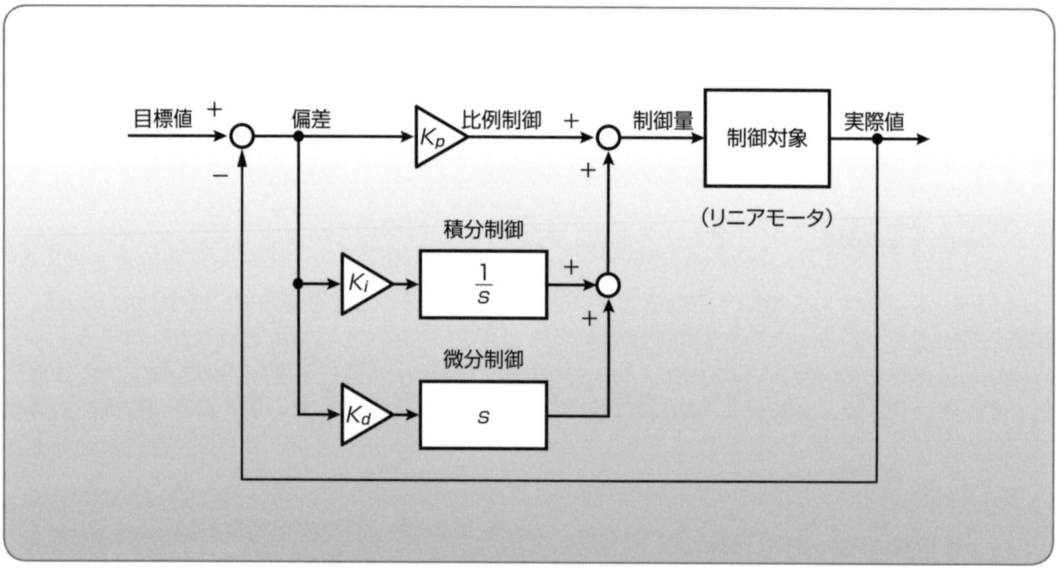

図 9-2-7　PID 制御装置の s 領域における表現

(4)　加え合わせ点と伝達要素のプログラム

まず、ブロック線図の構成要素のうちを**図 9-2-8** は加減算をする加え合わせ点で、$X1$ を＋（プラス）として、これに $X2$ を＋（プラス）したものを Y に代入することを意味しています。もし、$X1$ から $X2$ を減算するのであれば、$X2$ の上の＋記号を－（マイナス）記号に変更します。**図 9-2-9** は X を g 倍にして Y に代入する乗算要素です。図中の矢印は信号の伝わる方向を示しています。

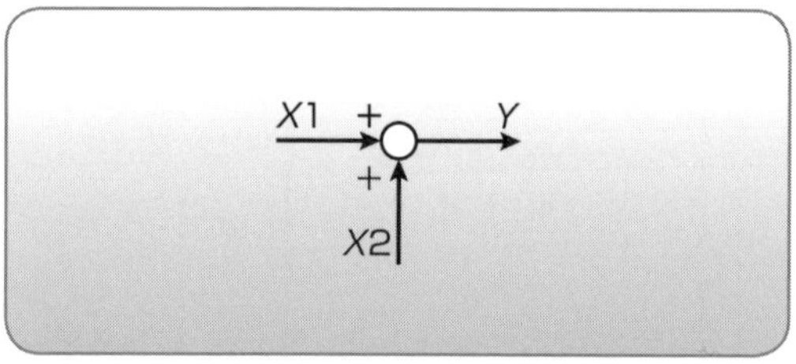

図 9-2-8　ブロック線図における加え合わせ点

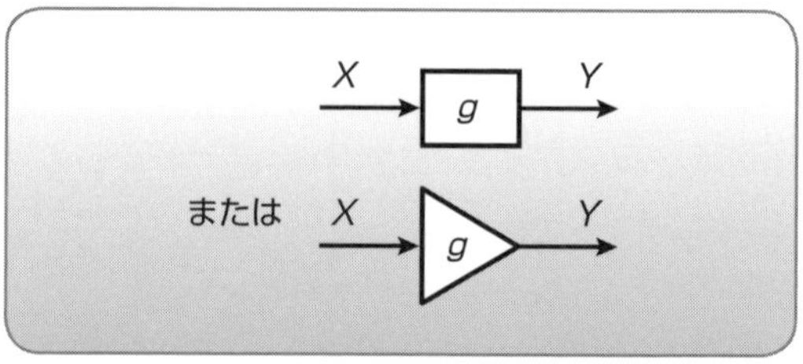

図 9-2-9　ブロック線図における伝達要素

図9-2-8の加減算を、C言語でプログラムするのであれば、**図 9-2-10** のようになります。これは、「Kuwaeawase（引数 1、引数 2)」という関数を定義しているもので、引数 1 に $X1$ の値を代入し、引数 2 に $X2$ の値を代入すると、$y = x1 + x2$ の演算を実行して y の値を戻り値として返すものです。

```
double Kuwaeawase(double x1, double x2){
        double y;
        y = x1 + x2;
        return y;
}
```

加え合わせ演算
引数１
引数２
戻り値

図 9-2-10　加え合わせのプログラム〔コード１〕

また、図 9-2-9 の伝達要素は乗算を行うものであり、C 言語では**図 9-2-11** のようにプログラムで実現できます。

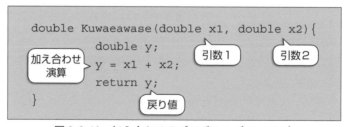

```
double Dentatsu(double x, double g){
        double y;
        y = g * x;
        return y;
}
```

乗算　引数1　引数2　戻り値

図 9-2-11　伝達要素のプログラム〔コード2〕

(5)　微分器のプログラム

ラプラス領域で演算子 s を掛けることと、時間領域で時間微分することは同じことなので、微分要素のブロック線図は**図 9-2-12** のように表わされます。表現は図 9-2-9 の伝達要素と同じになっていますが、s は微分器なのでプログラムでは実際に微分演算を実行しなくてはなりません。

微分器をつくる方法として、後退差分による方法と、擬似微分器による方法を紹介します。

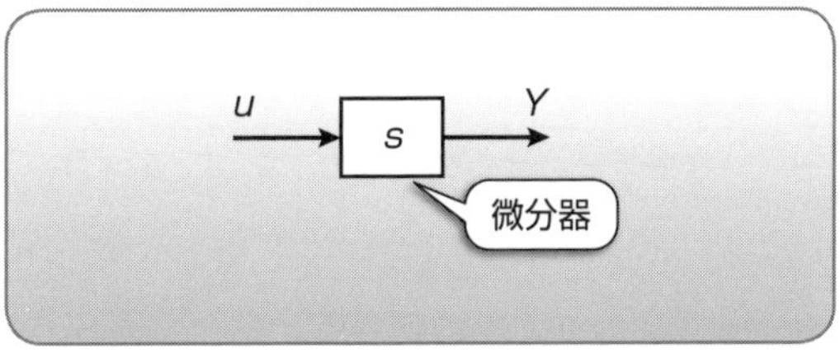

図 9-2-12　ブロック線図における微分要素

微分器その1　後退差分による微分器のプログラム

まず、後退差分による微分器のプログラムのつくり方について説明します。微分をコンピュータプログラムで実現するには、微分器に入力された信号波形の傾きを計算する必要があります。**図 9-2-13** に後退差分の概念を示します。

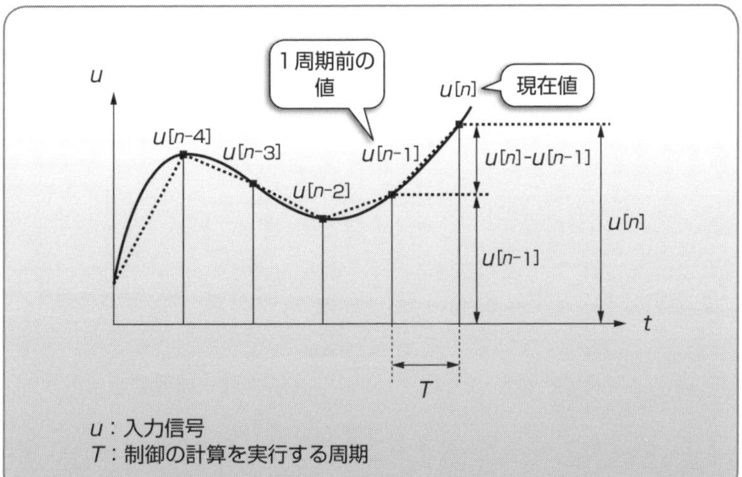

図 9-2-13　後退差分の考え方

ここで、$u[n]$は入力信号の現在値であり、$u[n-1]$は1つ前の入力信号の値を示します。Tは制御周期です。微分をするには現在値と1周期前の値との傾きを求めればよいので、微分器の出力信

号 $y[n]$ は、

$$y[n]=\frac{u[n]-u[n-1]}{T} \quad \cdots\cdots ①$$

として計算できます。過去の1つ前に戻った値との差を使って差分計算をするので、この計算方法は「後退差分」と呼ばれています。

式①で示される後退差分を、C言語の関数としてプログラムした例を図 9-2-14 に示します。

```
double Difference(double u, double T){
        // 微分器 ( 後退差分 )
        double y;
        static double uZ1 = 0 ;
        y=(u - uZ1)/ T;
        uZ1 = u;
        return y;
}
```

図 9-2-14　後退差分による微分器のプログラム〔コード3〕

ここで、微分計算にはT秒前の前回の値が必要なため、前回の値を格納するための変数 $uZ1$ は static 変数として宣言しておく必要があります。後退差分を行う関数 Difference に、第1引数として入力信号 u を入力し、第2引数に制御周期 T を入力することで、微分器の出力 y が戻り値として出力されます。

微分器その2　擬似微分器のプログラム

後退差分のような純粋な微分器のみで微分を行う場合、雑音などの高周波成分が増幅されて大きくなるために、制御するうえで問題となります。そこでローパスフィルタと組み合わせることで、高周波成分をカットして雑音成分を除去する擬似微分器が広く用いられています。ここでは、擬似微分器の実際のプログラムのつくり方について説明します。

擬似微分器は図 9-2-15 のように構成されます。

ここで、g はローパスフィルタのカットオフ周波数（擬似微分の極）です（単位は〔rad/秒〕)。この擬似微分器 G_{pd} の伝達関数は以下のようになります。

$$G_{pd}=G_dG_L=s\frac{g}{s+g} \quad \cdots\cdots ②$$

入力信号を U、出力信号を Y とすると、

$$Y=s\frac{g}{s+g}u \quad \cdots\cdots ③$$

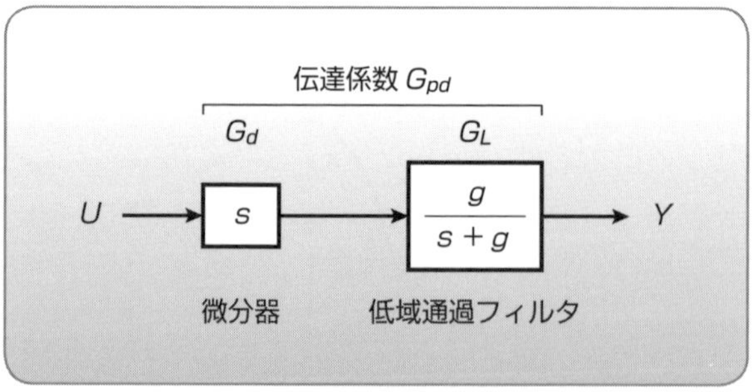

図 9-2-15　擬似微分器のブロック図

のように表されます。式③をプログラムにするために、双一次変換によってZ変換による差分方程式[*1]を導出します。双一次変換は台形積分を用いており、微分器の s を以下の式によって置き換えることができます。

$$s=\frac{2}{T}\frac{1-z^{-1}}{1+z^{-1}} \quad \cdots\cdots ④$$

ここで、T は制御周期です（単位は秒）。この z^{-1} は s 領域において e^{-Ts} に相当するので、z^{-1} は時間を 1 周期遅らせることと同じ意味になります。ラプラス変換の定理表より、

$$\mathcal{L}[f(A-T)]=e^{-Ts}F(s)$$

となっていて、e^{-Ts} は時間 T の遅れ要素であることがわかります。

式④を式③に代入することで、機械的に Z 変換を行うことができます。

Y について解くと、式⑤のようになります。

$$Y=\frac{1}{2+gT}\{2g(u-uz^{-1})+(2-gT)Yz^{-1}\} \quad \cdots\cdots⑤$$

式⑤を導出する際に以下の 3 つの点について注意する必要があります。

1）z は必ず入力信号 u か出力信号 Y と一緒にすること

z^{-1} は時間遅れの機能なので、何の値の時間遅れとするのか明らかにする必要があります。

2）z の次数はすべて零か負にすること

z^0 は現在値、z^{-1} は 1 周期前の値です。z の次数が＋になると未来の値を使うことになってしまいます。

3）Yz^0（すなわち Y の現在値）は右辺に存在しないようにすること

出力信号 Y を求める際、出力信号 Y の現在値は使用することができないためです。Yz^{-1} は右辺にあってもかまいません。

上記 3 点を守らないと、実装可能な差分方程式は求まらないので注意します。

式⑤をもとに差分方程式に書き直すと式⑥のようになります。u は現在値なので $u[n]$ とします。uz^{-1} は s 領域の ue^{-Ts} になるので、時間領域に直すと T 秒前の u の値になります。そこで、uz^{-1} は現在の $u[n]$ より 1 周期前の入力値である $u[n-1]$ となります。

また、出力 Y の現在値を $Y[n]$、Y の 1 周期前の値 Yz^{-1} は $Y[n-1]$ としてあります。

$$Y[n]=\frac{1}{2+gT}\{2g(u[n]-u[n-1])+(2-gT)Y[n-1]\} \quad \cdots\cdots⑥$$

式⑥の $[n]$ は現在の値、$[n-1]$ は 1 つ前の時刻の値を意味しています。求めた差分方程式をもとに、擬似微分器を C 言語の関数としてプログラムにしたものが図 9-2-16 です。

```
double Pseudo_derivative(double u, double T, double g){
        // 擬似微分器 G(s)=(s*g)/(s+g)(双一次変換)
        double y;
        static double  uZ1 = 0, yZ1 = 0;
        y=(2.0 * g * (u - uZ1)+(2.0 - g*T) * yZ1)/(2.0 + T *g);

        uZ1 = u;
        yZ1 = y;

        return y;
}
```

図 9-2-16　擬似微分による微分器のプログラム〔コード 4〕

*1　Z 変換による差分方程式：s 領域の s を z 領域に変換して差分方程式をつくること。$z^{-1}=e^{-Ts}$（T は演算周期）となるので z^{-1} は 1 周期前の時刻を意味する。

関数 Pseudo_derivative の１つ目の引数の u は入力信号、２つ目の T は演算周期（制御周期）、３つ目の g は擬似微分の極です。$uZ1$ および $yZ1$ は１つ前の周期の値が必要であるため、static 変数として宣言します。戻り値 y は出力信号であり、擬似微分の計算結果となります。この関数を呼び出すことで擬似微分を実行することができます。

このように与えられた伝達関数から差分方程式をつくれば、実際に動作可能な制御プログラムを作成することが可能です。

(6)　積分器のプログラム

積分要素のブロック線図は、**図 9-2-17** のように表されます。

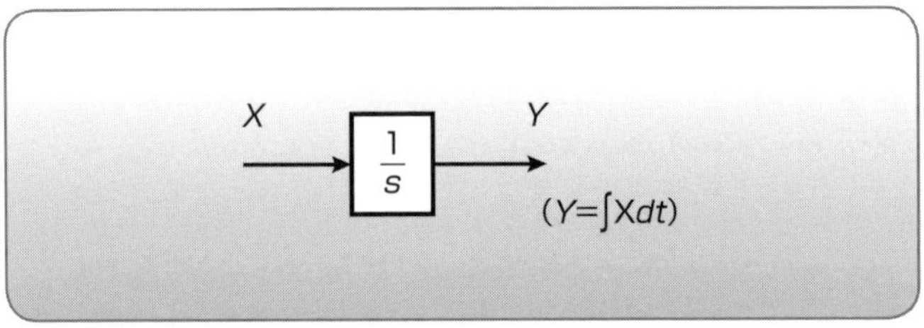

図 9-2-17　ブロック線図における積分要素

積分をコンピュータのプログラムとして実現するためには、積分器に入力された信号波形の面積を計算する必要があります。この面積を求める手法は複数存在しますが、ここでは代表的な手法である矩形近似法および台形近似法について紹介します。

積分器その１　矩形積分による積分器のプログラム

矩形近似法は、**図 9-2-18** のように信号波形の微小区間を長方形で近似するもっとも簡単な手法です。

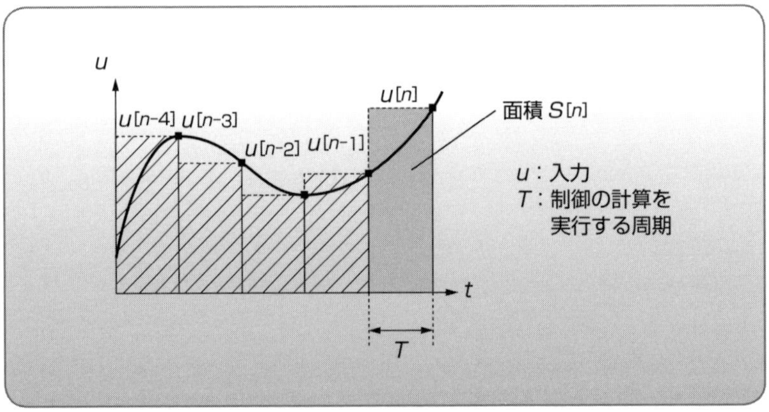

図 9-2-18　矩形近似による積分

ここで、時刻 $[n-1]$ から $[n]$ までの面積 $S[n]$ は、次式により計算することができます。

$$S[n]=u[n]T \quad \cdots\cdots⑦$$

全体の面積は、現時刻までの微小面積の総和を計算することで求めることができます。

$$S=\sum_{k=0}^{n} S[k] \quad \cdots\cdots⑧$$

これらの式により積分器として面積を求めるプログラムを**図 9-2-19** に示します。

```
double Integral_square(double u, double T){
        // 積分器（矩形近似）
        static double S = 0;
        S = S +(u * T);
        return S;
}
```

図 9-2-19 矩形近似による積分器のプログラム〔コード 5〕

ここで、矩形近似により積分を行う関数 Integral_square に、第 1 引数として入力信号 u、第 2 引数にサンプリング周期 T を入力することで、積分値 S が戻り値として出力されます。積分では積分の計算をする 1 つ前までの積分値が必要とされるため、変数 S は static 変数として宣言する必要があります。

そこまでに積分した値を記憶しておき、これに 1 つ前から現時刻までの長方形の面積を足し合わせることで、積分値を計算するようにプログラムします。

積分器その 2 台形積分による積分器のプログラム

台形近似法は、**図 9-2-20** のように微小区間を台形で近似する手法です。図を比較してもわかるように、台形近似では矩形近似に比べて、より実際の積分値に近づけることができます。時刻$[n-1]$から$[n]$までの面積 $S[n]$は、次式により計算することができます。

$$\boldsymbol{S[n]=\frac{u[n]+u[n-1]}{2}T} \quad \cdots\cdots ⑨$$

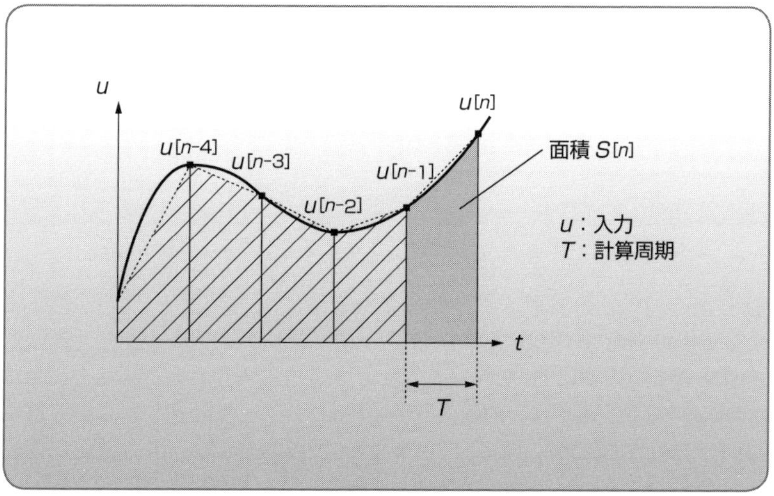

図 9-2-20 台形近似による積分

台形近似では、計算する際に積分値だけでなく、1 つ前の u の値も保持しておく必要があります。

全体の面積は、矩形近似による積分と同様に、現時刻までの微小面積の総和を計算することで求めることができます。そのプログラムは次頁の**図 9-2-21** のようになります。

```
double Integral_trapezoidal(double u, double T){
        // 積分器（台形近似）
        static double S = 0, uZ1 = 0;
        S = S +(u + uZ1) * T / 2.0;
        uZ1 = u;
        return S;
}
```

図9-2-21　台形近似による積分器のプログラム〔コード6〕

ここで、台形近似により積分を行う関数Integral_trapezoidalに第1引数として入力信号u、第2引数に計算周期Tを入力することで、積分値Sが戻り値として出力されます。

台形近似では、1つ前のuの値および1つ前までの積分値が必要であるため、入力信号を格納する変数$uZ1$および積分値を格納する変数Sをstatic変数として宣言する必要があります。積分値はそれまでの積分値と台形の面積との和になります。

(7) センサ入力・アクチュエータ出力のプログラム

自動制御システムのインターフェイスであるD/Aボードならびにカウンタボードを動作させるためのプログラムについて説明します。

ここでは、入出力インターフェイスでも取り上げた8ch、16bitのInterface社製PCI-3340を例にとって説明します。D/Aボードを動作させるためのC言語の関数を**図9-2-22**に示します。

```
double Current2Volt(double Iref){
        Irat = 0.7275;
        return(Iref * 3.0 / Irat);
}

unsigned short Volt2DacData(double Vdac){
        return(unsigned short)(Vdac /(20.0 / 65535.0)+ 32767.0);
}
```

図9-2-22　D/Aボードを動作させるプログラム〔コード7〕

ここで、関数Current2Voltの引数Irefは電流指令値です。このとき、定格電流Iratに対してドライバに対応する電圧である3VをD/Aボードが出力するように換算係数を決定しています。このシステムでは、図9-2-4のようにD/Aボードの設定で定格電流を0.7275Aとしていました。

関数Volt2DacDataの引数Vdacは、関数Current2Voltによって計算された出力電圧の値です。

この計算では、+10Vを65535、−10Vを0となるように設定し、出力電圧に対応する16bitの数値を決定しています。

これらの計算により求められた16bitの数値をD/Aボードに書き込むことで、数値に比例した電圧をモータドライバに出力することができます。

次にカウンタ（エンコーダカウンタボード）の動作プログラムについて、8ch、24bitのInterface社製PCI-6205を例に説明を行います。エンコーダカウンタボードを動作させるためのC言語の関数を**図9-2-23**に示します。

```
#Define pi 3.14159265358979

double EncData2Position(unsigned long EncData){
        return(double)((long)(EncData - 0x7FFFFF) * 0.1e - 6 /
        4.0);
}

double EncData2Angle(unsigned long EncData){
        return(double)((long)(EncData - 0x7FFFFF)/ 260000.0 / 4.0
        * 2.0 * pi);
}
```

図9-2-23 カウンタボードを動作させるプログラム〔コード8〕

ここで、関数EncData2Positionは、エンコーダ分解能0.1〔μm/pulse〕、4逓倍のリニアエンコーダを用いるときに使用します。エンコーダの中間値を0〔m〕としていて、24bitのエンコーダを用いるため中間値は0x7FFFFFとしてあります。本プログラムでは、1〔pulse〕当たりの移動量〔m〕を計算し、エンコーダパルス数から位置情報への換算を行っています。

同様に関数EncData2Angleはエンコーダ分解能260,000〔pulse/rev〕、4逓倍のロータリエンコーダを用いるときに使用します。リニアエンコーダと同様にエンコーダの中間値を0〔rad〕とします。本プログラムでは、1〔pulse〕当たりの回転角度〔rad〕を計算し、エンコーダパルス数から回転角度への換算を行っています。

(8) PID制御プログラム

これまで説明したプログラムを使って、**図9-2-24**に示すようなPID制御器のプログラムをつくってみます。

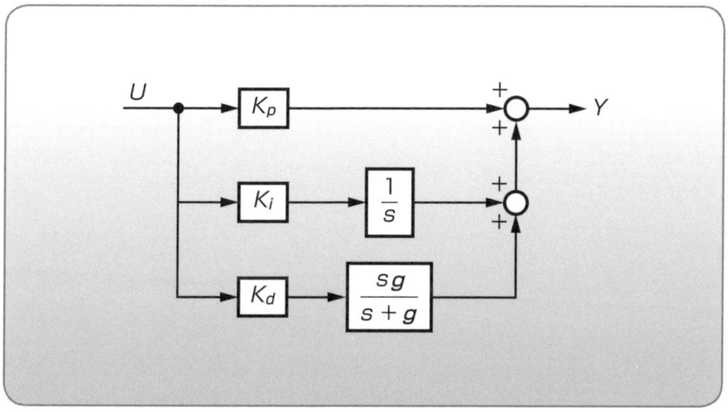

図9-2-24 PID制御器のブロック線図

PID制御器の出力Yは、

$$\boldsymbol{Y}=\left(\boldsymbol{K_p}+\boldsymbol{K_i}\frac{\boldsymbol{1}}{\boldsymbol{s}}+\boldsymbol{K_d}\frac{\boldsymbol{sg}}{\boldsymbol{s+g}}\right)\boldsymbol{U} \quad \cdots\cdots⑩$$

となります。ここで、K_pは比例ゲイン、K_iは積分ゲイン、K_dは微分ゲインです。

微分器は、双一次変換により実装した擬似微分器を用いることにします。式⑩に式④を代入して出力信号 Y について解くと、式⑪になります。

$$y=\frac{1}{4+2gT}\{4(K_p+K_dg)(u-2uz^{-1}+uz^{-2}) + 2(K_iT+K_pgT)(u-uz^{-2})+K_igT^2(u+2uz^{-1}+uz^{-2}) + 4(2yz^{-1}-yz^{-2})+2gTyz^{-1}\} \quad \cdots\cdots ⑪$$

上記の式⑪を差分方程式へ書き換えると式⑫のようになり、C言語のプログラムで記述できる形に変換できます。

$$y[n]=\frac{1}{4+2gT}\{4(K_p+K_dg)(u[n]-2u[n-1]+u[n-2]) + 2(K_iT+K_pgT)(u[n]-u[n-2]) + K_igT^2(u[n]+2u[n-1]+u[n-2]) + 4(2y[n-1]-y[n-2])+2gTy[n-1]\} \quad \cdots\cdots ⑫$$

このようにしてつくられたした差分方程式を用いて、C言語の関数としてPID制御器を構成するプログラムを**図9-2-25**に示します。

```
double PID(double u, double Kp, double Ki, double Kd, double T,
double g){
        // PID制御器G(s)=Kp + Ki * s + Kd * (s * g)/(s+g)(双一次変換)
        double y;
        static double uZ1 = 0, uZ2 = 0, yZ1 = 0, yZ2 = 0;

        y =(4.0 * (Kp + Kd * g) * (u - 2.0 * uZ1 + uZ2)
           + 2.0 * (Ki * T + Kp * g * T) * (u - uZ2)
           + Ki * g * T * T * (u + 2.0 * uZ1 + uZ2)
           + 4.0 * (2.0 * yZ1 - yZ2)
           + 2.0 * g * T * yZ1)/(4.0 + 2.0 * g * T);

        uZ2 = uZ1;
        uZ1 = u;
        yZ2 = yZ1;
        yZ1 = y;

        return y;
}
```

図9-2-25　PID制御のプログラム〔コード9〕

図9-2-25に示すPID制御器の関数PIDの引数は、順に信号入力 u（指令値と応答値の偏差）、比例ゲイン K_p、積分ゲイン K_i、微分ゲイン K_d、計算周期 T、擬似微分の極 g です。この関数を呼び出すことで、PID制御器からの出力値 y を得ることができます。

解説（その3）PLCを使ったPIDによるサーボモータの位置決め制御

注目点

PLCを使った制御装置によって、トルク制御型のサーボモータをPID制御して、直進テーブルの位置決めを行います。直進テーブルの位置の検出にはポテンショメータを使います。

(1) 装置概要

制御対象の装置は**写真 9-3-1** のように、駆動系として、サーボモータ、送りねじ、直進テーブルを使い、センサにはポテンショメータを使います。トルク制御モードのサーボモータで送りねじが付いたスライドテーブルを駆動して、スライドテーブルの位置決めをします。スライドテーブルの位置はポテンショメータの電圧で計測します。

サーボモータはトルク制御になっているので、サーボモータ単独では位置決めの機能をもちません。そこで、ポテンショメータで検出したテーブルの位置信号を使って、サーボモータのトルクをフィードバックしてPID制御にします。

このシステム構成を**図 9-3-1** に示します。

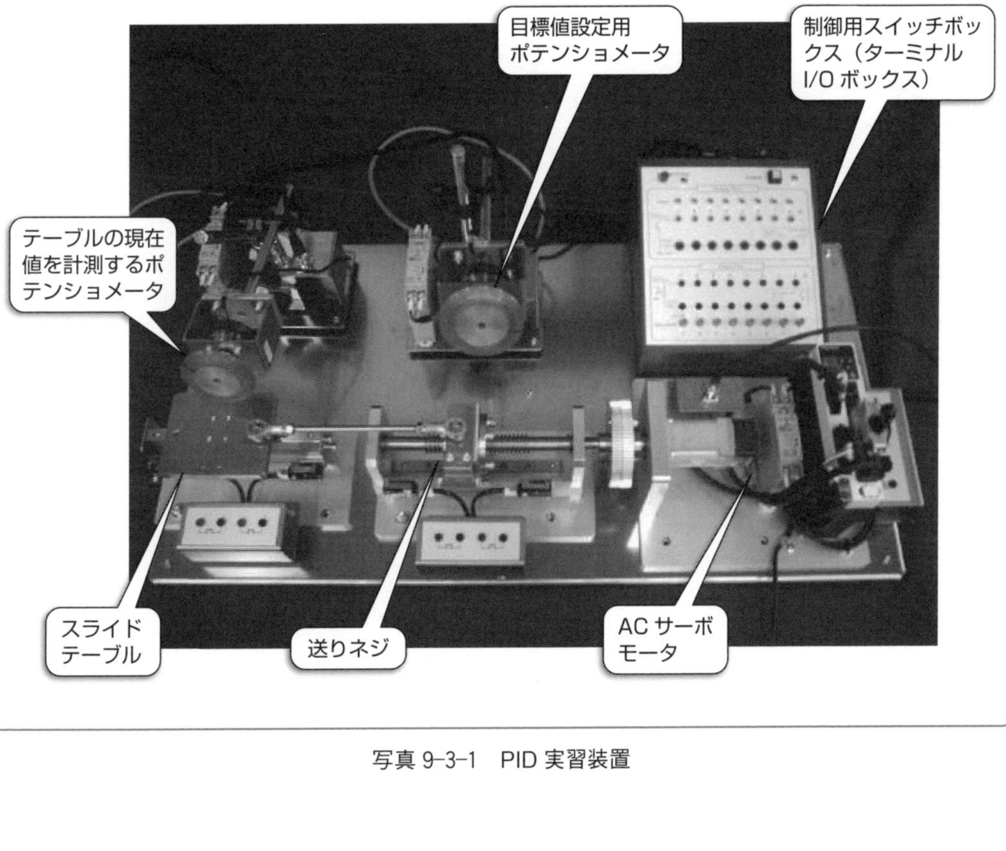

写真 9-3-1　PID実習装置

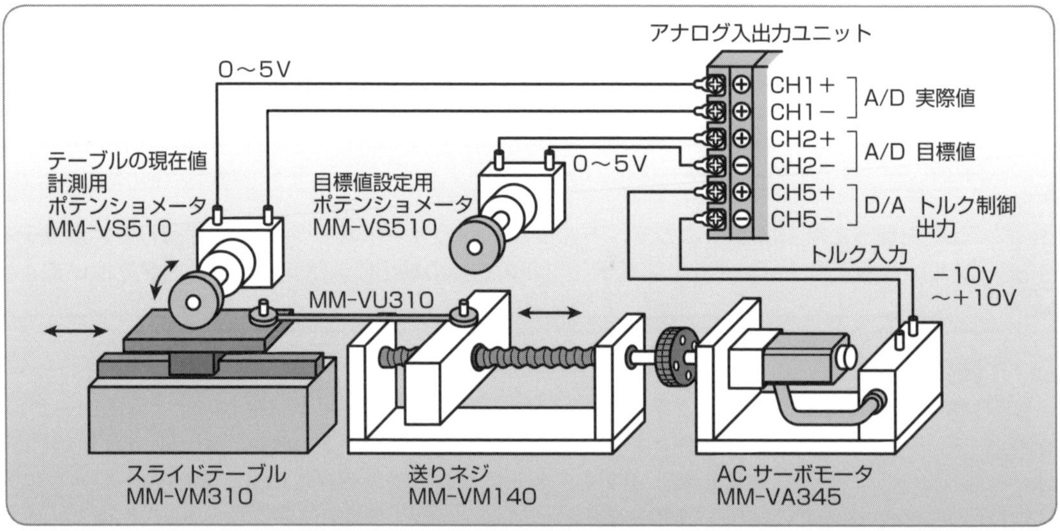

図 9-3-1　システム構成

(2)　制御機器の構成

制御機器の構成は、**図 9-3-2** のようになっています。

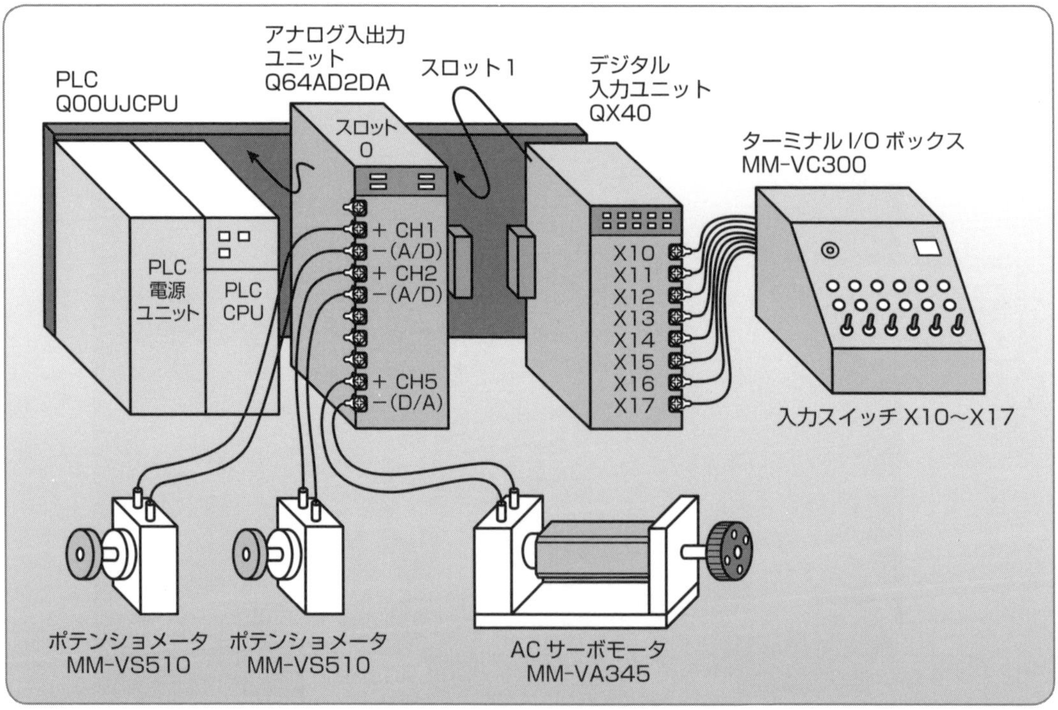

図 9-3-2　制御機器の構成

① PLC の構成

実験に使った PLC は三菱電機製の Q00UJCPU で、0 番のスロットにアナログ入出力ユニット Q64AD2DA を接続しました。Q64AD2DA はアナログ入力 4 チャネル、アナログ出力 2 チャネルをもっています。PLC でアナログ入出力を行えるものなら、他の型式のものでも問題ありません。

②サーボモータの接続

サーボモータは－10V～＋10Vの制御電圧で駆動するトルク制御モードのものを選定します。サーボモータのトルク入力端子をアナログ入出力ユニットのD/A出力のCH.5端子に接続します。これで、アナログ出力ユニットのアナログ出力制御電圧に比例したトルクをサーボモータが出せるようになります。

③テーブル位置検出用のポテンショメータ

ポテンショメータは回転型になっています。テーブルの移動量を検出するようにスライドテーブルに円盤形のゴムを軽く押し当てて、テーブルの移動とともに回転するように設置します。ポテンショメータの0～＋5Vの電圧出力端子をアナログ入出力ユニットのA/D入力のCH.1端子に接続します。ポテンショメータの値が移動量の現在値になります。ポテンショメータは、1回転で0～＋5Vまで変化します。1回転を過ぎるとまた0Vに戻ります。テーブルの移動によって、ポテンショメータの出力が、0V～＋5Vの範囲で変化するように設定します。

④指令値設定用のポテンショメータの接続

指令値の設定も同じポテンショメータを使用します。アナログ入出力ユニットのA/D入力のCH.2端子に接続します。この0～＋5Vの電圧が指令値の電圧になります。

(2) アナログ入出力ユニット

①アナログ入出力ユニットの外観

アナログ入出力ユニットQ64AD2DAの外観は、**図9-3-3**のようになっています。このアナログユニットの端子に下記のように接続します。

A/D CH.1：端子番号1（＋）、端子番号2（－）……テーブル位置検出用ポテンショメータ
A/D CH.2：端子番号4（＋）、端子番号5（－）……指令値設定用ポテンショメータ
D/A CH.5：端子番号13（＋）、端子番号14（－）……サーボモータのトルク入力

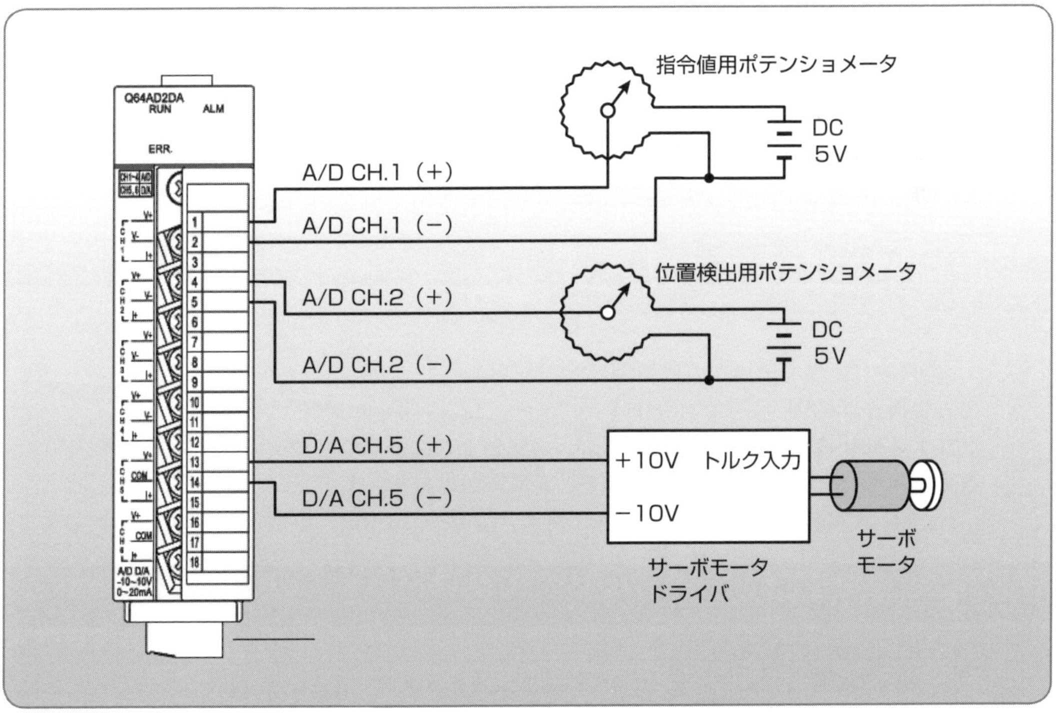

図9-3-3 アナログ入出力ユニットの外観

②アナログ入出力の仕様

アナログ出力は、通常分解モードで、デジタル値－4000～＋4000で、－10V～＋10Vのアナログ電圧出力が出るようになっています。アナログ入力は、通常分解モードで、電圧入力0～5Vでデジタル出力0～4000の値が得られるようになります。

この変換の設定変更は、PLCのラダーサポートソフトウエアを立上げて、PCパラメータの設定画面からソフトウエアスイッチで設定します。

③アナログ出力のフラグ

アナログ入出力ユニットに割り付けられた、重要なフラグは以下のものです。

X0：ユニットREADY：

A/D、D/A変換準備が完了した時にオンになる信号です。

X9：動作条件設定完了：

Y9の動作条件設定要求を受け付けた時にオンになる信号です。

Y5（Y6）：CH5（CH6）出力許可用出力リレー：

バファメモリG800（G1000）が0の時に、出力リレーコイルY5（Y6）をオンすることでCH5（CH6）のD/A出力が許可されて、16ビットのG802（G1002）のデジタル値がD/A変換されてCH5（CH6）に実際に出力されます。

Y9：動作条件設定要求：

G0、G200、G800、G1000などで設定した許可/禁止の設定内容を有効にするためにY9をオンにします。

④ Q64AD2DAのバファメモリ

アナログ入力（D/A変換）のバファメモリは下記のようになっています。

1）A/D変換許可と入力データの格納場所

・A/D変換許可/禁止：　CH.1：　U0¥G0、CH.2：　U0¥G200

バファメモリのG0とG200の値を1にすると、アナログ入力CH1とCH2が有効になります。（ユニットのバージョンによって設定が異なるのでマニュアルを参照ください。）

・A/D変換データの格納

CH.1とCH.2のA/D変換の結果は、バファメモリのG100とG300に格納されます。

項目	アドレス（10進）				データ種別*1	内　容	デフォルト値	読出し 書込み*2
	CH1	CH2	CH3	CH4				
	0	200	400	600		A/D変換許可／禁止	1	R/W*3

項目	アドレス（10進）				データ種別*1	内　容	デフォルト値	読出し 書込み*2
	CH1	CH2	CH3	CH4				
	100	300	500	700	Md	ディジタル出力値	0	R

2）D/A変換許可と出力データの格納場所

・D/A変換許可/禁止：　U0¥G800

バファメモリのG800にK0を代入して、Y9をオンにすることでCH5のD/A変換が許可されます。その後Y5をオンにするとD/A変換値が出力されます。

・CH.5のD/A変換するデータは、バファメモリのG802に16ビットデータとして格納します。

項目	アドレス（10進）		データ種別*1	内　容	デフォルト値	読出し 書込み*2
	CH5	CH6				
	800	1000	Pr	D/A変換許可／禁止	1	R/W*3
	801	1001	－	システムエリア	－	－
	802	1002	Pr	ディジタル入力値	0	R/W*3

(3) アナログ入出力ユニットの設定

アナログ入出力ユニットの設定は、パソコン用のラダーサポートソフトウエア GX-Works2 などを使います。PLC の CPU ユニットとパソコンを USB ケーブルで接続します。GX-Wokrks2 は PLC のプログラミングにも使います。

設定項目は、下記のとおりです。

①アナログ入出力ユニットの I/O 割り付け設定

PLC にユニットを装着したら、必ずそのスロットに何のユニットが装着されたのかということを設定する I/O 割り付け設定が必要になります。

②アナログ入出力ユニットのソフトウエアスイッチ設定

アナログ入出力ユニットのパラメータを設定するのがソフトウエアスイッチです。PC パラメータの画面でスイッチ設定ボタンをクリックしてソフトウエアスイッチを設定します。今回は、下記の設定とします。

・入力 CH1、CH2：0～5V の電圧入力で、通常分解能（データ値 0～4000）

・出力：CH5：－10V～＋10V の電圧出力で、通常分解能（データ値－4000～4000）

(4) アナログ入出力の確認プログラム

GX-Works2 を使って、PLC のラダープログラムを作成します。まず、簡単な動作確認のプログラムをつくります。

①アナログ入力のサンプルプログラム

図 9-3-4 のプログラムを実行して、アナログ入力データをデータメモリ D1 に取り込むことができるかを確認します。PLC を RUN 状態にしてから X17 をオンにして、バファメモリ U0￥G0 に 0 を代入して、入力許可の設定にします。Y9 の動作条件設定要求をオンにして、入力許可を有効にします。

すると、X10 をオンにしている間、U0￥G100 にアナログ入力 CH.1 のデータが連続して入力されて、データメモリ D1 に格納されます。

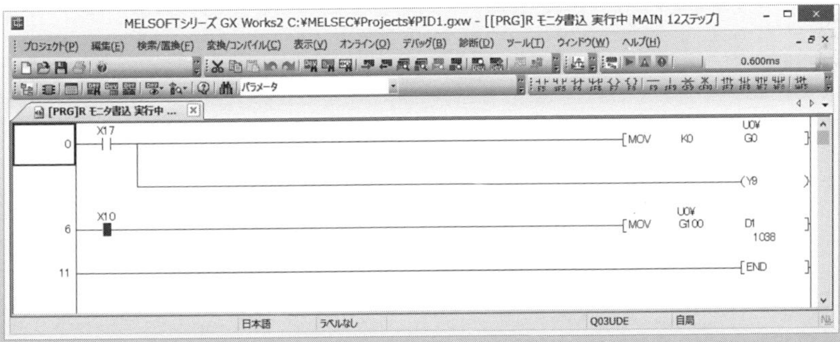

図 9-3-4 アナログ入力プログラム

②アナログ出力のサンプルプログラム

アナログ出力 CH.5 に出力するために、U0￥G800 に 0 を設定して、Y9 の動作条件設定要求をオンにします。入力 X10 がオンになっている間、CH.5 出力許可 Y5 がオンになります。

バファメモリの出力データには 1000 が格納されているので、CH.5 に 1.25V の電圧が出ます。

K1000 の値は－4000 から＋4000 までの間になり、－4000 では－10V、4000 では＋10V の出力が CH.5 から出力されます。

実際のプログラムを、**図9-3-5**に示します。

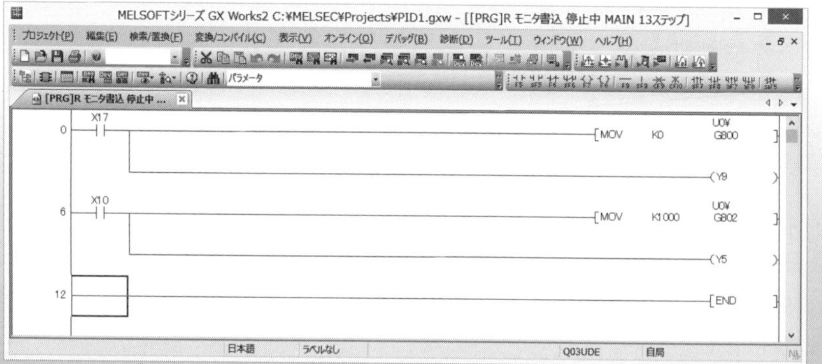

図9-3-5　アナログ出力プログラム

⑤アナログ入出力プログラム

アナログ入出力のサンプルプログラムは、**図9-3-6**のようになります。

X17がオンになるとアナログ入出力の設定がされて、X10のスタートスイッチでアナログ入出力が開始して、X11のストップスイッチでアナログ出力を停止するプログラムです。

M0がオンすると、CH.1のアナログ入力値としてU0¥G100に格納される値は0～4000の間になります。その値をデータメモリD1に転送します。

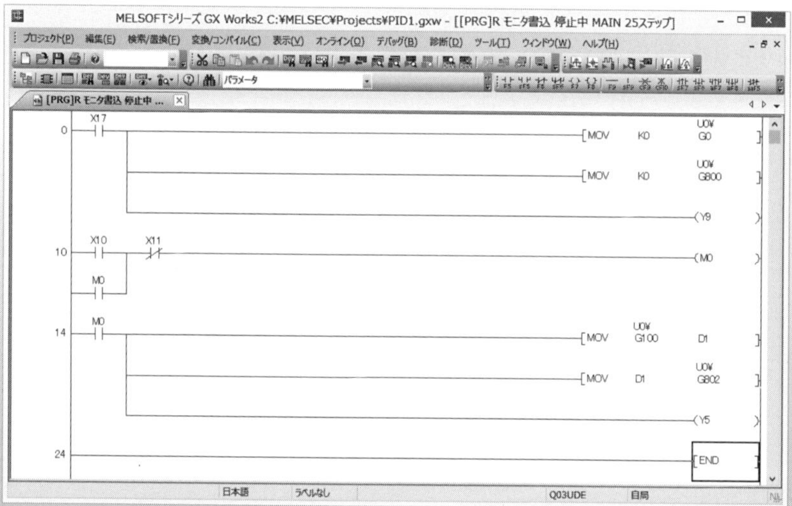

図9-3-6　アナログ入出力サンプルプログラム

(5)　比例（P）制御プログラムの作成

比例制御のプログラムをつくってみます。

・ポテンショメータの現在値はD10に取り込み、目標値はD20に取り込みます。
・一方、ポテンショメータからの入力は0V～5Vなので、0Vの時に－4000、5Vの時に＋4000になるように数値演算しておきます。すなわち、2.5Vが±0の点になるようにします。
・目標値から現在値を引き算したものを、D30に代入します。
・D30をトルク制御値としてアナログCH.1に出力します。

・サーボモータのトルク入力は－10V～＋10Vになっています。－10Vを印加するのに、アナログ出力ユニットから－4000を出力し、＋10Vを印加するのに＋4000を出力します。

このプログラムを、**図9-3-7**と**図9-3-8**に示します。

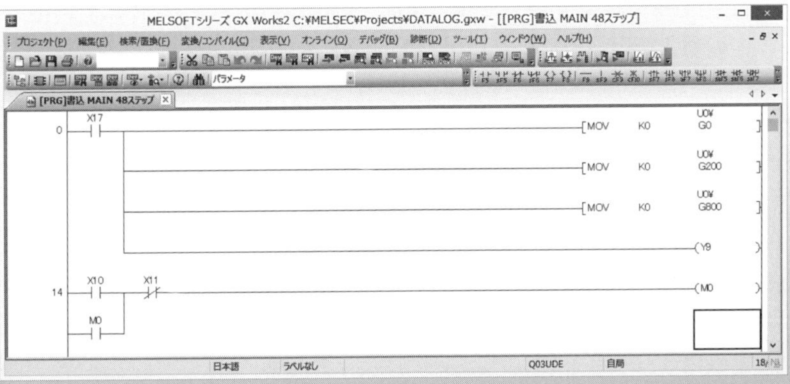

図9-3-7　P制御のプログラム（図9-3-8へつづく）

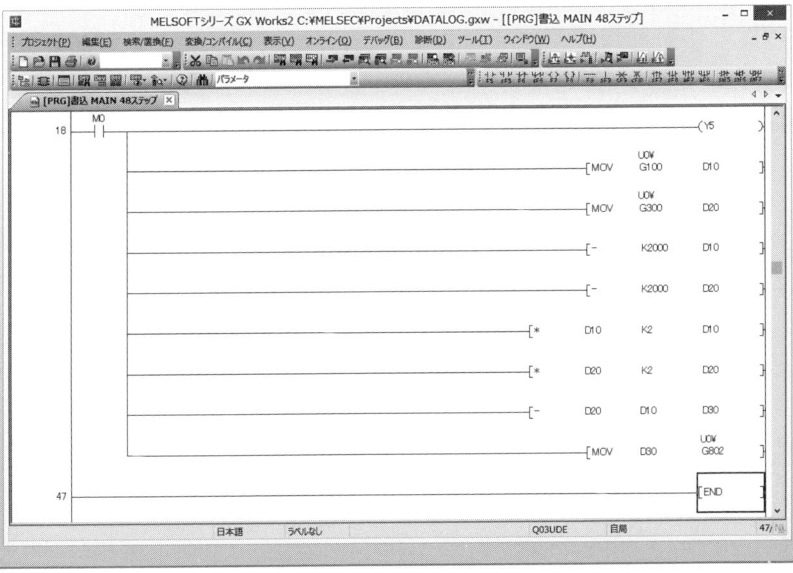

図9-3-8　P制御のプログラム（図9-3-7のつづき）

(6)　積分（I）制御プログラムの考え方

比例制御に積分制御を加えることを考えてみます。

・積分を実施する一定周期のタイミングをつくるため、PLCのコンスタントスキャンのパラメータを20ms程度に設定して、計算時刻が一定の周期になるようします。

・コンスタントスキャンで設定された20msに1回、積分値の計算をします。

・現在の偏差に20msを掛け算して、20msの間の偏差の面積を計算します。0.02倍するのは50で割り算することと同じです。

・そして、20ms以前の偏差の面積の合計値に、現在の偏差の面積の値を足し算します。

・面積の総量を積分値の制御量として使います。

(7)　微分（D）制御プログラムの考え方

微分制御の演算は次のような手順をとります。

・コンスタントスキャンで設定された 20ms に１回、微分値の計算をします。

・現在の偏差と 20ms 前の偏差の差をとって、その差をスキャン時間で割り算します。0.02 で割ることは 50 倍することと同じです。

すると、偏差の傾きが出るのでこれに微分ゲインを掛けて微分値の制御量として使います。

(8)　PID 制御プログラムの作成

比例制御に積分制御と微分制御を加えた PID 制御を行います。

・コンスタントスキャンで設定された 20ms ごとに P 制御量、I 制御量、D 制御量を加え合わせて、アナログ出力します。

・実際のプログラム例を、**図 9-3-9〜図 9-3-13** に示します。この５つのプログラムはすべてを続けて記述して１つのプログラムにします。

①サーボモータ起動用プログラム

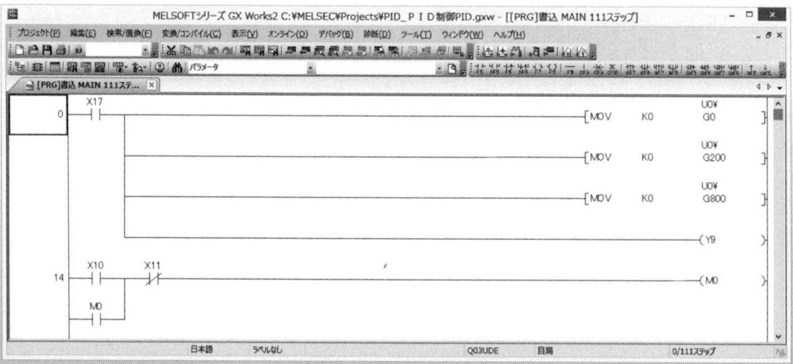

図 9-3-9　サーボモータへの制御出力プログラム

②比例制御部のプログラム

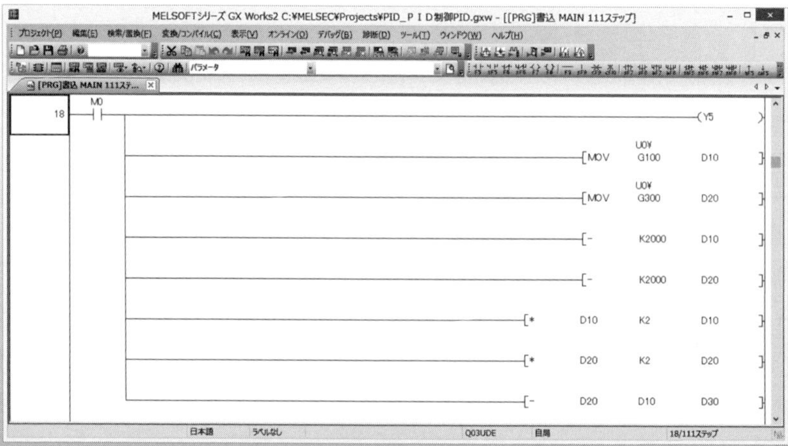

図 9-3-10　P 制御部のプログラム

③積分制御部のプログラム

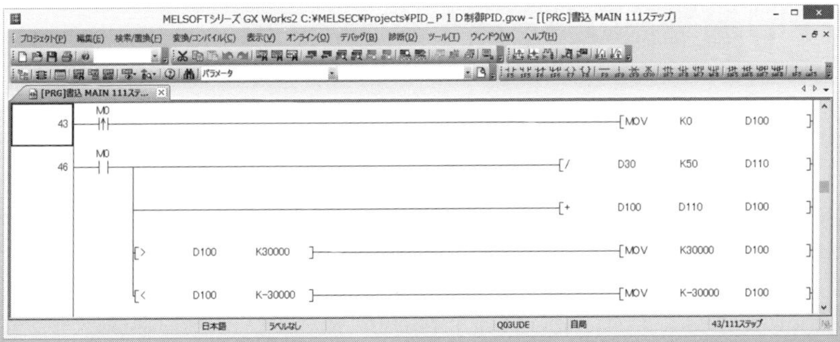

図 9-3-11 I 制御部のプログラム

④微分制御部

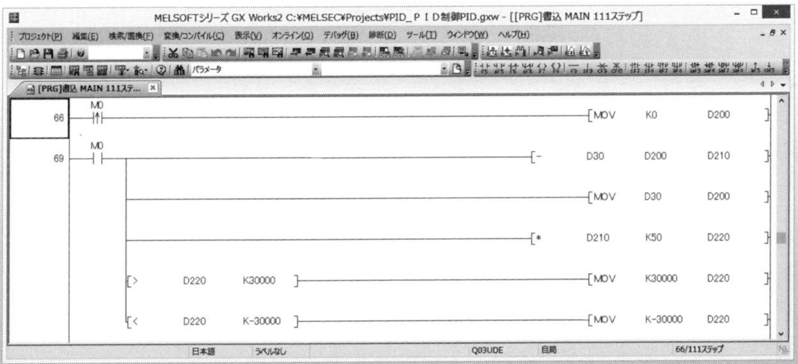

図 9-3-12 D 制御部のプログラム

⑤ゲイン調整・出力部

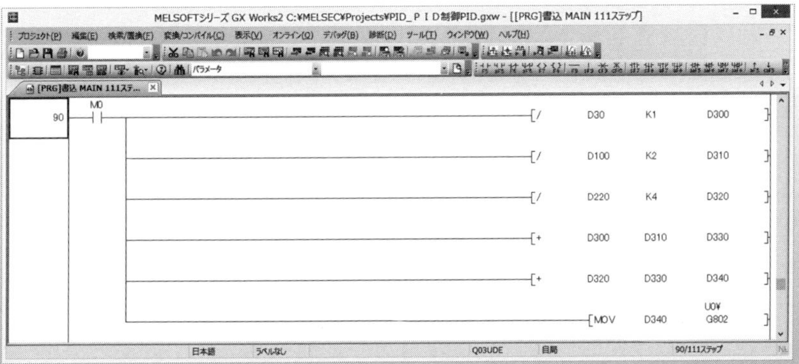

図 9-3-13 D/A 出力部のプログラム

コラム　PIDパラメータの最適設定（1）

テーマ　PID制御器の時定数を使った表現

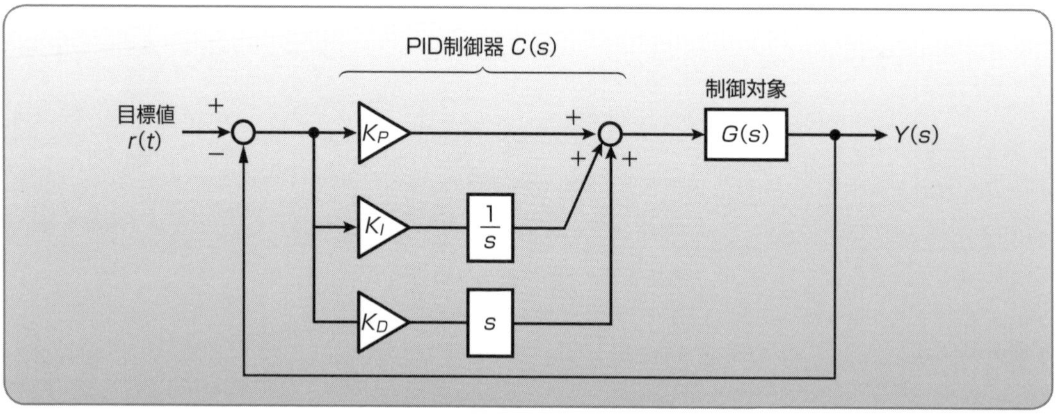

図1　PID 制御のブロック線図

図 1 の PID 制御のブロック線図の PID 制御器は次式になります。

$$\boldsymbol{C(s) = K_P + K_I \frac{1}{s} + K_D s} \qquad \cdots\cdots①$$

これを変形すると次のように書けます。

$$\boldsymbol{C(s) = K_P\left(1 + \frac{K_I}{K_P}\frac{1}{s} + \frac{K_D}{K_P}s\right)} \qquad \cdots\cdots②$$

$T_i = \frac{K_P}{K_I}$、$T_d = \frac{K_D}{K_P}$ とすると式②は式③のようになります。

$$\boldsymbol{C(s) = K_P\left(1 + \frac{1}{T_i s} + T_d s\right)} \qquad \cdots\cdots③$$

この T_i を「積分時定数」、T_d を「微分時定数」と呼び、PID パラメータの設定値を考えるときには K_p、T_i、T_d の 3 つの値で議論します。

K_p、T_i、T_d の値が求まれば K_I、K_D は次のように計算できます。

$$\boldsymbol{K_I = \frac{K_p}{T_i}、K_D = K_p \times T_d} \qquad \cdots\cdots④$$

ブロック線図は**図 2** のようになります。

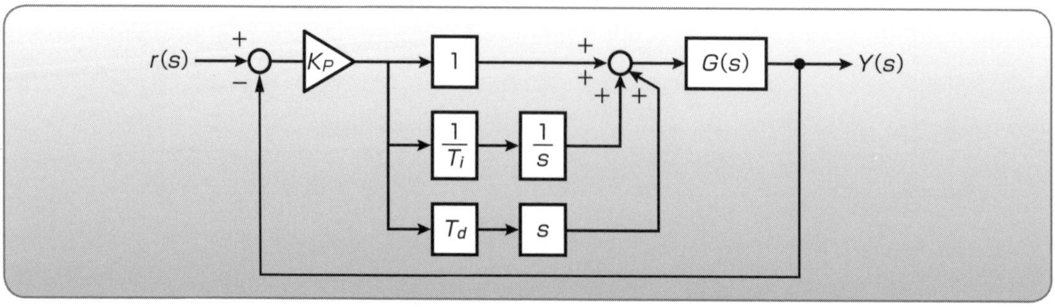

図2　時定数を使った PID 制御のブロック線図

コラム PIDパラメータの最適設定（2）

テーマ 1次遅れ系の制御対象のPIDパラメータ

制御対象が**図3**のようなステップ応答をもつ1次遅れ系としたときの、PIDパラメータのK_p、T_i、T_dの値を決めるチェン・フローネス・レスウィックのパラメータ選定方法を紹介します。

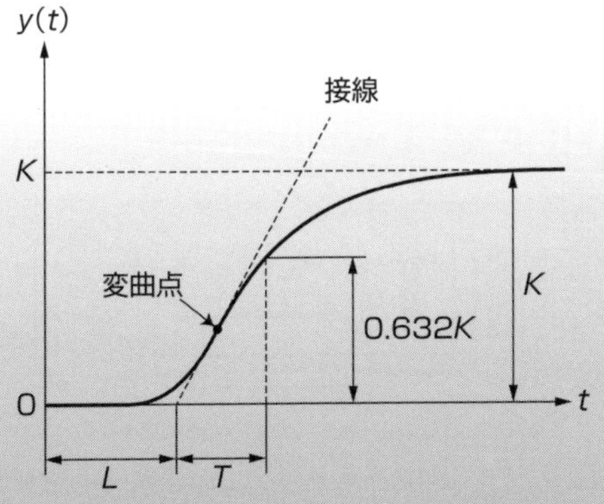

図3　定位性制御対象の単位ステップ応答と動特性パラメータ

制御対象のパラメータであるゲイン定数K、時定数T、およびムダ時間Lは、変曲点に接線を引いて求めることができます。すると、制御対象の伝達関数は式⑤で表現できるようになります。

$$G(s)=\frac{Ke^{-Ls}}{Ts+1} \quad \cdots\cdots⑤$$

このチューニング方法では、**表1**のようにK_p、T_i、T_dを設定します。すると、目標値として大きさrのステップ状の入力を与えたときに、オーバーシュートを0％または20％に調整できるようになります。

表1　制御方式ごとのパラメータの設定値

条件	オーバーシュート：0% 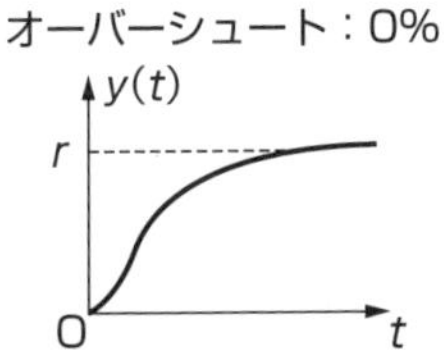			オーバーシュート：20% 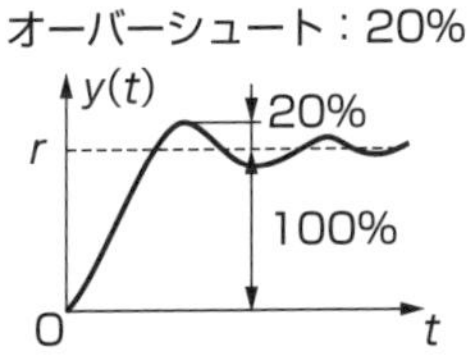		
制御方式	K_p	T_i	T_d	K_p	T_i	T_d
P	$0.3T/KL$	—	—	$0.7T/KL$	—	—
PI	$0.35T/KL$	$1.2T$	—	$0.6T/KL$	T	—
PID	$0.6T/KL$	T	$0.5L$	$0.95T/KL$	$1.35T$	$0.47L$

コラム PIDパラメータの最適設定（3）

テーマ 限界感度法によるパラメータ設定

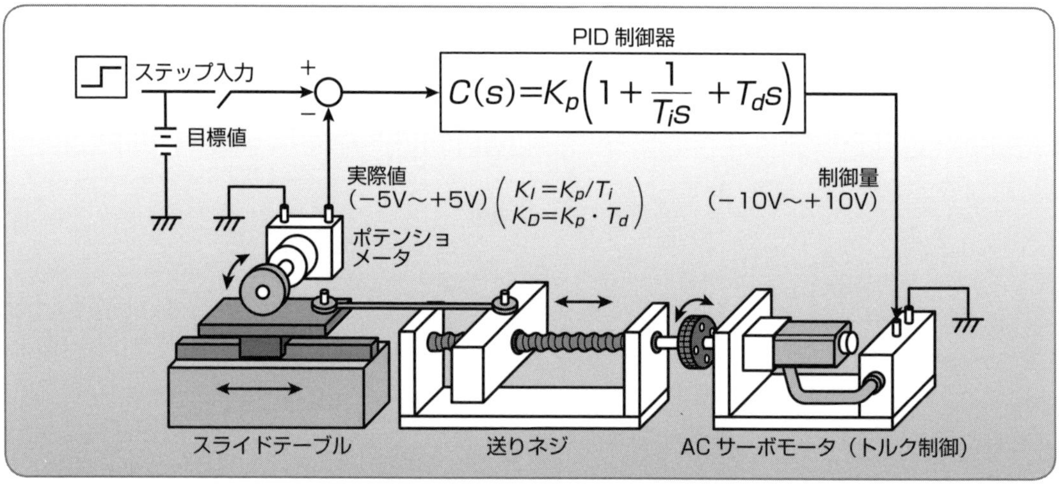

図 4　PID を使ったテーブルの位置決め制御

図 4 の装置は、サーボモータを使ってテーブルの位置決めをする装置です。テーブルの移動量はポテンショメータで計測します。

ポテンショメータの電圧が 0V のときを中立点としてあります。たとえば目標値のステップ入力を 2.5V にすると、テーブルが動いてポテンショメータが 90° 回転したところで停止するように PID 制御します。

限界感度法では、実験的に積分制御と微分制御の効果をゼロにして、比例制御だけを残して比例ゲイン K_p の限界値を調べます。そして、その時の振動の周期を秒単位で測定します。

実験で、$K_p=2.5$ でギリギリ収束し、$K_p=2.6$ では連続した振動になるとします。この時に、限界値は $K_c=2.6$ であったと考えます。10 秒間に 20 回往復したとすると、限界周期 $T_c=0.5$ 秒になります。そして、**表 2** に従って、パラメータの調整をします。

表 2　限界感度法の PID パラメータの設定値

制御方式	K_p	T_i	T_d	K_I	K_D
P 制御	$0.5K_c$				
PI 制御	$0.45K_c$	$0.83T_c$		$K_p \times 1/T_i$	
PID 制御	$0.6K_c$	$0.5T_c$	$0.125T_c$	$K_p \times 1/T_i$	$K_p \times T_d$

この表を使って PID パラメータを求めると、$T_c=0.5$〔s〕、$K_c=2.6$ だから、次のようになります。

$K_p=0.6\times K_c=0.6\times 2.6=1.56$

$T_i=0.5\times T_c=0.5\times 0.5=0.25$

$K_I=1.56\times 1/0.25=6.24$

$T_d=0.125\times T_c=0.125\times 0.5$
$=0.0625$

$K_D=1.56\times 0.0625=0.0975$

この PID 制御のブロック線図は**図 5** のようになります。

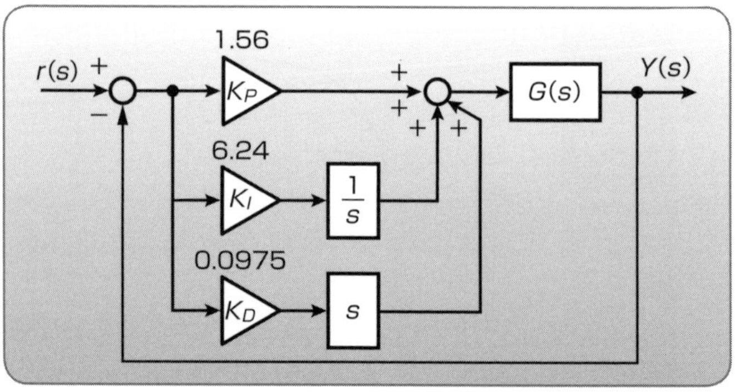

図 5　PID 制御のブロック線図

コラム PIDパラメータの最適設定（4）

テーマ 限界感度法の適用例

$G(s)$の伝達関数をもつ制御対象に単位ステップ入力$U(s)$を与えたら、**図6**のような一方的に出力が増加する無定位性の特性を示したとします。この制御対象に**図7**のように比例ゲインK_pの比例制御だけを追加します。K_pをある程度小さくすると単位ステップ応答は収束するようになります。

次に、K_pの値を徐々に大きくしていき、**図8**のような持続振動が出る限界のK_pの値を調べてK_cとします。この例では$K_p=2.7$のときに周期4秒の持続振動となったので、$K_c=2.7$、$T_c=4.0$とします。このK_cとT_cの値を使って**表3**に従ってPIDパラメータを設定します。

(1) P制御の場合

：$K_p=0.5\times2.7=1.35$

(2) PI制御の場合

：$K_p=0.45\times2.7=1.215$

$T_i=0.85\times4.0=3.4$

$\left(K_I=\dfrac{1.215}{3.4}=0.357\right)$

(3) PID制御の場合

・比例ゲイン：$K_p=0.6K_c=0.6\times2.7=1.62$

・積分時間：$T_i=0.5T_c=0.5\times4.0=2.0$

・微分時間：$T_d=0.125T_c=0.125\times4.0=0.5$

このPID制御の結果は、たとえば**図9**のように収束する単位ステップ応答になります。

表3 限界感度法によるPIDパラメータの調整

コントローラの構成	K_p	T_i	T_d
P	$0.5K_c$	—	—
PI	$0.45K_c$	$0.83T_c$	—
PID	$0.6K_c$	$0.5T_c$	$0.125T_c$

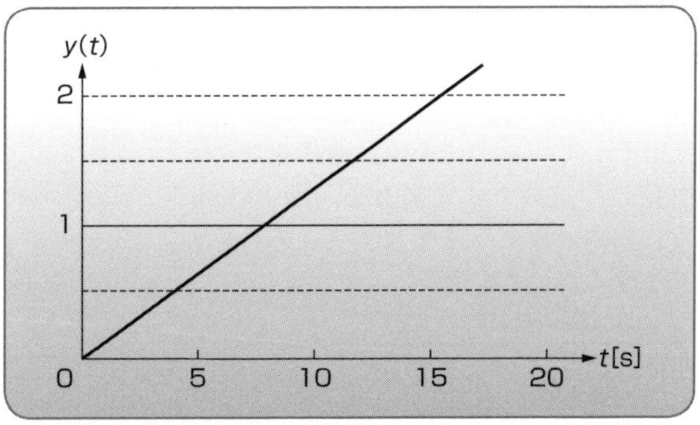

図6 無定位性制御対象の単位ステップ応答

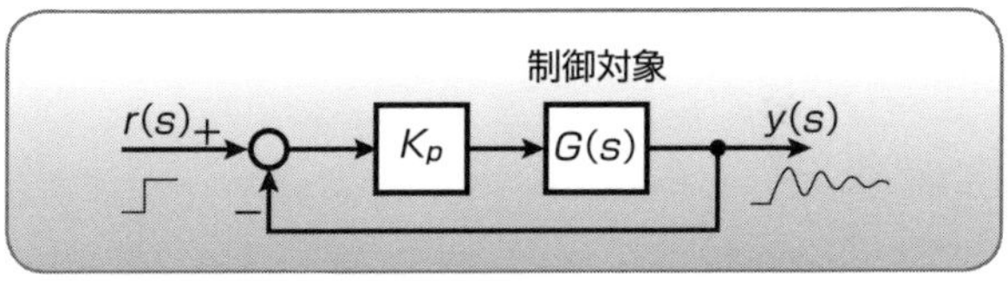

図7 比例動作のみのフィードバック制御にする

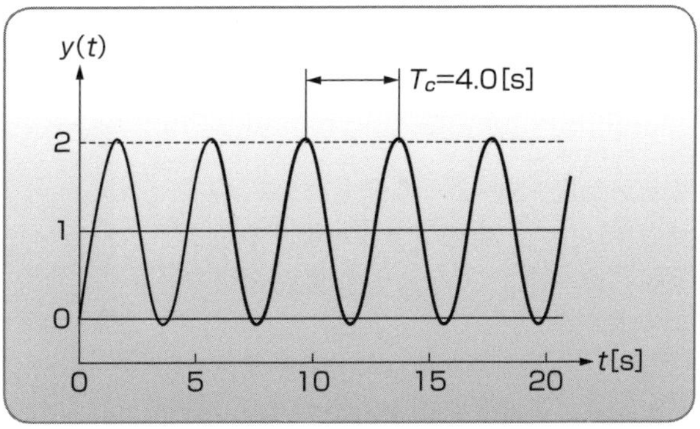

図8 無定位性制御対象の持続振動波形（$K_c=2.7$）

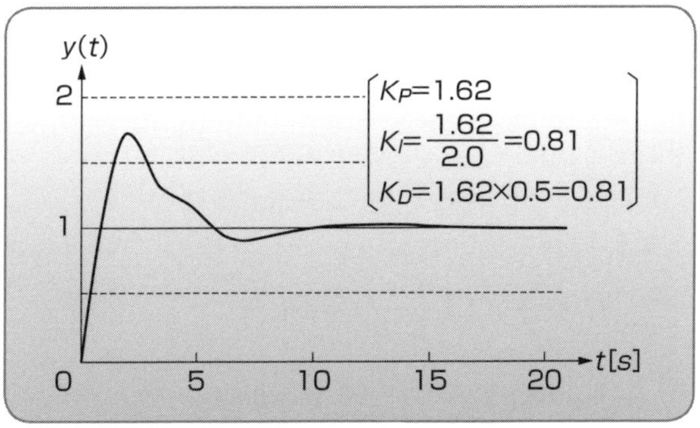

図9 無定位性制御対象のPID制御結果

コラム　PIDパラメータの最適設定（5）

テーマ　ジーグラ・ニコルスのステップ応答法

「ジーグラ・ニコルスのステップ応答法」では、制御対象を制御するときにもっともよく使う目標値をまず選びます。そして実験的にその目標値をステップ値としたステップ入力を、**図10**のように制御対象に与えてステップ応答をとります。

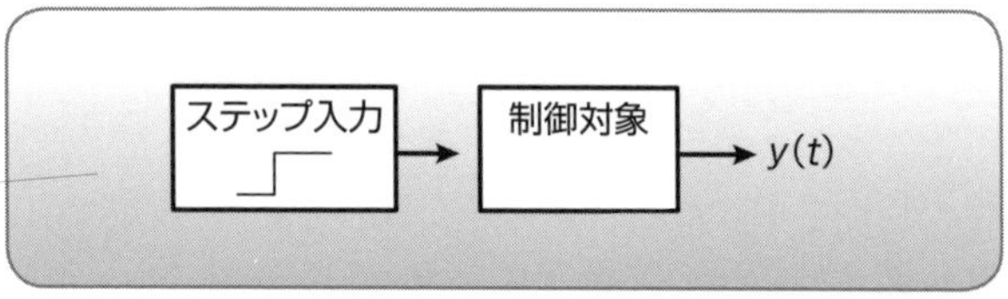

図10　制御対象のステップ応答をとる

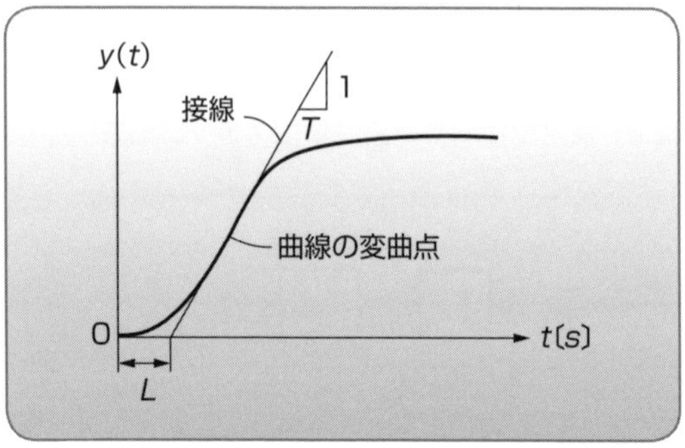

図11　ステップ応答例1

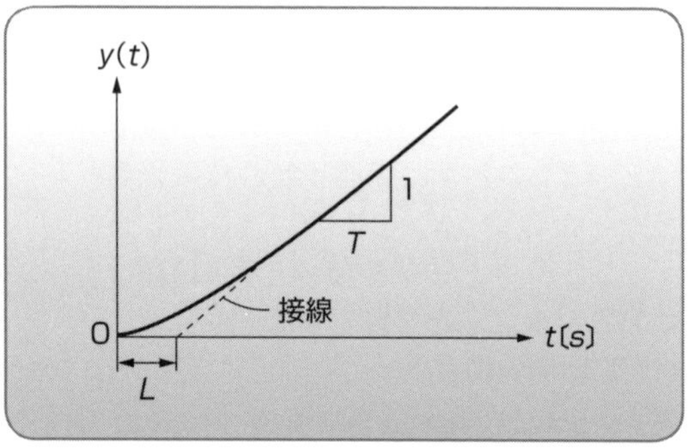

図12　ステップ応答例2

たとえば制御対象のステップ応答が**図11**のようになったときには、曲線の変曲点に接線を引いて、LとTを求めます。あるいは**図12**のような無定位性になったときには、一定の割合で増加するところに接線を引いてLとTの値をグラフから求めます。

このLとTの値を使ってPIDパラメータを**表4**に従って決める方法が「ジーグラ・ニコルスのステップ応答法」です。ここで選定されたPIDパラメータは、25％減衰を目的とした調整になるので、オーバーシュートが出ることになります。オーバーシュートをなくすためには比例ゲインを小さくするなどの再調整が必要になります。K_IとK_Dは次のようになります。

$$\begin{cases} K_I = \dfrac{K_p}{T_i} = 1.2\dfrac{T}{L}\cdot\dfrac{1}{2L} = 0.6\dfrac{T}{L^2} \\ K_D = K_p \cdot T_d = 1.2\dfrac{T}{L}\cdot 0.5L = 0.6T \end{cases}$$

この値を使ったPID制御のブロック線図は**図13**のようになります。

表4　ジーグラ・ニコルスの方法によるPIDパラメータの調整

制御方式	K_p	T_i	T_d
P	T/L	—	—
PI	$0.9T/L$	$3.3L$	—
PID	$1.2T/L$	$2L$	$0.5L$

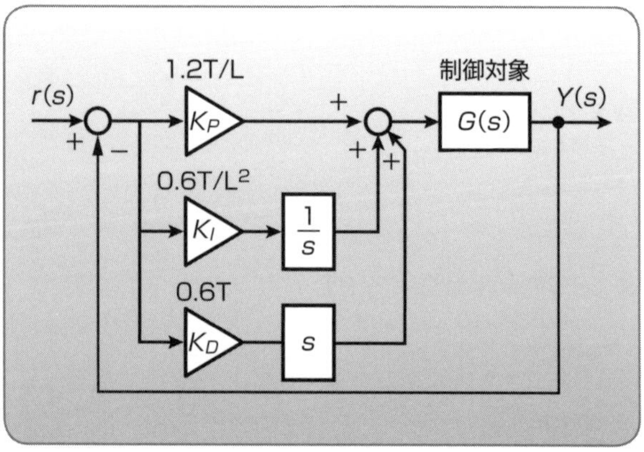

図13　ジーグラ・ニコルスのステップ応答法のPID制御

索　　引（五十音順）

[な　行]

[は　行]

[ま　行]

[ら　行]

著者略歴

熊谷 英樹（くまがい　ひでき）　Hideki KUMAGAI

1981年　慶應義塾大学工学部電気工学科卒業。
1983年　慶應義塾大学大学院電気工学専攻修了。住友商事株式会社入社。
1988年　株式会社新興技術研究所入社。
日本教育企画株式会社代表取締役。神奈川大学非常勤講師、山梨県産業技術短期大学校非常勤講師、自動化推進協会理事、高齢・障害・求職者雇用支援機構非常勤講師。

主な著書
「ゼロからはじめるシーケンス制御」日刊工業新聞社、2001年
「必携 シーケンス制御プログラム定石集—機構図付き」日刊工業新聞社、2003年
「ゼロからはじめるシーケンスプログラム」日刊工業新聞社、2006年
「絵とき『PLC制御』基礎のきそ」日刊工業新聞社、2007年
「MATLABと実験でわかるはじめての自動制御」日刊工業新聞社、2008年
「新・実践自動化機構図解集—ものづくりの要素と機械システム」日刊工業新聞社、2010年
「実務に役立つ自動機設計ABC」日刊工業新聞社、2010年
「基礎からの自動制御と実装テクニック」技術評論社、2011年
「トコトンやさしいシーケンス制御の本」日刊工業新聞社、2012年
「熊谷英樹のシーケンス道場 シーケンス制御プログラムの極意」日刊工業新聞社、2014年
「必携 シーケンス制御プログラム定石集 Part2—機構図付き—」日刊工業新聞社、2015年
「必携『からくり設計』メカニズム定石集—ゼロからはじめる簡易自動化」日刊工業新聞社、2017年ほか多数

NDC 548

ゼロからはじめるPID制御

2018年 3月25日　初版1刷発行
2024年12月25日　初版6刷発行

©著　者　熊谷英樹
発行者　井水治博
発行所　日刊工業新聞社　〒103-8548 東京都中央区日本橋小網町14番1号
書籍編集部　電話 03-5644-7490
販売・管理部　電話 03-5644-7403　FAX 03-5644-7400
URL　https://pub.nikkan.co.jp/
e-mail　info_shuppan@nikkan.tech
振替口座　00190-2-186076

企画・編集　エム編集事務所
印刷・製本　美研プリンティング（株）

●定価はカバーに表示してあります

2018 Printed in Japan　落丁・乱丁本はお取り替えいたします。
ISBN 978-4-526-07821-7 C3053